Fleisch

Frontispiz: Drehkarte mit Wurstkessel, in den oben die Schweine hineinfallen und unten als Würste herauskommen. Oben links im Wurstkranz das berühmteste Gasthaus Nürnbergs, das 1944 durch Bomben zerstörte Bratwurstglöcklein. Text auf der Postkarte: *Wie das Schwein zu Wurscht vergeht / Sieht ein Jeder, der hier dreht!* – Kunstverlag Hermann Martin, Nürnberg (1906) – Sammlung Deutsches Fleischermuseum (Böblingen).

Christian Kassung

Fleisch

Die Geschichte einer Industrialisierung

BRILL | Ferdinand Schöningh

Der Autor:
Christian Kassung ist seit 2006 Professor für Kulturtechniken und Wissensgeschichte an der
Humboldt-Universität zu Berlin.

Umschlagabbildung:
Sammlung Deutsches Fleischermuseum (Böblingen)

Bibliografische Information der Deutschen Nationalbibliothek

Die Deutsche Nationalbibliothek verzeichnet diese Publikation in der Deutschen Nationalbibliografie;
detaillierte bibliografische Daten sind im Internet über http://dnb.d-nb.de abrufbar.

© 2021 Verlag Ferdinand Schöningh, ein Imprint der Brill-Gruppe
(Koninklijke Brill NV, Leiden, Niederlande; Brill USA Inc., Boston MA, USA; Brill Asia Pte Ltd, Singapore;
Brill Deutschland GmbH, Paderborn, Deutschland)

www.schoeningh.de

Einbandgestaltung: Nora Krull, Hamburg
Herstellung: Brill Deutschland GmbH, Paderborn

ISBN 978-3-506-70446-7 (hardback)
ISBN 978-3-657-70446-0 (e-book)

Für meinen Vater, von dem ich das Braten lernte.

Inhaltsverzeichnis

Vorwort

Täglich ein Stück Fleisch als Beilage zu Suppe und Gemüse, das ist die einfachste und der Gesundheit zuträglichste Regel für Leute, deren Einkommen dafür ausreicht.

(Commission des Verbandes »Arbeiterwohl«, 1882, S. 68.)

Fleisch-Dämpfer, Emaille-Lack-Farben, Anschlussgleise, Formalingas, Pharos Licht und Eismaschinen, Fleischstempelfarbe, Schlachtbillets, Flanschröhren, Kochkessel und Bolzenapparate. Mikroskope, Ventilatoren, Dachfenster und Polymeter. Anzeigen für diese und unzählige weitere Dinge finden sich am Ende des großen Handbuchs für »Bau, Einrichtung und Betrieb öffentlicher Schlacht- und Viehhöfe« von Oscar Schwarz, das seit 1894 immer wieder neu aufgelegt wurde.[1] Fleisch bildet zur Jahrhundertwende einen Knotenpunkt der Industrialisierung, der erst durch das Zusammenspiel extrem vieler und extrem vielfältiger Dinge, Praktiken und Technologien möglich wird. Fleisch ist nicht ein beliebiges Produkt dieser »Verwandlung der Welt«.[2] Vielmehr steht es im Zentrum der Transformation, es strukturiert, verändert und bedingt sie. Ich werde in diesem Buch also die These vertreten, dass Fleisch die Industrialisierung in gewisser Weise erst ermöglicht.

Als einer der individuellsten Vollzüge überhaupt folgt das Essen um 1900 der Auflösung der häuslichen Autarkie – wie zuvor das Wasser, die Wärme und das Licht.[3] Nahrungsmittel allgemein und Fleisch im besonderen werden im Raum der Großstadt als industrielle Produkte *selbstverständlich* verfügbar. Dass aber Tiere massenhaft gezüchtet, gemästet und geschlachtet werden müssen, um als industrielle Produkte zur individuellen Verfügung stehen zu können – dieses Faktum akzeptieren und übersehen wir seither als Ergebnis unserer inneren Urbanisierung. Fleischessen ist mit der Industrialisierung zur Normalität geworden, das Mensch-Tierverhältnis ist in seine bis heute kulturell wirksame Ordnung getreten.[4] Aktuelle Ernährungsdebatten, die

---

1 Vgl. Schwarz, 1903.
2 Osterhammel, 2013.
3 Vgl. Schivelbusch, 2004, S. 34.
4 Vgl. Young Lee, 2008, S. 2 f.

auf eine Neuordnung dieser Verhältnisse drängen, übersehen oftmals diese kulturelle Tiefendimension.

Genau hiervon handelt dieses Buch. Es rekonstruiert die Umstände, unter denen Fleisch zum hoch mobilen und maximal transformierbaren Brennstoff der modernen Gesellschaft wurde. Oder, um es mit den Worten einer alten Postkarte zu sagen: »Wie ein Schwein zu Wurscht vergeht / Sieht ein Jeder, der hier dreht!« Dabei geht es mir jedoch weniger um die Wurst, das Kotelett und den Braten als solche, sondern um das Netzwerk der Medien, Praktiken und Technologien, das diese Waren ermöglicht. Mit einem Mal muss Fleisch nicht mehr aufwendig beschafft werden; es ist plötzlich zu jeder Zeit und überall im Stadtraum verfügbar. Und doch bleibt Fleisch am Ende des 19. Jahrhunderts zugleich ein Mythos. Zuschreibungen, sei es das ›Gesunde‹, das ›Rohe‹ oder das ›Männliche‹, beharren mit erstaunlicher Konstanz und behaupten sich quer zu sämtlichen Industrialisierungsprozessen.

Vor allem aber ist Fleisch, wie wir es heute kennen (oder gerade verkennen lernen), das Ergebnis einer sehr konkreten Geschichte. Die Umstände der Normalisierung des Fleischessens möchte dieses Buch aufdecken und entfalten. Es schreibt somit auch die Genealogie eines Nahrungsmittels, das wie kein anderes zur Projektionsfläche höchst unterschiedlicher Lebensentwürfe geworden ist: die Genealogie unserer heutigen Fleischkultur. Hinter der Diversität dieser Lebensentwürfe ein Stück europäischer Geschichte des 19. Jahrhunderts erkennbar werden zu lassen, wäre das vorrangige Ziel dieses Buchs.

Ich danke insbesondere Alwin Cubasch, Thomas Macho, Jason Papadimas und Franziska Weber für die vielfältigen Hilfen und Anregungen, Christiane Gaedicke, Eileen Klingner und Judith Rauwald für die unermüdlichen Recherche- und Korrekturarbeiten, meinen beiden Freunden Stephan Buchholz und Frank Gebauer für alle Anregungen. Zudem sei Simon Becker, Beate Boehnisch, Gunter Dehnert, Natalia Kepesz und Thomas Winnacker gedankt.

1

Der Mythos

Das Schwein, sowohl das wilde als das zahme, zeigt eine Plumpheit, Rohheit und Häßlichkeit der Gestalt, wie keines der vorherigen Thiere.

(F. S. Voigt, 1835, S. 447)

Ein Buch muss von einem Punkt ausgehen, muss mit einem Satz und einer Setzung beginnen. Dabei kennen die großen Erzählungen des 19. Jahrhunderts vor allem ein Gravitationszentrum: die Industrialisierung, ermöglicht und buchstäblich angetrieben durch die Dampfkraft. So überzeugend und erklärungsmächtig diese Setzung einerseits ist, so vielfältig und tiefgreifend sind die daraus erwachsenden Fragen. Dabei steht zuvorderst sicherlich das seit der Spätaufklärung diskutierte »Warum Europa?«-Problem.[1] Denn je genauer man sich die historische Datenlage vor Augen führt, umso drängender tritt ein prozessuales Modell an die Stelle und den Begriff einer industriellen ›Revolution‹. Und je zahlreicher sich ähnliche Voraussetzungen auch in anderen Ländern wie beispielsweise China finden lassen, umso unverständlicher wird der ›europäische Sonderweg‹, der sich seinerseits in einzelne nationale Entwicklungswege aufspaltet.

Um also meinerseits einsetzen zu können, ignoriere ich die ebenso ernüchternde wie bedrohliche Komplexität der Welt um 1900. Stattdessen fokussiere ich auf das Deutsche Reich, und noch genauer auf Berlin und dessen exemplarische Erklärungskraft. Damit wende ich zugleich den Blick ab vom Befund einer umfassenden sozialen und wirtschaftlichen Veränderung, die eine Verbesserung der allgemeinen Lebensbedingungen zur Folge hatte: Nach der Reichsgründung um 1871 ging es, sieht man von der kleineren ›Delle‹ der Gründerkrise einmal ab, im deutschen Kaiserreich ebenso langfristig wie stabil aufwärts; das Realeinkommen stieg, die Lebenserwartung verlängerte sich,

---

1 Vgl. Osterhammel, 2013, S. 915.

© VERLAG FERDINAND SCHÖNINGH, 2021 | DOI:10.30965/9783657704460_002

und es konnte nicht mehr nur für den unmittelbaren Bedarf produziert werden, sondern für etwas, das einen neuen Begriff brauchte: den Konsum von Massengütern.

Abb. 1.1
Liebig Fleisch-Extract (1897).

Produkte wurden erzeugt und erfolgreich vermarktet, die zwischen der Deckung elementarer Grundbedürfnisse und einem reinen Luxusartikel standen: »Man produzierte mehr, um mehr konsumieren zu können.«[2] Dies konnten völlig neue Dinge wie Margarine, Aspirin oder Aluminiumtöpfe sein. Oder es handelte sich um Waren, die zuvor nur in begrenzter Menge verfügbar und deshalb dem Adel oder dem gehobenen Bürgertum vorbehalten waren. Der Konsum dieser Waren vergrößerte das symbolische Kapital seiner Besitzerinnen und Besitzer, und die entsprechenden sozialen Spannungen oder zumindest Debatten waren vorprogrammiert.[3]

Im Blick auf Berlin nun tritt eine dieser neuen Konsumwaren besonders hervor, die plötzlich für alle Gesellschaftsklassen verfügbar und zum Signum

---

2 Osterhammel, 2013, S. 920.
3 Auf die durchgängige Verwendung einer geschlechtsneutralen Sprache wird in dieser Publikation aus Gründen der historischen Korrektheit verzichtet, das generische Maskulinum jedoch gerade in systematischen Argumenten oder aktuellen Passagen nach Möglichkeit vermieden.

für die Stärke ›des Westens‹ wurde: das Fleisch – und genau hiervon, nämlich dem Schweinefleisch, handelt dieses Buch. Einige erste Zahlen mögen diese beispiellose Veränderung des Fleischverhaltens beleuchten. Um 1900 stimulierte eine Einkommenserhöhung um 1 % die Fleischlust derart, dass die Verbraucher 1,5 % mehr Geld für Schweinefleisch ausgaben. Der Fleischkonsum lässt somit – im Verständnis dieser Zeit – direkte Rückschlüsse auf den Wohlstand zu.[4]

> Die Nahrungsmittel stellten sicher bis weit in das 20. Jahrhundert hinein den Hauptbestandteil des Verbrauchs von Familienhaushalten dar.[5]

Heute ist dagegen bei fast sämtlichen Nahrungsmitteln der Sättigungspunkt erreicht.[6] In Fleisch investieren die Deutschen seit 2003 etwa 17 % ihrer privaten Konsumausgaben für Nahrungsmittel, Getränke und Tabakwaren.[7] Fleisch ist, mit einem Wort, eine historisch wie kulturell extrem vielgestaltige, vibrierend flexible und zugleich spannungsreiche Konstruktion. In diesem Sinne rekonstruiert dieses Buch, wie sich innerhalb der Industrialisierung eine ganz neue kulturelle Formation Fleisch ausbildet und wie sich daraus umgekehrt das 19. Jahrhundert, aber auch Ernährungsdebatten unserer Gegenwart beleuchten und verstehen lassen.

Netzwerk Metropole

Im 19. Jahrhundert gibt es in Europa und besonders in Deutschland immer weniger Hungerkrisen. Nach 1850 ist Deutschland praktisch hungerfrei, Subsistenzkrisen treten nicht mehr auf.[8] Hierfür lässt sich eine ganze Reihe von Gründen anführen. An erster Stelle steht der enorme Aufschwung der Landwirtschaft, sowohl extensiv als auch intensiv. Während in Westeuropa die Ackerflächen kaum ausgedehnt werden, entstehen vor allem in den USA und in Rußland riesige neue Anbaugebiete. In Deutschland dagegen wurden die Hektarerträge kontinuierlich durch neue Fruchtfolgen erhöht, den vor allem

---

4 Vgl. zum Fleischverbrauch im 19. Jahrhundert v. a. Teuteberg, 2005, S. 94–132 und Martin, 1895, S. 314 und 334. Hinzu kommt, dass sich der reale Preis für Schweinefleisch zwischen 1873 und 1913 um knapp 40 % erhöht, vgl. Wottawa, 1985, S. 13.
5 Pierenkemper, 1987a, S. 16–17.
6 Vgl. Achilles, 1993, S. 255 und 267.
7 Vgl. Statistisches Bundesamt, 2018, S. 181.
8 Vgl. Osterhammel, 2013, S. 300–322.

auf Justus von Liebig zurückgehenden Einsatz von Kunstdünger und, allerdings vor 1920 nur sehr zögerlich, durch die dampfgetriebene Mechanisierung der Arbeitskraft.

Noch um 1800 steckte die Landwirtschaft in einem wahren Teufelskreis. Einerseits nahmen sich Pferde und Kühe quasi gegenseitig das Futter weg. Andererseits konnten die Ackererträge wegen des fehlenden Düngers nicht gesteigert werden, so dass weniger Futter für die Stallmist liefernden Tiere zur Verfügung stand. Dieser Teufelskreis wurde durch die Entdeckung des Mineraldüngers aufgebrochen, oder in der Diktion der Zeit:

> Und wenn es uns gelingt, im richtigen Verständnis seiner [Liebigs] Lehre unseren Feldern nicht bloß ihre Kraft zu bewahren, sondern noch zu mehren, und in den Kreislauf der organischen Substanz beliebig die unorganische zu ziehen und nach unseren Begriffen unerschöpfliche Nahrungsmittel für die erdgeborenen Sterblichen, und damit die erste Bedingung aller menschlichen Strebungen zu geben, wenn wir lernen, aus Steinen, dem Unorganischen überhaupt, Brod zu machen, was nicht mehr bezweifelt werden kann, so wird sich ein Fortschritt geoffenbart haben, dessen Folgen unermeßlich sind.[9]

Im Rückblick von heute lassen sich diese »unermeßlichen Folgen« sehr präzise benennen. So wächst in der zweiten Hälfte des 19. Jahrhunderts die Agrarproduktion jährlich um 1,06 %, was abzüglich des ebenfalls enormen Bevölkerungswachstums eine Pro-Kopf-Steigerung von 0,26 % ergibt.[10] Deutschland lag mit einer 27-prozentigen Steigerung der Getreideerträge pro Hektar an der Spitze; ein aus zeitgenössischer Sicht »völlig ungehemmter Aufschwung«.[11] Mit anderen Worten stand in diesen Jahrzehnten zunächst einmal jedem Menschen brutto mehr Nahrung zur Verfügung, wobei zugleich weniger Menschen in der Landwirtschaft arbeiteten. Nahrung wurde mehr und mehr zu einer Konsumware, d. h. bei steigendem Einkommen musste relativ weniger Geld für Nahrung ausgegeben werden. Dies eröffnete einen ökonomischen und mithin dann eben auch semiotisch-symbolischen Freiraum, in dem neue Produkte plaziert und konsumiert werden konnten, allen voran das Fleisch: Während insgesamt für Nahrung weniger investiert werden musste, stieg die Investitionsbereitschaft in das Produkt Fleisch signifikant.

Bedeutet dies nun aber andererseits, dass ein erhöhter Fleischkonsum möglich wurde, weil die Getreideproduktion nicht mehr länger kritisch war?

---

9   Fraas, 1865, S. 349–350.
10   Vgl. Osterhammel, 2013, S. 315.
11   Elsner, 1866, S. 62. Vgl. auch Helling, 1965, S. 132.

> Die klassische Frage ist die, ob eine Agrikulturelle Revolution der Industriellen
> Revolution vorausging und möglicherweise ihre notwendige Bedingung war.[12]

Ich glaube, dass diese »klassische Frage« schlichtweg falsch gestellt ist und es
sich vielmehr lohnt, die vielfältigen Wechselwirkungen zwischen landwirt-
schaftlichem und (ingenieur-)technischem Wissen, zwischen agrarischen und
industriellen Kulturtechniken aufzuarbeiten. Es wird sich zeigen, dass das eine
nicht ohne das andere möglich war, bzw. dass die Industrialisierung nicht nur
dampf-, sondern eben auch fleischgetrieben war.

Wo von Wechselwirkungen die Rede ist, da ist Netzwerkdenken nicht fern.[13]
In diesem Sinne ist es zweitens für die Geschichte des 19. Jahrhunderts wesentlich, dass die landwirtschaftlichen Ertragssteigerungen nicht bloß lokal,
sondern als von Anfang an vernetzte Hochtechnologien begriffen werden
müssen. Denn die neuen Infrastrukturen, allen voran die Kanäle und die Eisenbahn, ermöglichten einen verlässlichen Im- und Export von Nahrungsmitteln,
der seinerseits stabile neue Märkte garantierte:

> Mehr noch aber als das hier Verhandelte fördern gegenwärtig *die vermehrten
> und erleichterten merkantilen und Verkehrsverhältnisse* den Fortschritt. [...] Er
> trägt dadurch, daß er alle Waaren durch den leichten und billigen Transport
> wohlfeiler macht, zum vermehrten Verbrauch derselben bei, treibt daher auch
> zur Vermehrung der Erzeugung an.[14]

Mit der Eisenbahn als vernetzter technischer Infrastruktur transformierten
sich zunächst in den Städten die örtlichen Märkte in regional operierende
Geschäfte. Diese weiteten sich nach der Reichsgründung national und inter-
national aus, bis schließlich jener heutige Weltmarkt für Nahrungsmittel
entstand, in dem die Zirkulation der Waren selbst eine Speicherfunktion geworden ist.

Dabei ist entscheidend, dass in der zweiten Hälfte des 19. Jahrhunderts die
Nahrungsmittel und besonders eben auch das Fleisch zu einem Konsumgut
neben anderen, internationalisierten und industrialisierten Konsumgütern
wurden, die zudem Markenartikel waren. Und indem das Fleisch den Warencharakter anderer Industrieprodukte übernahm, wurde das Paradoxon einer
zweiten Natur allererst möglich: Fleisch als eine Ware, die zugleich Natur zu

---

12   Osterhammel, 2013, S. 317.
13   Vgl. hierzu ausführlich Kapitel 3.
14   Elsner, 1866, S. 77.

sein scheint.[15] In diesem Narrativ, in dem die materielle Dimension eines Industrieprodukts völlig hinter seiner Naturalisierung zurücktritt, scheint mir der strukturale Kern des modernen Fleischbegriffs zu liegen: »Der Mythos wird als Faktensystem gelesen, während er doch nur ein semiologisches System ist.«[16]

Zentraler Knotenpunkt dieses modernen Fleischmythos' ist die Metropole. Als kulturelle Formation entsteht sie in der zweiten Hälfte des 19. Jahrhunderts im Wechselspiel mit der Industrialisierung. Insofern ist dieses Buch auch und nicht zuletzt ein Buch über Berlin. 1881, das Deutsche Reich ist gerade einmal zehn Jahre alt, wächst die junge Hauptstadt rasant. Pro Jahr kommen zwischen Reichsgründung und Ausbruch des Ersten Weltkriegs fast 30.000 neue Personen nach Berlin, wohnen, arbeiten und essen dort. Mehr Menschen lebten 1920, nach dem Zusammenschluss mit den umgebenden Gemeinden, nur in London und New York.[17] Die Gründe, die Probleme und die Folgen dieser rasanten Entwicklung zur Weltstadt sind vielfach untersucht und beschrieben worden.[18] Zusammenfassend lässt sich die Situation wie folgt charakterisieren:

> Keines der etablierten Städtesysteme, ob in Europa, China oder Indien, war auf den Zustrom von Menschen in den Städten vorbereitet. Daher waren vor allem die frühen Wachstumsphasen Zeiten krisenhafter Anpassung.[19]

Auch wenn er in vielen Punkten unzulänglich war, bildete der »Plan von Berlin und Umgebung bis Charlottenburg«, den der Kanalisationsfachmann James Hobrecht auf höchsten Befehl 1862 vorlegte, für gut fünfzig Jahre die Leitlinie der Stadtentwicklung, ablesbar im heutigen Straßen- und Verkehrsnetz mit der charakteristischen Ringbahn.[20] Es entstanden zahllose Industriebetriebe wie Siemens & Halske, die AEG, Borsig oder Schwartzkopff, nicht zuletzt finanziert durch französische Reparationszahlungen. Diese Großindustrie be-schäftigte nach der Jahrhundertwende fast eine Million Arbeiterinnen und

---

15   Ich positioniere den Begriff der zweiten Natur in Anlehnung an Lukács und Adorno, ohne jedoch deren ideologiekritische Komponente zu übernehmen, um ausgehend von den zugrundeliegenden Kulturtechniken die »Grenzregime von Natur und Kultur« (Khurana, 2016, S. 53) analysieren zu können.

16   Barthes, 2010, S. 280.

17   Zur gleichen Zeit wachsen US-amerikanische Städte noch stärker, allerdings weniger verdichtend. Vgl. Osterhammel, 2013, S. 378–381.

18   Vgl. beispielsweise Teuteberg und Wischermann, 1985.

19   Osterhammel, 2013, S. 360.

20   Vgl. Hobrecht, 1890 und Peters, 1995, S. 100–102.

Arbeiter. Als 1877 die Ringbahn fertiggestellt wurde, fuhr sie nicht nur auf weiten Strecken durch unbebautes Land, sondern umschloss zugleich die neuen Industriestandorte, womit Güter wie Personen gleichermaßen transportiert wurden. In den 1920er Jahren sind diese Freiflächen erschlossen und Berlin die größte Industriestadt Europas. Zehn Prozent aller Arbeiter des Deutschen Reiches waren Berliner. Berlin war die erste Technopolis.

Dieser enormen konzentrischen Expansion der Stadt stand eine aus heutiger Sicht geradezu unvorstellbare Verdichtung vor allem in den östlichen und nördlichen Stadtvierteln entgegen, bei gleichzeitiger Entvölkerung der Innenstadt. 1910 gab es in Berlin insgesamt eine gute halbe Million Wohnungen für gut zwei Millionen Einwohner. Nimmt man nun noch die soziale Differenzierung hinzu, lebten mehr als 600.000 Menschen in rund 100.000 Wohnungen. 1,5 Millionen Wohnungen verfügten nur über ein einziges beheizbares Zimmer.[21] Weil in Berlin innerhalb kürzester Zeit Urbanisierung und Industrialisierung zusammenkamen, entwickelte es sich geradezu zwangsläufig zur dichtbesiedelsten Stadt der Welt. Im Gegensatz zu den anderen Metropolen wie London, Paris, Wien und selbst New York war Berlin politische und kulturelle Hauptstadt und führende Industriestadt zugleich. Die Frage, die sich damit sofort aufdrängt, lautet: Wie, wo und was haben diese Menschen gegessen? Noch 1870 verfügt über die Hälfte aller Einwohnerinnen und Einwohner nicht über eine eigene Wasserversorgung, und natürlich wurden die Arbeiterviertel zuletzt an die neue Kanalisation angeschlossen. Welche kulinarischen Systeme kommen ohne bzw. mit nur sehr wenig Wasser aus? Und wie stehen Zeit und Geld als weitere Ressourcen hierzu?

Angesichts der Dichte dieses Fragenkatalogs muss es verwundern, dass Ernährung als Funktion der Stadtgeschichte Berlins eine bisher eher untergeordnete und selbst nicht weiter problematisierte Rolle gespielt hat. Im historischen Kontext eines allgemeinen technischen Fortschritts scheint die Ernährung der Menschen in den expandierenden Metropolen zwar eine große, aber keine wirkliche Herausforderung dargestellt zu haben. Vielmehr profitierte die Lebensmittelwirtschaft von der Industrialisierung und den mit ihr einhergehenden neuen Techniken, Maschinen und Verfahren.[22] Mit anderen Worten: In den bisherigen Geschichten der Moderne tritt die Ernährung und besonders die Versorgung mit gesundem, frischem Fleisch nicht als Faktor, sondern als Effekt eines technikgetriebenen Fortschritts auf.

---

21   Vgl. Peters, 1995, S. 146–148.
22   So beispielsweise der Tenor in Lummel, 2004.

Abb. 1.2   Hobrecht-Plan (1862).

Ich möchte demgegenüber mit diesem Buch zeigen, dass die Versorgung einer Metropole wie Berlin mit Fleisch eine alles andere als selbstverständliche und störungsfreie Herausforderung darstellt, die genau deshalb ihrerseits Anlass zu weitergehenden Veränderungen und Innovationen war. Fleisch also ist Motor der Moderne im doppelten Sinne des Genitivs: antreibend und angetrieben zugleich. Daraus leitet sich die zentrale These dieses Buchs ab: Indem Fleisch zu einem industriellen Produkt entwickelt wird, ermöglicht es Industrialisierung. Oder um es mit Bernard Stiegler – im Rekurs auf Gilbert Simondon – auszudrücken:

> Diese Tendenz zur Standardisierung, zur Produktion von immer stärker integrierten Grundformen, ermöglicht die Industrialisierung *und nicht umgekehrt*: Die Industrie entsteht nicht aufgrund der Standardisierung, sondern weil es im Prozess der allgemeinen technischen Entwicklung eine solche Tendenz gibt.[23]

Was, wie gesagt, eben nicht nur für technische Objekte im engeren Sinne gilt, vielleicht sogar ganz besonders für diejenigen Dinge des täglichen Lebens, deren Standardisierung, Normierung und Optimierung wir beharrlich narrativ überdecken – als seien sie eine zweite Natur. Eines dieser Dinge ist das Fleisch, das als neue Konsummasse allen Gesellschaftsklassen verfügbar wurde. Mit diesem Buch möchte ich die Urszene jenes massenhaften Konsums von Fleisch aufsuchen, die zum Merkmal und zum Prüfstein unserer Zeit geworden ist.

Fließbandprodukte

Womit wir nun ein erstes Mal zu jenem Ort gelangen, an dem sich diese Standardisierung symbolisch verdichtet und die hauptsächliche Transformation des Tiers in Fleisch vollzieht: dem Schlachthof. Bis zur ersten Hälfte des 19. Jahrhunderts schlachtete man in Berlin dort, wo das Fleisch gebraucht wurde:[24] direkt in der Stadt in etwa 800 privaten und drei städtischen Schlachtereien, in den lokal notwendigen Mengen und mit kurzentschlossener Ableitung der Schlachtabfälle in die Spree.[25] Dass Schlachterei ein traditionell lokales Gewerbe ist, lässt sich primär darauf zurückführen, dass sich Tiere

---

23   Stiegler, 2009, S. 102.

24   Bereits seit dem Mittelalter gab es öffentliche Schlachthäuser, die zunehmend die Privat- und Lohnschlachtung ersetzten. Vgl. zu dieser Vorgeschichte Tholl, 1995, S. 18–28.

25   Allerdings existieren 1890 noch 260 private Schlachtereien in Berlin, es findet also kein abrupter und vollständiger Wechsel statt, sondern ein langsamer Übergang. Zur Vorgeschichte des Schlachtens in Berlin vgl. des Weiteren Brantz, 2008, S. 72–74 und 78.

mehr oder minder gut selbst transportieren (lassen), wohingegen Fleisch eine extrem schnell verderbliche Ware ist.[26]

So resümiert 1827 Johann G. Krünitz in Band 145 seiner »Oeconomischen Encyclopädie«:

> Schlachthaus, an einigen Orten, besonders in den großen Städten, ein öffentliches Gebäude, worin die Fleischer oder Schlächter das Vieh schlachten. Die zweck-mäßigste Einrichtung der gewöhnlichen Schlachthäuser muß nach folgenden Regeln geschehen: 1) Es muß darin eine *Schlachtstätte* mit einem Kessel zu warmen Wasser enthalten seyn. 2) Es muß sich darin eine *Schlachtstube* be-finden, um darin verschiedene Geschäfte verrichten zu können. 3) Müssen in einem solchen Gebäude nöthigenfalls die *Fleischscharren* oder *Fleischbänke* be-findlich seyn. 4) Muß endlich ein solches Gebäude, wegen seines Geruchs an einem nicht sehr gangbaren Orte stehen; die beste Lage desselben ist am Wasser, weil dadurch die Straßenreinigung nicht gehindert wird, und keine Verpestung der Luft Statt findet; auch dient der Abgang zum Nutzen der Fische.[27]

Das Konzept eines derartigen vorindustriellen Schlachthauses basiert auf dem Schlachtvieh als Individuum. In einem Schlachthaus werden einzelne Tiere getötet, zerlegt und verkauft. Es sind im Grunde noch dieselben individuellen Tiere, die in der flämischen Stilllebenmalerei so opulent komponiert wurden. Und es ist der Metzger, Fleischer oder Schlachter, der diesen handwerklichen Beruf ausübt.

Mit diesem Konzept bricht der industrielle Schlachthof. Im Verlauf des 19. Jahrhunderts muss sich die Praxis des Schlachtens einzelner Tiere auf Praktiken und Technologien möglichst identisch gezüchteter und gemästeter Massen hin verschieben. Dabei ist in der Rekonstruktion der deutschen Volks-wirtschaft des Berliner Soziologen Werner Sombart der Massenkonsum eine direkte und unmittelbare Folge der Verstädterung:

---

26   Zwar wurde der Berliner Zentralvieh- und Schlachthof bereits 1898 erstmals mit Kühl-möglichkeiten für das Fleisch ausgestattet, allerdings erfolgte der entscheidende Paradigmenwechsel 1925 mit der Eröffnung der bereits vor dem Krieg projektierten Fleischgroßmarkthalle und zugehörigem Kühlhaus im September 1926. Es kamen dann zwei weitere Hallen hinzu, so dass 1929 ein Komplex aus Schlachtung und Vermarktung entstanden war, in dem die Großhändler das nicht verkaufte Fleisch in den direkt an-grenzenden Kühlräumen aufbewahren konnten und somit das entscheidende Merkmal des ersten Schlacht- und Viehhofs, die extrem zeitkritische Taktung aller Prozesse, weg-fiel. Insofern markiert das Jahr 1929 den Endpunkt der vorliegenden Untersuchung. Vgl. hierzu Guhr, 1996, S. 45–46, 59–60 und 67–68 sowie ausführlich im Abschnitt zum Brühwürfel ab S. 196.

27   Krünitz, 1773–1858, Bd. 145, S. 27.

Wenn viele Menschen viele Güter konsumieren, so entsteht ein massenhafter Konsum, und für das nächstemal ein massenhafter Bedarf. Dieser wird nun leicht zu einem Massenbedarf, d. h. zu einem Bedarf nach gleichartigen Gütern, namentlich wenn (was in unserer Zeit der Fall war) der Zunahme des Verbrauchs nicht eine entsprechende Differenziierung des Geschmacks zur Seite geht.[28]

Es wurde in jeder Minute ein ganzes Schwein verarbeitet !

Abb. 1.3   Fleisch- und Wurstwarenfabrik Josef Winter (um 1935).

Bemerkenswert an dieser Beobachtung Sombarts ist die kulturelle Wirkung eines gleichen oder ähnlichen Geschmacks. Erst nämlich wenn nicht Schweine, sondern Schnitzel, Eisbeine oder Sonntagsbraten konsumiert werden, müssen diese Produkte standardisiert bereitgestellt und das heißt eben auch hergestellt werden. Der Metzger um die Ecke, der wochenanfangs ein oder zwei Schweine schlachtet, gibt an seine Kunden diese Tiere in zerlegter Form weiter. Der Metzger jedoch, der seine Waren im Schlachthof ordert, verkauft bestimmte, optimierte und normierte Produkte. Was übrig bleibt, ist Abfall im Wortsinne.

Es macht einen radikalen Unterschied der zugrundeliegenden Techniken und Praktiken, ob ein, fünf, vielleicht auch fünfzig Tiere zu verarbeiten sind oder, wie im Berliner Zentralvieh- und Schlachthof, 10.000 pro Tag. Bei einem solchen Multiplikator stellt jede Störung keine Abweichung, keine Differenz, Handschrift oder Kunstfertigkeit dar, sondern ein gravierendes ökonomisches Risiko. Gefunden, trainiert und ausgeübt werden müssen Kulturtechniken des

28   Sombart, 1913, S. 396.

Umgangs mit Massen. Dabei ist die Zeit der entscheidende, kritische Faktor: Das Fließband der Tiere kann weder rückwärts laufen noch verlangsamt werden.[29]

Das Fließband führt als Metapher noch aus einem zweiten Grunde in die falsche Richtung. Denn das Fließband ist ein serieller Fertigungsverlauf, dessen Logik von der Abfolge der einzelnen Arbeitsschritte her bestimmt ist. Gerade aber die Fleischproduktion ist in diesem Sinne keine einfache Technologie, die sich im geschützten Raum einer Fabrik vollzieht, sondern vielmehr ein komplexes Netzwerk, in dem sich Urbanisierung als kultureller Prozess und Industrialisierung als technischer Prozess wechselseitig durchdringen. Man versteht das Phänomen Fleisch nicht, wenn man es allein unter einer kulturellen oder einer industriellen Perspektive sieht. Fleisch ist ein zutiefst kulturelles *und* industrielles Phänomen. Die eine oder andere Perspektive absolut zu setzen, führt zur unreflektierten Verherrlichung der Nackensteaks auf den Weber-Grills der Vorstadtgärten *oder* zur unterschiedslosen Verdammung aller Karnivoren im Fahrwasser ökologischer Zoopolitiken.

Tiermythos und Fleischkonsum

Werfen wir vor diesem Hintergrund einen ersten kurzen Blick in das kulinarische System des 19. Jahrhunderts. Was wurde gegessen? Weizen, der zunehmend aus den östlichen Teilen des Reichs nach Westen gebracht wurde. Kartoffeln, die kurz vor 1600 in Europa ankamen und dann etwa zweihundert Jahre brauchten, um sich in Deutschland zum wichtigsten Grundnahrungsmittel weiterzuentwickeln. Und Zucker, der ab 1850 in Fabriken zunehmend aus lokal abgebauten Rüben hergestellt wurde, um vom Rohrzuckerimport unabhängig werden zu können.[30] Im Gegensatz aber zu diesen eher anonymen Grundnahrungsmitteln gehen aus dem Netzwerk der Fleischindustrie konkrete Tierzüchtungen wie z. B. das Karbonadenschwein hervor, das als Pommersches Edelschwein besonders den Berliner Markt bediente. Dabei bezeichnet die Karbonade das Rippenstück oder den Kotelettstrang des

---

29   Vgl. hierzu besonders eindrücklich die Beschreibung der Schlachtprozesse in Cincinnati und Chicago in Giedion, 1970, S. 245 f. und 257–270.

30   Zucker wurde, mit starkem Standort in Berlin, zum Massenkonsumgut und schnellen Energiespender besonders für Arbeiter, wobei sich die weltweite Produktion bis zum Beginn des Ersten Weltkriegs vervierfachte. Insofern schreibt sich hier eine Parallelgeschichte zum Fleischkonsum, die an anderer Stelle aufzuarbeiten wäre. Vgl. Mintz, 1986.

Schweins und verweist somit auf die Garungstechnologie des Bratens, die zum *pars pro toto* für das Tier wird: das Markenschwein fürs Kotelett.

Mit Blick auf die Kulturgeschichte des Haustiers Schwein lässt sich geradezu von einer Metamorphose sprechen.[31] Im ausgehenden Mittelalter verdrängten Pferde, Schafe und Rinder das Schwein aus seiner bevorzugten Stellung. Die Ackerflächen wurden aufgrund des Bevölkerungswachstums und besonders auch des 30-jährigen Kriegs zunehmend für den Eigenbedarf genutzt, so dass das Schwein als Allesfresser bis zur Mitte des 19. Jahrhunderts ein unmittelbarer Nahrungskonkurrent des Menschen war. Noch um 1800 erinnert das sogenannte Landschwein in Deutschland stärker an Wildschweine denn an das Bild, das wir heute vom Schwein haben. Folglich ging seit Beginn der Frühen Neuzeit der Fleischkonsum zurück, bis sich um 1800 herum jene Trendwende ankündigt, die aus dem Schwein ein buchstäblich anderes Tier macht.[32]

Bei keinem anderen Tier haben die Bestände und der Konsum um 1900 so stark zugenommen. Dabei lassen sich für Preußen aufgrund der Mahl- und Schlachtsteuer sehr konkrete Zahlen erheben, vgl. hierzu neben der untenstehenden Tabelle 1.1 auch die ausführlichen Angaben in Tabelle 13.2 auf S. 266, die auf die Forschungen von Joseph Esslen zurückgehen. Aus diesen Daten ergibt sich folgendes Bild: Zu Beginn des 19. Jahrhunderts geht der Fleischkonsum zurück, was direkt auf den Zusammenbruch Preußens infolge der verheerenden Niederlage gegen Frankreich bei Jena und Auerstedt 1806 zurückzuführen ist. In den folgenden Jahrzehnten stabilisiert sich der Pro-Kopfverbrauch wieder auf dem Niveau der Zeit um 1800, steigt jedoch zunächst nicht signifikant an:

> Die Änderung des Fleischkonsums in Preußen ist also zwischen 1800 und 1860 nicht besonders groß. Man verzehrte kurz vor der Begründung des Bismarckreiches etwa das Quantum, was man zu Beginn des Jahrhunderts erreicht hatte.[33]

Allerdings lässt sich in diesem Zeitraum zugleich eine deutliche prozentuale Verschiebung zum Konsum von Schweinefleisch hin beobachten. Es folgt dann eine Periode mit einem relativ moderaten Anstieg sowie ein signifikanter Sprung um die Jahrhundertwende: 16,6 kg (1892), 24,0 kg (1900) und 28,3 kg (1907) konsumiertes Schweinefleisch pro Jahr und Kopf.[34] Und während die

---

31   Vgl. Macho, 2006.
32   Vgl. Teuteberg, 2005, S. 103. Auch dieser Befund ist allerdings regional und sozial zu differenzieren.
33   Ebd., S. 107.
34   Vgl. für diese und die in der nachfolgenden Tabelle aufgeführten Zahlen ebd., S. 105–130 und Esslen, 1912, S. 745–750.

Rind- und Kalbfleischproduktion pro Kopf zwischen 1883 und 1913 um 34 %
zunimmt, beträgt der Zuwachs beim Schweinefleisch im gleichen Zeitraum
140 %.[35] Zusammenfassend lässt sich also sagen, dass sich die Menge des pro
Kopf verzehrten Schweinefleischs vom Anfang des 19. bis zum Anfang des 20.
Jahrhunderts fast verzehnfacht, bzw. dass die Steigerung des Fleischkonsums
hauptsächlich vom Schwein ausgeht.[36] Wie kann ein derart klarer Befund erklärt werden, und in welchem technologischen Kontext ist er zu sehen?

Tab. 1.1   Fleischkonsum in Preußen bzw. im Deutschen Reich

Jahr	1802	1816	1840	1849	1861	1873	1883	1892	1900	1907
Gesamt in kg	23,0	14,0	19,4	20,7	20,9	29,5	29,3	32,5	43,4	46,2
Schwein in kg	6,8	3,7	5,8	7,9	8,6	12,6	15,1	16,6	24,0	28,3
Schwein in Prozent	31,5	26,2	29,9	38,3	41,1	42,8	51,6	51,2	55,0	61,3
Schlachtgewicht in kg	38		58	70	70		75			79

Noch etwas anders, nämlich in der Tendenz weitaus eindeutiger, stellen sich
die Zahlen dar, wenn man nicht auf die gesamte Region Preußen bzw. das Ge-
biet des Deutschen Reichs schaut, sondern die statistischen Erhebungen zum
Fleischkonsum in Berlin heranzieht. So verzeichnet das von Richard Böckh
herausgegebene »Statistische Jahrbuch der Stadt Berlin« für 1883 einen pro

---

35   Der Zuwachs von 1800 mit 5,3 kg bis 1913 mit 34,1 kg beträgt geradezu unvorstellbare
      543 %. Die Steigerung beim Gesamtfleischverbrauch lag bei 83 % von 1883 und bei
      239 % von 1800 an gerechnet, vgl. hierzu Bittermann, 2008. Etwas moderatere Zahlen
      finden sich bei Dietmar Wottawa, der für 1883 etwa 15,0 kg und für 1913 dann 25,3 kg pro
      Kopfverbrauch an Schweinefleisch angibt, entsprechend einer Steigerung von knapp
      70 %, vgl. Wottawa, 1985, S. 21. Wilhelm Abel spricht von einer Verdopplung des Fleisch-
      verzehrs zwischen zwischen den 1860er Jahren und dem Ersten Weltkrieg, vgl. Abel,
      1937, S. 445. Walter Achilles führt aus, dass um 1800 pro Kopf 16 kg Fleisch 30 % zur Ver-
      fügung stand, wovon 5,4 kg für Schweinefleisch angesetzt werden. Dabei muss aber davon
      ausgegangen werden, dass die Oberschichten einen mit heutigen Zahlen vergleichbaren
      Fleischverbrauch von rund 90 kg pro Jahr hatten, weshalb die These der Fleischknappheit
      zum Beginn des 19. Jahrhunderts besonders für den städtischen Durchschnittsverdiener
      in Anschlag zu bringen ist. Vgl. Achilles, 1993, S. 69.

36   Vgl. Potthoff, 1927, S. 447.

Kopfverbrauch an Fleisch von insgesamt 69,5 kg und für 1902 von 75,1 kg.[37]
Was bedeutet, dass die genannten Veränderungen im Fleischkonsum innerhalb der Städte bzw. vor allem in Berlin noch viel deutlicher ausfallen und dass
wir sie deshalb im Kontext der Verstädterung analysieren müssen. Es ist also
zu vermuten, dass sich die Frage nach der zweiten Natur des Fleischs unter
den Bedingungen der radikalen Urbanisierung, der Metropolis und Technopolis Berlin noch einmal anders darstellt. Laut Peter Lümmel wurden um 1800
in Berlin »noch wenige Schweine, jedoch erstaunlich viel Hammel und Rinder
sowie Hühner und Gänse verzehrt.«[38] Dagegen ist der Konsum an Schweinefleisch um 1900 sozial stark ausdifferenziert: Während in der Oberschicht
der Schweinebraten auf den Tisch kommt, isst die Mittelschicht gepökeltes
Schweinefleisch (in der Suppe), wohingegen die unteren Sozialschichten
selten bis nie in den Genuss von Fleisch gelangen.[39] Und trotzdem steigt, unter
dem Strich, der Konsum an Schweinefleisch massiv an. Wir können also zunächst einmal festhalten, dass die »enorme Ausweitung des Wohlstandes, die
sich parallel zur Industrialisierung in den europäischen Staaten im 19. Jahrhundert beobachten« lässt, besonders deutlich im Fleischkonsum, und noch
genauer im Verzehr von Schweinefleisch niederschlägt.[40]

Womit wir wieder beim Schwein selbst angelangt wären. Denn hinter der
Statistik gezählter, gewogener und aufaddierter Schlachtgewichte steht das
Tier selbst, das Schwein, das so stark wie kein anderes Tier als Fleischprodukt
optimiert wurde. Um die ungeheure Mehrproduktion am Ende des 19. Jahrhunderts überhaupt erreichen zu können, bedurfte es nicht nur der Technologien einer netzwerkartigen Logistik, sondern es musste auch das Schwein
selbst technologisiert werden. Im Parallelgang mit anderen Produkten nicht
(primär) tierischen Ursprungs ging es schlichtweg um »eine *Steigerung des
Lebendgewichts* der einzelnen Tiere sowie eine *Verbesserung der Rassen,
Erhöhung des Nutzwertes*«.[41] Dabei lässt sich das Schwein, im Gegensatz
zum Rind, aufgrund eines anderen Verdauungsapparats sehr erfolgreich
technologisieren. Die sowieso schon ausgeprägte Wüchsigkeit ließ sich durch
entsprechende Mast massiv steigern. Und umgekehrt wird das Schwein
gerade durch seine massenhafte Zucht zu einem wertvollen Gegenstand der
Forschung, also eine zirkuläre Struktur, die man erst in heutiger Zeit unter
dem Stichwort der Retrozüchtung aufzubrechen versucht. Ich werde diesem

---

37   Vgl. Böckh, 1884, Bd. 11 (1885), S. 183 und ebd., Bd. 27 (1903), S. 315. Vgl. hierzu auch die
      Tabelle 7.1 auf S. 164.
38   Lummel, 2004, S. 88.
39   Vgl. ebd., S. 92.
40   Pierenkemper, 1987a, S. 20.
41   Sombart, 1913, S. 356.

Komplex in einem eigenen Kapitel 2 zur Herstellung dessen, was dann überhaupt Schwein ist, nachgehen.

An dieser Stelle muss als Vorbemerkung ausreichen, dass Schweinefleisch im 19. Jahrhundert mit einem deutlich höheren Fettanteil als heute gegessen wurde, so dass sein Energiegehalt pro Kilogramm höher als beim Rindfleisch war.[42] Und erst kurz vor dem Ersten Weltkrieg wird Rindfleisch teurer als Schweinfleisch. Damit aber deutet sich eine direkte Wechselwirkung zwischen Fleischkonsum und Industrialisierung an, erlaubte doch die Zucht und Mast des Schweins eine zielgerichtete Herstellung von Fleischprodukten für unterschiedliche Verbrauchsszenarien. Denn während Bürger und Beamte *besser* ernährt werden mussten, galt für die Arbeiterkost das der Dampfmaschine entlehnte Prinzip der Effektivität: Nur wenn Fleisch zu einem Preis angeboten wurde, der es für Arbeiter gerade noch erschwinglich machte, konnte dieser die für seine Tätigkeit notwendige Energie aufbringen. Heißt: Fleisch wurde zu einem politischen Steuerungsinstrument der nationalen Ökonomie, der Schlachthof zu einer »*Wohlfahrtseinrichtung*«.[43]

Blickt man zusammenfassend auf die Verdichtung der Nahrungsmittelproduktion im Netzwerk Berlin um 1900, so scheint sich hieraus ein Begründungszusammenhang für meine Initialbeobachtung zu ergeben, dass das Schwein mit einem Mal nicht nur in größeren Mengen ernährt, sondern darüber hinaus gezielt gezüchtet, gemästet, transportiert und konsumiert werden konnte. Was allerdings die kritische Gegenfrage evoziert, ob diese Argumentation bereits eine hinreichende Begründung darstellt: Weil es bessere Bedingungen für die Herstellung von Nahrungsmitteln gab, wurden diese, und eben speziell auch das Fleisch, verstärkt konsumiert?

Oder ist es nicht vielmehr so, dass erst eine ausreichende Nachfrage, ein bestimmtes Bedürfnis nach Fleisch vorhanden sein musste, um die entsprechenden ökonomischen und technologischen Wachstumsprozesse in Gang zu setzen – zumal wenn es sich hierbei um zeitgenössische Hochtechnologien wie die Eisenbahn handelt?[44] Woher mit anderen Worten kommt das Bedürfnis nach Fleisch? Warum wird Fleisch in der zweiten Hälfte des 19. Jahrhunderts ›plötzlich‹ zu einem Grundnahrungsmittel? Welcher kulturelle Kontext ermöglicht Aussagen wie diejenige von Rudolf Martin in den »Preußischen Jahrbüchern« von 1895:

---

42   In England wurden sogar zu frühzeitiger Verfettung neigende südostasiatische Rassen
     eingekreuzt, was die deutschen Verbraucher ablehnten.
43   Hausburg, 1879, S. 2.
44   Vgl. Osterhammel, 2013, S. 345.

Unter den mancherlei Mitteln, welche über das Wohlbefinden eines Volkes
Aufschluß zu geben vermögen, dürfte eine Statistik über den Fleischverbrauch,
welche sich über einen längeren Zeitraum erstreckt, wohl eines der geeignetsten
sein.[45]

Im Grunde kreisen die nachfolgenden Kapitel damit um die zentrale Frage,
warum wir die Entstehung des Grundnahrungsmittels Fleisch und genauer
Schweinefleisch so exakt im Europa der zweiten Hälfte des 19. Jahrhunderts
verorten können. Die Gründung des zentralen Vieh- und Schlachtshofs von
Berlin im April 1883 ist in diesem Sinne ein Ereignis, das keine zehn oder
zwanzig Jahre früher oder später hätte stattfinden können. Wir haben es vielmehr mit einem kulturhistorischen Knotenpunkt zu tun, in dem mindestens
vier unterschiedliche Erzählstränge miteinander verwoben sind: erstens das
industrialisierte Schlachten gezüchteter Tiere, zweitens dessen Einbindung
in das Netzwerk des europäischen Eisenbahnsystems, drittens die grundlegende Neuordnung des Verhältnisses von Wohnen, Arbeiten und Freizeit
im Kontext der Urbanisierung sowie viertens die gleichzeitige Stabilität und
Variabilität kulinarischer Systeme. Je stärker im Folgenden dieser Knoten in
seine kulturhistorischen Bestandteile zerlegt werden wird, umso deutlicher
tritt der Schlachthof als Antrieb und Motor der Industrialisierung hervor. Die
Industrialisierung füttert sich selbst. Und genau deshalb lässt sich der Prozess
der Modernisierung am Beispiel des urbanen Fleischkonsums in seiner ganzen,
ihm innewohnenden Widersprüchlichkeit rekonstruieren.

---

45   Martin, 1895, S. 314.

2

Das Schwein

Ein nicht verzärteltes, gesundes und
frohwüchsiges Edelschwein.

(Behmer, 1898, S. 765)

Am 9. Juni 1887, einem Donnerstagmorgen um 8 Uhr, öffnete die erste Ausstellung der Deutschen Landwirtschafts-Gesellschaft (DLG) ihre Tore.[1] Zwar
regnete es nicht, aber ein unangenehm kalter Wind blies über das Ausstel-
lungsgelände in Frankfurt am Main. Nachdem man sich abends zuvor im
Palmengarten mit bengalischer Beleuchtung, chinesischen Lampen, Lohen-
grin und Festreden amüsiert hatte, wurden nun die ausgestellten 1.800 Tiere,
2.000 Geräte und 100 landwirtschaftlichen Produkte sukzessive präsentiert
und prämiert.[2] Da es sich um eine Wanderausstellung handelte, beriet die
Gesellschaft gleich in ihrer ersten Ausschusssitzung am nächsten Tag über
Ort und Zeit im kommenden Jahr. So folgte 1888 Breslau, danach ging die
Ausstellung wieder in den Westen, um 1892 in Königsberg stattzufinden.
Berlin war 1894 an der Reihe.

Was waren die Hintergründe für ein derart aufwendiges Ausstellungs-
projekt? Der deutsche Ingenieur und Schriftsteller Max Eyth hatte gemeinsam
mit Adolf Kiepert zehn Jahre zuvor die DLG gegründet, nachdem er nach
einer gut zwanzigjährigen Auslandstätigkeit nach Deutschland zurückgekehrt
war.[3] Im Vergleich zur Landwirtschaft in England und in den USA konnte
die Gemengelage aus Tier und Maschine in Deutschland mit ungefähr 1.650
verschiedenen landwirtschaftlichen Vereinen nur als vorindustriell bezeichnet werden.[4] Vor diesem Hintergrund setzte Eyth auf Ausstellungen und

---

1 Vgl. Anonymus, 1887.
2 Vgl. Eyth, 1905, S. 296 und 316–317.
3 Vgl. ebd., S. 231–237.
4 Vgl. ebd., S. 53. Bereits in der ersten Hälfte des 19. Jahrhunderts hatte das landwirtschaftliche
Vereinswesen einen deutlichen Einfluss auf die Tierhaltung und Tierzucht gehabt. Dies ist
jedoch im Wesentlichen auf eine verbesserte Bodenfruchtbarkeit zurückzuführen, ohne dass
bereits stabile Zuchtstrategien und -ideale entstanden wären.

© VERLAG FERDINAND SCHÖNINGH, 2021 | DOI:10.30965/9783657704460_003

besonders Fachausstellungen mit wechselndem Ort, um eine zielgerichtete Kommunikation über den Wissensstand, die Praktiken und Techniken innerhalb der Landwirtschaft zu etablieren.[5]

Dabei wurde die sogenannte Schauordnung sehr strikt gehandhabt: Nichts, was nicht der Landwirtschaft diente, durfte ausgestellt werden. Abteilung 1 bildeten die Tiere, gefolgt von den Produkten und den Geräten. Für die Abteilung der Tiere war der Gutsbesitzer und Züchter Hermann Engelhard von Nathusius zuständig. Jedenfalls waren die Aussteller zunächst erstaunt über die rigide Handhabe der Schauordnung und die damit verbundene Tatsache, »daß ihre Tiere nicht, wie in den heimischen Ställen, beisammen stehen durften«.[6] Im damals noch sehr beschaulichen Frankfurt am Main auf dem Gelände der heutigen Europäischen Zentralbank unterhalb des Ostbahnhofs sollten zunächst 900 Tiere ausgestellt werden, doch das Interesse der Züchter war weitaus größer. So gingen 1887 laut Eyth von den insgesamt 1.800 Tieren 300 Schweine ordnungsgemäß ins Rennen.[7] Die Sieger wurden zu Ausstellungsende vorgeführt, es kamen insgesamt fast 50.000 Besucher.[8] Die Verlierer reagierten, auch dies eine Konstante der Geschichte, zum Teil gekränkt und wollten, wie im Falle der Bayerischen Rinderzüchter, sogar vorzeitig abreisen.

Zunächst einmal können wir die Wanderausstellung der DLG und genauer die Schauordnung der Tiere als ein Medium der Wissensvermittlung über die Zucht begreifen. Da die Zucht von Tieren bis dahin eine landwirtschaftliche Praxis war, die auf implizitem Erfahrungswissen aufbaute, sollte durch die Einrichtung von Landwirtschaftskammern und die Förderung der akademischen Ausbildung der Landwirte durch den preußischen Staat eine kontinuierliche Verwissenschaftlichung und damit Optimierung der bäuerlichen Praktiken erreicht werden.[9] Das wichtigste Medium waren dabei die Landwirtschaftsausstellungen, in denen nach englischem Vorbild besondere Zuchttiere prämiert wurden, was schließlich zu einer umfassenden Stabilisierung der Zuchtideale, sprich Kulturalisierung des Tiers führte.[10] Was nun aber sahen die Ausstellungsbesucher konkret, welche Ordnung der Tiere wurde präsentiert?

---

5   Vgl. Eyth, 1905, S. 293–327.

6   Ebd., S. 318.

7   Vgl. ebd., S. 296.

8   Vgl. Uekötter, 2010, S. 70.

9   Ich werde dieses Argument der Optimierung impliziten Wissens durch dessen Explizierung und Mediatisierung noch einmal ausführlicher auf S. 229 im Kontext der »Encyclopédie« von d'Alembert und Diderot aufgreifen.

10   Bereits seit 1799 fand die Smithfield Club Cattle Show als älteste Landwirtschaftsausstellung in London statt.

Abb. 2.1   DLG-Ausstellung in Königsberg, Pr. (1892).

Tab. 2.1   Schauordnungen der DLG von 1887–1891

a)	Große weiße englische Schläge und Kreuzungen in dieser Form,
b)	Mittlere weiße englische Schläge und Kreuzungen in dieser Form,
c)	Mittlere und kleine englische, schwarze, glatthaarige [...],
d)	Mittlere dunkelfarbige, auch mit weißen Abzeichen und weichem, etwas krausem Haar [...],
e)	Sonstige Schläge und Kreuzungen.[11]

Zwischen 1887 und 1891 wurden die Schweine in fünf Gruppen gezeigt, die vollständig nach den bereits etablierten englischen Typen ausgerichtet waren:[12] Diese »Ordnung der Dinge« verrät zunächst vor allem eines: dass 1887 bei den Schweinen in Frankfurt ein buntes Durcheinander herrschte.[13] Einheimische Züchtungen wurden irgendwie in die Gruppen a und b einsortiert. Oder etwas

11   Bornemann, 1953, S. 9.
12   Für 1870 verzeichnen Falkenberg und Hammer, 2007, S. 102, Tab. 2 in Deutschland 25 regional vorhandene, stark differenzierte Schweinerassen und -schläge.
13   Vgl. Foucault, 1993, S. 17.

allgemeiner formuliert: Die Rede vom Schwein ist extrem missverständlich.
Was war das überhaupt für ein Schwein, das seine lange Bahnreise nach Berlin
antrat, um dort in einer der Wurstauslagen der Brüder Aschinger zu landen?

In seinen späten Texten stellte Jacques Derrida die »question de l'animal«,
die Frage nach dem Tier, um die Frage nach dem Menschen neu stellen zu
können.[14] Seither ist die Geschichte der technischen Bedingtheit der anthropologischen Differenz eines der zentralen Themen der deutschsprachigen
Kulturtechnikforschung – allerdings vor allem mit Blick auf den Menschen.[15]
Was geschieht nun aber, wenn man den Blick umkehrt? Was lernen wir über
den Menschen, wenn wir uns die technisch-industrielle Herstellung von
Tieren und im Besonderen des Schweins genauer anschauen? Denn eines steht
vollkommen außer Frage: Das, was wir als Schwein bezeichnen, ist ein hochgradig technisch hergestelltes und insofern zutiefst menschliches Produkt.
So gewendet, müsste man dem Posthumanismus einen Postanimalismus
gegenüberstellen, der die Existenz des nichtmenschlichen Tieres zumindest
für die Moderne stark bezweifelt bzw. eben das Menschliche und das Nicht-
Menschliche in gleicher Weise als kulturtechnisch erzeugt begreift.

Woraus die Frage folgt, welches Bild vom Tier bzw. vom Schwein hinter der
Fiktion der ›Verbesserung‹ steht. Welche Zuchtideale entstehen wann und
wie, und woher kommt dieses imaginäre Tier, das in der Zucht und Mast real
wird? Während um 1800 ein deutsches Weideschwein auch wieder verwildern
konnte, wenn es über ein paar Monate nicht beaufsichtigt wurde, sehen die
Preisschweine aus dem »Neuen Buch der Erfindungen, Gewerbe und
Industrien« von 1877 wie schiere Fleischklötze aus.[16] Was also genau führt zur
Ausbildung und Stabilisierung derartiger Zuchtideale?

Tab. 2.2   Schweinebestand in Vorpommern

Jahr	1816	1840	1873	1883	1892	1900	1904	1907	1913
Schweine	137.664	187.250	328.477	444.000	634.000	936.000	1.061.845	1.202.000	1.332.000

---

14   Vgl. zur fundamentalen Neuerfahrung des Tiers unter den Bedingungen der Indus-
      trialisierung Derrida, 2016, S. 47–55.
15   Vgl. Siegert, 2015, S. 184.
16   Vgl. Achilles, 1993, S. 67.

Ich möchte die These vertreten, dass alleine das Medium der Wanderausstellung, welches das explizite Zuchtwissen in die Provinzen überträgt, nicht
ausreicht, um das dort seit Jahrhunderten vorhandene Erfahrungswissen zu
transformieren. Vielmehr bedarf es zudem einer stabilen Nachfrage, um die
ökonomische Basis für eine höhere Zuchtfrequenz zu erzeugen. Damit kommt
die Eisenbahn als eine der zentralen Technologien in den Blick, durch die das
Schwein im 19. Jahrhundert als zweite Natur entsteht: Mit der Gründung des
Kaiserreichs wurde der gesamte Nordosten von starken Migrationswellen geprägt, wobei die Landbevölkerung einerseits bessere Lebensverhältnisse in
den rapide wachsenden Städten suchte, wie andererseits Maßnahmen zur
›inneren Kolonialisierung‹ betrieben wurden. In diesem Kontext generierte
die Eisenbahn vor allem mit der Nordbahn, der Stettiner Bahn und der Ostbahn einen stabilen Markt in den vormals ökonomisch und gesellschaftlich
unsicheren Regionen Pommern, West- und Ostpreußen.[17]

Entsprechend gab es bis ins 19. Jahrhundert hinein in Vorpommern keine
gezielte Schweinezucht: Schweine wurden rein extensiv für den Eigenbedarf
gehalten. Unterschieden wurden lediglich die unveredelten Landschweine
und die »Rassen mit edlem Typus«, wobei natürlich jeweils regional verschiedene Landschläge existierten.[18] Verkaufsanzeigen für Schweine benennen in dieser Zeit weder Rasse noch Herkunft der Tiere – offensichtlich
ist beides vor 1850 wenig relevant. Schaut man sich nun aber die Bestands-
zahlen an, so ist neben einer kontinuierlichen Steigerung über den gesamten
Zeitraum der Industrialisierung hinweg eine sehr klare Zäsur, nämlich etwa
eine Verdoppelung der Bestände erkennbar, die zeitlich mit der Eröffnung der
Stettiner Bahn 1843 zusammenfällt:[19] 1904 überschritt die Bestandszahl erstmals die Millionenmarke, wobei laut Heinrich Hecht 430.818 Schweine in die
Reichshauptstadt geliefert und Pommern somit zum größten Fleischlieferant
des Berliner Schlachtviehmarktes wurde.[20]

Über die Schweinestammzuchtbetriebe, die das Produkt »Pommersches
Edelschwein«, im Volksmund auch »Karbonadenschwein« genannt, ent-
wickelten, wurde Pommern zum ausgelagerten Schweinestall der preußischen

---

17 Vgl. Langner, 2009, S. 15–16.
18 Schlipf, 1885, S. 563–567. Vgl. Langner, 2009, S. 66.
19 Vgl. hierzu ausführlich S. 64 f. Gleichzeitig vertausendfacht sich die Anzahl der in dieser
    Region gehaltenen Schweine im Laufe eines Jahrhunderts, vgl. Oertzen-Strehlow und
    Hering, 1969, S. 129.
20 Vgl. Hecht, 1979, S. 12.

Hauptstadt.[21] Dem zentralisierenden Effekt der Eisenbahn durch die Schaffung eines verlässlichen Absatzmarktes in Berlin entsprach in den Provinzen die Normierung und vor allem auch die Optimierung des Produkts im Schweinestammzuchtbetrieb entsprechend den Zuchtidealen der DLG. Selbst in der Diktion der 1950er Jahre wirkt dieses Fortschrittsdenken noch völlig ungefiltert nach:

> Fortschrittliche deutsche Landwirte erkannten aber bald, daß die vorhandenen fruchtbaren, robusten, widerstandsfähigen, anspruchslosen Schläge, die über ein Jahrtausend in ihrem Typ des unveredelten deutschen Landschweines kaum eine Änderung erfahren hatten, nicht in der Lage waren, in einem schnelleren Umsatz der Massenerzeugung große Fleischmengen zu produzieren.[22]

Das in dieser Argumentation wirksame Zuchtideal führt Veredelung und Beschleunigung eng, ist also ganz in das maschinelle Effizienzdenken der Industrialisierung eingeschrieben: »Hier setzt nun die Hauptaufgabe der Schweinehaltung ein, durch welche nämlich die verhältnismäßig schwer transportablen Kartoffelmengen in ein Veredelungsprodukt umgesetzt werden sollen.«[23] Insofern ist es auch wenig verwunderlich, dass die entscheidenden Zuchtimpulse aus dem bereits viel früher industrialisierten englischen Kulturraum kamen. Allerdings wurden zunächst sehr unsystematisch Tiere aus England importiert, nämlich das dort bereits stabilisierte große weiße Yorkshire Schwein, das etwas kleinwüchsigere Middle White und die schwarzen Berkshire und Cornwall.[24] Dies hatte ein Rassengemisch ohne klare eigene Zielvorstellungen zur Folge, was dann ja 1887 auf der ersten Wanderausstellung der DLG auch unmittelbar sichtbar wurde: Gezeigt wurden ausschließlich Schweine aus englischen Rassen, Schlägen und Kreuzungen. Dabei hatte der für die Tierabteilung zuständige Hermann Engelhard von Nathusius auf Geheiß von Max Eyth auf die Bestimmungen der Royal Agricultural Society zurückgegriffen:

> Die Schweine sind – außer in Meißen – über sich selbst noch im unklaren und flüchten sich mit Vorliebe unter die patriotische, aber etwas verschwommen klingende Bezeichnung »Landschwein«.[25]

---

21   Vgl. zur Schweinezucht in Pommern ausführlich Oertzen-Strehlow und Hering, 1969 und Kalm, 1996.

22   Bornemann, 1953, S. 7.

23   Fournier, 1928, S. 9.

24   Vgl. zur Schweinezucht in England Falkenberg und Hammer, 2007, S. 99–100.

25   Eyth, 1905, S. 277.

Abb. 2.2   Thüringer Landschwein (1897).

Abb. 2.3   Große weiße englische Rasse (1897).

Zudem kam es bei den mittleren und großen englischen Schweinen oftmals zu Überbildungen. Die zum Teil planlosen, zwischen Reinzucht und Verdrängungskreuzung hin- und herpendelnden Experimente führten zu erheblichen Konstitutionsmängeln, bis hin zur Gefährdung ganzer Tierbestände.[26] Die DLG-Ausstellungen und die Entscheidungen der gut siebzig Preisrichter sind also wesentliche Akteure, die innerhalb der technisch-ökonomischen Struktur des vernetzten Marktes zur kulturellen Neuerfindung des Schweins beitragen:

> Anders dort, wo eine hohe Culturstufe und eine grosse Mannigfaltigkeit wirthschaftlichen Lebens und Treibens die Ansprüche vermehrt, erneuert, verändert. Sollen die daraus hervorgehenden Forderungen nicht unerfüllt bleiben, soll ihnen die Thierzucht durch Eingehen auf die wechselnden Bedürfnisse der Gesellschaft gerecht werden, dann kann man auf die Vortheile nicht verzichten, welche die Kreuzung unter der Leitung eines geschickten Züchters gewährt.[27]

Deutlicher kann man kaum formulieren, dass es sich bei den neuen Schweinerassen um zweite Naturen handelt, um kulturelle Bedürfnisse, die Natürlichkeit qua Zucht simulieren. Schauen wir uns nun vor diesem Hintergrund etwas genauer in Pommern um.

Die Ordnung der Tiere

1911 wurde in der Schöninger Zucht der Eber Fürst 1584 Pm als Sohn der Stammsau 695 Pm mit drei englischen Ebergroßvätern geboren.[28] Seine Mutter hatte bereits viermal auf DLG-Ausstellungen den 1a-Preis errungen. Auch nach der Geburt von Fürst 1584 Pm verfügte sie noch über eine »sehr gute Körperverfassung«. »Es sind nicht einmal Hautfalten zu sehen.«[29] Soweit die zeitgenössische Zuchtrhetorik.

Der Rittergutsbesitzer Ernst Schlange hatte auf seinem Pommerschen Gut mit direktem Bahnanschluss über Kolbitzow (heute Kołbaskowo) an die Stettiner Bahn bereits in den 1880er Jahren mit der Edelschweinstammzucht begonnen.[30] Durch die Kreuzung mit englischen Ebern der Rasse Yorkshire

---

26   Vgl. Falkenberg und Hammer, 2007, S. 102.
27   Settegast, 1868, S. 297.
28   Vgl. Fournier, 1928, S. 54–58.
29   Bornemann, 1953, S. 23.
30   Vgl. Butz, 1922, S. 16–17 und Fournier, 1928, S. 22–31.

Katalog-Nr. 1266.

Aussteller: Rittergutsbesitzer PAUL
WENK, Rothgörken (Ostpr.).

Züchter und Mäster: Derselbe.

Viehagentur: Ostpr. Viehverwertungs-
Ges. m. b. H. Berlin.

3 Schweine, weiße Edelschweine.

Geb.: 23. 8. 1925.

Gewicht: Nr. 30 171 kg, Nr. 32 168 kg,
Nr. 34 169 kg.

Nr. 30: **Silberne Medaille,
im Lebendwettbewerb
nach Alterstagen.**

✦

Abb. 2.4   Mastviehausstellung Berlin (1926).

wurde der Landschweincharakter der einheimischen Landschweine sukzessive verdrängt:[31]

> In Deutschland haben sich aus der Verbindung des Landschweins und englischer Racen viele beliebte Zuchten entwickelt, von denen aus die Verbesserung und Verdrängung des Blutes der Landrace unaufhaltsam und im Einklang mit den Fortschritten der Cultur vor sich geht.[32]

Dieser Prozess ist in der Schauordnung der DLG unmittelbar ablesbar. 1892 wurden in Königsberg die Gruppen a und b zu »weißen Schweinen im ausgesprochenen englischen Typus« vereinigt, um dann 1898 in Dresden erstmals die als eigenständige Bezeichnung »a) weiße Schweine im ausgesprochenen Edelschweintypus (engl.)« zu erhalten.[33] 1904 wurden das »Veredelte Landschwein« und das »Weiße Edelschwein« in Danzig als offizielle Rassebezeichnungen festgelegt. Neben diesen beiden Hauptzuchten gab es nur vereinzelte, kleinere Bestände anderer Rassen. Innerhalb von lediglich gut zehn Jahren hatte sich ein eigenes Zuchtideal imaginär wie real etabliert.

---

31   Umgekehrt entsteht der ›veredelte Landschweintyp‹, indem durch Kreuzung mit englischen Rassen und Edelschweinen dessen Eigenschaften verstärkt werden.

32   Settegast, 1868, S. 119.

33   Bornemann, 1953, S. 10.

Tab. 2.3   Schauordnungen der DLG von 1892, 1896 und 1906

1892

a)	Weiße Schweine in ausgesprochenem engl. Typus.
b)	Berkshire und Poland-Chinas.
c)	Tammworths.
d)	Meißner Schweine.
e)	Sonstige Schweine und Kreuzungen in weißer Farbe.
f)	Sonstige Schweine und Kreuzungen in bunter Farbe.[34]

1896

a)	Weiße Schweine in ausgesprochenem englischen Typus.
b)	Berkshires und Poland-Chinas.
c)	Deutsche Landschweine und Tammworths.
d)	Meißner Schweine.
e)	Sonstige Schweine und Kreuzungen in weißer Farbe.
f)	Sonstige Schweine und Kreuzungen in bunter Farbe.[35]

1906

a)	Weiße Edelschweine.
b)	Berkshires.
c)	Unveredelte Landschweine.
d)	Veredelte Landschweine.
e)	Andere Schweine.[36]

In dieser tabellarischen Übersicht erkennt man deutlich die ab 1892 beginnende Konkurrenz der deutschen Züchtungen, zunächst unentschlossen als eigene Gruppen, bis gut zehn Jahre später eindeutig zwischen Edel- und

---

34   Vgl. Jahrbuch der Deutschen Landwirtschafts-Gesellschaft, 7 (1892), S. 283.
35   Vgl. Jahrbuch der Deutschen Landwirtschafts-Gesellschaft, 11 (1896), S. 29–30.
36   Vgl. Jahrbuch der Deutschen Landwirtschafts-Gesellschaft, 21 (1906), S. 16. Diese Ordnung gilt von 1904 bis zum Ersten Weltkrieg. 1922 fällt die Gruppe e) weg, 1929 kommen als eigene Gruppen das Cornwall und das Schwäbisch-Hallische Schwein hinzu. Vgl. R. Meyer, 1934, S. 32–33. Auch Publikationen wie »Schweinehochzuchten« von Butz aus dem Jahr 1922 orientieren sich an dieser Ordnung.

Landschweinen unterschieden wurde. Im Jahr 1929 von der DLG formulierten Zuchtziel für das Edelschwein heißt es: »Bei Schnellmast besonders wertvoll als Fleischschwein.«[37] Das Edelschwein war zu einer fleischproduzierenden Maschine geworden. Dagegen war das derbere und robustere veredelte Landschwein auf Mast optimiert, um in erster Linie Dauerwaren, Wurst und Speck zu liefern.

Die Zuchtdimension von Fürst 1584 Pm wird noch deutlicher, wenn man sich vor Augen hält, dass zwischen 1930 und 1935 knapp 75 % aller auf den DLG-Ausstellungen präsentierten Edelschweine direkt aus dem Fürst-Erbstamm kamen.[38] Zehn Jahre darauf waren von den ursprünglichen sieben Erbstämmen nur noch zwei übrig, und gut zwei Drittel der aus Pommern stammenden Tiere wie auch fast einhundert Prozent der Ost- und Westpreußischen Importe gehörten zur Edelschweinrasse. Die Schlussfolgerung liegt somit auf der Hand: Der Berliner Schlachthof wurde von einem extrem standardisierten Produkt beliefert bzw. hat ein eben solches Produkt allererst hervorgebracht. Was auf der Rampe ausgeladen wurde, war ein optimierter Fleischlieferant mit »feststehenden Nutzungseigenschaften und von erblich gefestigten Körpermerkmalen«.[39] Und Pommern produzierte mit dem Karbonadenschwein eine speziell auf den Berliner Markt zugeschnittene Züchtung:

> Für das deutsche Edelschwein wurde ein robustes, geschlossenes, tonniges, wüchsiges, fruchtbares Schwein verlangt, dabei sollte die Frühreife nicht übertrieben werden. Das Edelschwein sollte besonders mit Rücksicht auf den Berliner Markt ein Fleischschwein bleiben. Beim veredelten Landschwein, das als Speckschwein sich klar vom Edelschwein zu unterscheiden hatte, forderte man langgestreckte, hochbeinige Tiere mit freudigem Größenwachstum und Weidetüchtigkeit.[40]

Damit tritt nun eine zentrale Frage hervor, die in den bisher angeführten Zucht- und Rassediskursen eine eher untergeordnete Rolle gespielt hat, nämlich das Verhältnis von Körpermerkmalen und Nutzungseigenschaften bzw. von Zucht und Mast. Denn es findet sich in den Debatten auch die entgegengesetzte Position, dass der Körperbau eines Tieres zunächst einmal nichts oder zumindest nur wenig über die Qualität und Struktur des Fleisches aussagt.

---

37 Bornemann, 1953, S. 10.
38 Vgl. ebd., S. 20.
39 Ebd., S. 164.
40 Oertzen-Strehlow und Hering, 1969, S. 13.

(I. Linie)

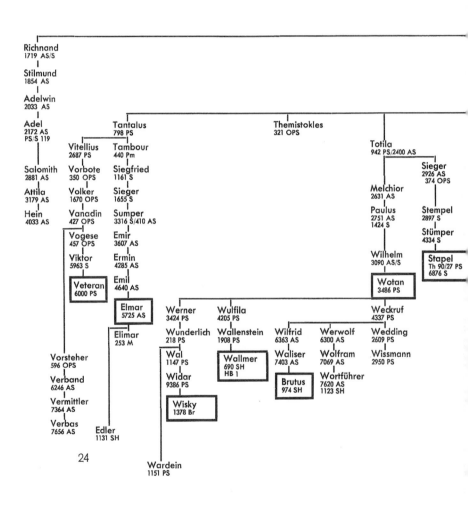

Abb. 2.5   Stammlinie von Fürst 1584 Pm (1953).

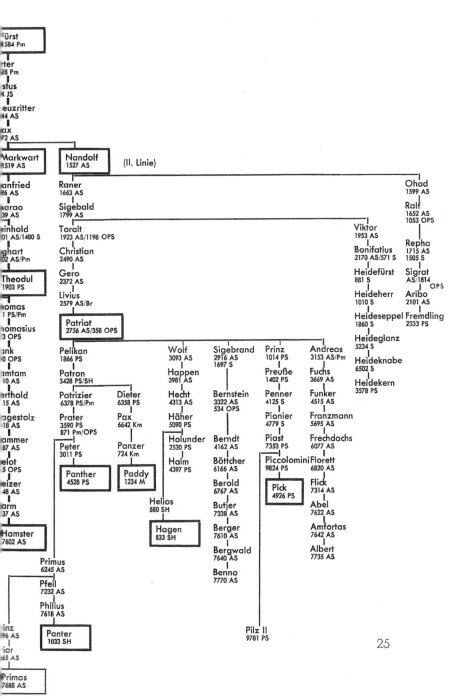

Fürst
584 Pm

ter
28 Pm

stus
4 JS

euzritter
44 AS

ax
72 AS

Markwart
519 AS

anfried
26 AS

arao
39 AS

einhold
01 AS/1480 S

ghart
02 AS/Pm

Theodul
1903 PS

omas
1 PS/Pm

omasius
3 OPS

ank
0 OPS

amtam
10 AS

erthold
15 AS

agestolz
18 AS

ammer
87 AS

elot
5 OPS

eizer
48 AS

arm
37 AS

Hamster
7602 AS

Nandolf
1527 AS   (II. Linie)

Raner
1663 AS

Sigebald
1799 AS

Toralt
1923 AS/1198 OPS

Christian
2490 AS

Gero
2372 AS

Livius
2579 AS/Br

Patriot
2756 AS/358 OPS

Pelikan
1866 PS

Patron
3428 PS/SH

Patrizier
6378 PS/Pm

Dieter
6358 PS

Prater
3590 PS
871 Pm/OPS

Pax
6642 Km

Peter
3011 PS

Panzer
724 Km

Panther
4528 PS

Paddy
1234 M

Wolf
3093 AS

Happen
3981 AS

Hecht
4313 AS

Häher
5090 PS

Holunder
2530 PS

Halm
4397 PS

Helios
680 SH

Hagen
833 SH

Sigebrand
2916 AS
1697 S

Bernstein
3322 AS
534 OPS

Berndt
4162 AS

Böttcher
6166 AS

Berold
6767 AS

Butjer
7338 AS

Berger
7610 AS

Bergwald
7640 AS

Benno
7770 AS

Prinz
1014 PS

Preuße
1402 PS

Penner
4125 S

Pionier
4779 S

Piast
7353 PS

Piccolomini
9824 PS

Pick
4926 AS

Andreas
3153 AS/Pm

Fuchs
3669 AS

Funker
4515 AS

Franzmann
5695 AS

Frechdachs
6077 AS

Florett
6820 AS

Flick
7314 AS

Abel
7622 AS

Amfortas
7642 AS

Albert
7735 AS

Ohad
1599 AS

Ralf
1652 AS
1053 OPS

Viktor
1953 AS

Bonifatius
2170 AS/571 S

Heidefürst
881 S

Heideherr
1010 S

Heideseppel
1860 S

Heideglanz
5234 S

Heideknabe
6502 S

Heidekern
3578 PS

Repha
1715 AS
1505 S

Sigrat
AS/1814
                OPS

Aribo
2101 AS

Fremdling
2333 PS

Primus
6245 AS

Pfeil
7232 AS

Philius
7618 AS

inz
96 AS

ior
65 AS

Primas
7688 AS

Panter
1033 SH

Pilz II
9781 PS

25

So findet man beispielsweise in Kirchhofs Handbuch für »Das Ganze der Landwirthschaft theoretisch und praktisch dargestellt von einem ökonomischen Vereine« von 1835 die folgende Aussage:

> Das Schwein ist für den Menschen ein äußerst nützliches Thier, indem es nicht nur schneller als die andern Hausthiere wächst und sich sehr schnell vermehrt, sondern auch die genossene Nahrung mehr als die übrigen Thiere in Fett verwandelt.[41]

Es gilt also genauer zu untersuchen, wann und wie die Differenz von magerem und fettem Fleisch kulturell wirksam wird. Welche Bandbreite an Stimmen sich dabei Gehör verschafften, sei kurz anhand einiger besonders illustrer Beispiele angedeutet. Für den Jenenser Botaniker und Zoologen Friedrich S. Voigt etwa scheint das Schwein ohnehin nichts anderes zu sein als ein Stück fetter Speck:

> Verschnitten läßt sich die Sau noch auf das Fettwerden mästen, und man hat Beispiele gehabt, wo sich dieses dreiviertel Ellen hoch unter der Haut angesezt hat; ja man will behaupten, daß sich Mäuse Löcher durch die Schwarte in diesen Speck gefressen und darin eingenistet haben, ohne daß das Schwein es bemerkte.[42]

Und auch bei Friedrich Kirchhof finden sich Schweine, die mindestens zur Hälfte aus Fett zu bestehen scheinen:

> So gab ein Schwein, das 320 Pfund lebendes Gewicht hatte, 113 Pfund Fleisch, 125 Pfund Speck und 37 Pfund Schmer.[43]

Dagegen konstatiert der Agrarwissenschaftler August Richardsen, selbst Sohn eines Marschbauern und Professor für Tierzucht in Bonn, in seiner programmatischen Schrift »Borstenvieh mit wenig Speck« eine »*neuzeitliche Geschmacksrichtung der Konsumenten*«, die besonders in der Großstadt zu beobachten ist: mageres, fettarmes Schnitzelfleisch.[44] Überaus pointiert ist seine Schlussfolgerung:

---

41 Kirchhof, 1835, S. 3.
42 F.S. Voigt, 1835, S. 448–449.
43 Kirchhof, 1835, S. 32.
44 Richardsen, 1931, S. 2.

Entsprechend kann die Verstopfung mit Speckschweinen weder in Beharrung noch in regelmäßiger Wiederkehr das Ziel der Versorgung unserer Großstädte sein.[45]

Genauer haben wir es also mit zwei Problemfeldern zu tun. Erstens: Wie werden Fleischbzw. Speckschweine hergestellt? Und zweitens: Was sind die Gründe für die ›neuzeitliche Geschmacksrichtung‹, also die kulturell unterschiedliche Bewertung von magerem und fettem Fleisch, die bekanntlich auch heute noch extrem wirksam ist?

Kaloriendebatten und Schnitzel

Ausgangspunkt der Kaloriendebatte ist der erste Hauptsatz der Thermodynamik oder das Gesetz von der Erhaltung der Kraft. Am 23. Juli 1847 hielt Hermann von Helmholtz vor der physikalischen Gesellschaft in Berlin einen Vortrag, in dem er unmissverständlich formulierte: »*Es ist also stets die Summe der vorhandenen lebendigen und Spannkräfte constant.*«[46]. Ein Vierteljahrhundert später gehörte dieses Gesetz als Prinzip der Energieerhaltung zu den Gründungsfesten der Physiologie als exakter Naturwissenschaft.[47] Unterschiedliche Energieformen können ineinander verwandelt werden, so lange nur deren Gesamtbetrag erhalten bleibt. So schrieb der Agrikulturchemiker Emil von Wolff 1899, dass »bei einem in seinem Körperbestande gleich bleibenden Tiere auch ein absolutes Gleichgewicht zwischen den in der Nahrung zugeführten Kraftmengen einerseits und den Kraftsummen andererseits bestehen [muß], welche in irgend welcher Form vom Körper abgegeben werden«.[48] Vier Jahre zuvor hatte der Physiologe Carl Ludwig in einem öffentlichen Vortrag im Saal der Buchhändlerbörse zu Leipzig betont, »daß die Dampfmaschine keiner Wissenschaft größere Dienste als der unsrigen geleistet hat.«[49] Und weiter:

---

45 Richardsen, 1931, S. 3.
46 Helmholtz, 1847, S. 17.
47 Vgl. zur Geschichte des Körpers als Wärmekraftmaschine Rabinbach, 2001, Osietzki, 1998, Hargrove, 2006 und Hargrove, 2007.
48 Wolff, 1899, S. 48.
49 Ludwig, 1870, S. 359.

> Unverzüglich löste sich auch dem Physiologen das große Räthsel der Lebenskraft, indem es sich zeigte, daß es mehr als ein blos poetischer Vergleich sei, wenn man die Kohle als das Nahrungsmittel der Locomotive und die Verbrennung als den Grund ihres Lebens auffasse.[50]

Lassen wir das grundsätzlich schwierige Verhältnis von Kraft- und Energiebegriff außen vor, stand seit der Jahrhundertmitte mit der Kalorie ein universelles Maß für die Energiemenge zur Verfügung, die durch Oxidation einer bestimmten Stoffmenge frei wird.[51] Wie umgekehrt die dem Körper zugeführte Energie bestimmte chemische Verbindungen erzwingen kann.[52]

Seitdem ist die Zu- oder Abnahme von Körpergewicht wie dessen Leistungsfähigkeit schlichtweg eine Frage von Kalorien. Und weil die Energie eine fundamentale Größe ist, ist das Tier eine natürliche Maschine und kann gleichzeitig zu einer künstlichen Maschine gemacht werden:

> Die Erfahrung zeigt, daß das Anbinden der Füße bei dem Geflügel und eine mittlere Temperatur ein Maximum von Fettbildung nach sich zieht. Diese Thiere sind in diesem Zustande einer Pflanze vergleichbar, die im eminenten Grade die Fähigkeit besitzt, alle Nahrungsstoffe in Theile ihrer selbst zu verwandeln.[53]

Die konkreten Kalorienwerte lassen sich durch experimentelle Verbrennung bzw. kalorimetrische Messungen am Tier bestimmen. Bei Wolff finden sich als wichtigste Werte für je ein Gramm: Eiweiß 4,1 Kal., Stärke 4,1 Kal. und Fett 9,3 Kal.[54] Es fällt also auf, dass Fett den bei weitem höchsten Brennwert besitzt. Und wie stark dieses thermodynamische Denken unsere eigenen Körpervorstellungen bis heute prägt, wird daran deutlich, dass Nährwerttabellen in Form von Nährwertgadgets buchstäblich zu täglichen Begleitern geworden sind – ungeachtet, wer die eingehenden Daten sammelt, auswertet und ökonomisch nutzbar macht.

Die für die Kulturgeschichte des Fleischs folgenschwere Verknüpfung von Ernährungsgewohnheiten und Tätigkeiten des Menschen geht auf den Chemiker Justus von Liebig zurück. Seinen Untersuchungen zufolge gibt es einen direkten Zusammenhang zwischen Muskeltätigkeit, also mechanischer Arbeit des Körpers, und Eiweißumsatz. Max von Pettenkofer, Carl von Voit und

---

50   Ludwig, 1870, S. 359.
51   Vgl. Hargrove, 2006.
52   Vgl. Liebig, 1874b, S. 116.
53   Liebig, 1842b, S. 96.
54   Vgl. Wolff, 1899, S. 52.

Felix Hirschfeld allerdings lehnten diesen Zusammenhang ab und ermittelten vielmehr einen deutlich erhöhten Fettverbrauch bei körperlicher Arbeit, wobei Emil von Wolff im Eiweiß zwar nicht die Quelle, aber die Grundlage für die Erzeugung von Muskelkraft sah.[55] Wie dem auch sei und wie komplex die Debattenlage in der zweiten Hälfte des 19. Jahrhunderts auch war – entscheidend ist vielmehr deren öffentliche Rezeption und damit kulturelle Wirkung. Und die lässt sich mit Justus von Liebig auf die einfache Formel bringen: Der Beefsteakarbeiter ist wesentlich leistungsfähiger als der Kartoffelarbeiter.[56] Oder um es mit Max Rubner zu sagen:

> Es macht sich unverkennbar weit über alle Kontinente ein anderes Verlangen geltend, die bodenständige einfache Volksernährung wird verlassen, man verlangt nach einer Mehrung geschmackgebender Zutaten und Nahrungsmittel und dazu gehört das in der Küche so hundertfältig verwertbare Fleisch. [...] Es ist ein allgemeines Streben, zu dieser konzentrierten, fettreichen und geschmackskräftigen Kost zu gelangen.[57]

Wie stark die Fleischfrage politisiert war, macht vielleicht am eindrücklichsten ein Blick in die einschlägige sozialistische Literatur deutlich. So kann man in August Bebels 1879 erstmals erschienenem Bestseller »Die Frau und der Sozialismus« lesen:

> Für alle diese gezwungenen Vegetarianer wäre nach unserer Meinung ein solides Beefsteak, eine gute Hammelkeule entschieden eine Verbesserung ihrer Nahrung. Wenn der Vegetrianismus sich gegen die *Ueber*schätzung des Nährgehaltes der Fleischnahrung wendet, hat er Recht; er hat Unrecht, wenn er dessen Genuß als verderblich und verhängnisvoll, aus zum Theil sehr sentimentalen Gründen, bekämpft.[58]

Oder es schreibt der nach Chile ausgewanderte Physiologe Alexander Lipschütz 1909 in der »Neuen Zeit«, wobei er sich auf die Forschungen von Iwan P. Pawlow stützt:[59]

> Der moderne Städter, zumal die breite Masse der Arbeiterklasse, lebt in sozialen Verhältnissen, *die jeden normalen Appetit in ihnen ertöten müssen*. [...] In diesem psychischen Zustand sind wir nicht imstande, den Appetitsaft zu liefern, dessen es zur Inangriffnahme und Bewältigung der Verdauung von vegetabilischer

---

55 Vgl. Wolff, 1899, S. 58–59.
56 Vgl. Liebig, 1874b, S. 121.
57 Rubner, 1908, S. 31–32.
58 Bebel, 1891, S. 332.
59 Vgl. Pawlow, 1898, S. 47.

Nahrung bedarf. Dagegen haben wir im Fleische ein Nahrungsmittel, das – wenn man sich so ausdrücken darf – selber für seine Verdauung sorgt: es wird nicht nur zu einem guten Teile auch ohne Appetit verdaut, sondern es ist zudem *als Reiz- und Genußmittel auch ein mächtiger Erreger unseres Appetits.*[60]

Und selbst im Reichstag hallen diese Debatten nach:

Es ist ein heikel Ding, ein Eiweißminimum und ein Fleischbedarfsminimum für ein ganzes Volk fixieren zu wollen. Darüber hinaus sind sich die Ernährungsphysiologen einig, daß der Eiweißbedarf eines Menschen sich ganz verschieden gestaltet nach Rasse, nach Alter, Gewicht, nach Arbeitsweise usw.[61]

Anders formuliert: Im epistemischen Fahrwasser der Thermodynamik, genauer unter direktem Bezug auf die Energieerhaltung, wird Fleisch als eine optimale Konzentration von Nährstoffen verstanden, analog zur Verdichtung und Beschleunigung aller Lebensprozesse innerhalb der modernen Großstadt. Es sind zwei Metabolismen, Stadt und Arbeit, Tier und Ernährung, die sich miteinander verschalten. Unter der grundsätzlichen Annahme, dass sich Stoffe und Energien reversibel ineinander verwandeln lassen, entsteht aus einer natürlichen Lebensform ein kulturelles Produkt – aus Schwein wird Fleisch. Das Schwein durchläuft dabei eine Metamorphose: Indem es die Energie der Industrie- und Agrarprodukte wie Abfälle verdichtet, verwandelt es sich in Fleisch. Und diese chemischen Spannkräfte können dann wieder in Arbeit umgesetzt werden.

Energie war jenes Konstrukt, das versprach, Verwandlungsvorgänge in der Natur erfassen und gleichzeitig kontrollieren zu können.[62]

Es ist also die Stadt, die in ihrer energetischen Verdichtung das Tier hervorbringt, das sie selbst ernährt. Wie zugleich die Abstraktion im thermodynamischen Paradigma zeigt, dass sich die uns heute so intensiv umtreibende Binnendifferenzierung von magerem Fleisch und ›bösen‹ tierischen Fetten im 19. Jahrhundert erst langsam auszubilden beginnt. Vielmehr ist das Schwein die ideale Nahrungsmaschine der Industrialisierung, indem es exakt soviel Energie bindet, wie vom Verbraucher benötigt wird – als reversibler Kreislauf im Zeichen des Ersten Hauptsatzes der Thermodynamik.

---

60   Lipschütz, 1909, S. 914–915.
61   Verhandlungen des Reichstags, 1913, S. 2393.
62   Osietzki, 1998, S. 324.

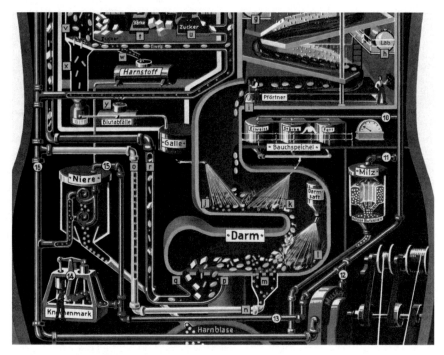

Abb. 2.6   Der Mensch als Industriepalast (1926).

Laut zeitgenössischem Wissensstand beträgt »der Energiewerth unter Berücksichtigung der Abfälle und des Unverdaulichen bei 1 kg Schweinefleisch mit
10 % Knochen 3.480 Kalorien, bei 1 kg Rindfleisch mit 15 % Knochen nur
1.220 Kalorien.«[63] Dabei ist unerheblich, ob diese Zahlen vom heutigen Standpunkt aus betrachtet korrekt sind. Entscheidend ist, dass sie den Mythos
vom Schweinefleisch als energiereichster Nahrung begründen. Und insofern
isst der Arbeiter dann auch anderes Fleisch als der Bürger.

Ich fasse kurz zusammen: Fleisch ist genau deshalb ein modernes indus-
trielles Produkt, weil es über den Transformationsprozess der Zucht und
Mast ein ökonomisches Potential generiert, das nahezu beliebig symbolisch
gefüllt werden kann – sei es als zeitgenössische Vegetarierschelte, männliche
Kraftnahrung oder als sich selbst verdauendes, maximal appetitanregendes
Nahrungsmittel. Solange Fleisch noch Tier gewesen ist, also bis zur ersten
Hälfte des 19. Jahrhunderts, waren derartige Zuschreibungen nicht möglich,
einfach weil man buchstäblich Tiere aß. Erst die Unsichtbarwerdung des
Tiers im Fleisch, die Erzeugung einer zweiten Natur des Tiers öffnete jenen

---

63   Martin, 1895, S. 333.

Symbolraum, in dem das Fleisch zum bedeutungsgeladenen, zentralen Nahrungsmittel der zumindest europäischen Moderne wurde. Fleisch ist zugleich Ergebnis und Motor optimierter Transformationsprozesse und im Sinne Justus von Liebigs genau deshalb ein Kulturprodukt:

> Die Cultur ist die Oekonomie der Kraft, die Wissenschaft lehrt uns die einfachsten Mittel zu erkennen, um mit dem geringsten Aufwand von Kraft, den größten Effect zu erzielen, und mit gegebenen Mitteln ein Maximum von Kraft hervorzubringen.[64]

Wir können damit festhalten, dass in den bisher nachgezeichneten Debatten der symbolische Kurzschluss von Kraft, Arbeit und Männlichkeit die energie- und ressourcenintensive Tiermast hinter der Fiktion des Ersten Hauptsatzes verschwinden lässt.

Womit sich die Ernährungstheoretiker ein folgenschweres Problem einhandelten, besitzt doch das kulinarisch deutlich weniger attraktive Fett eine laut zeitgenössischem Wissensstand neunmal höhere Spannkraft.[65] Warum also nicht ausschließlich Fettschweine züchten – bzw. wie legitimierten sich die enormen Anstrengungen in der Edelschweinzucht, um möglichst mageres Fleisch zu produzieren? Denn eines war klar:

> Der sehr weit verbreitete Irrthum, daß geistige Thätigkeit den Verbrauch des Stoffs nicht vermehre, rührt nur davon her, daß man sich so gerne sträubt gegen die sich mächtig aufdringende Wahrnehmung, daß die Kraft vom Stoffe unzertrennlich ist. [...] Künstler und Gelehrte müssen so gut, wie die Handwerker, durch eine vermehrte Zufuhr von Nahrungsstoffen den gesteigerten Verbrauch wieder decken, der die wesentlichen Bestandtheile ihres Hirns in die Zersetzungsstoffe ihrer Ausscheidungen verwandelt.[66]

Die Grenzlinie aber zwischen Fett und schierem Fleisch wird von dem niederländischen Physiologen Jakob Moleschott präzise als eine kulturelle gezogen: Im Gegensatz zum Fett ist Muskelfleisch ein agiles, beschleunigendes, geradezu nervöses Nahrungsmittel entsprechend den Anforderungen an den zeitgenössischen Stadtbewohner, dessen Nerven angeregt, dessen Unternehmungslust gesteigert und dessen Denkfreudigkeit erhöht werden müssen:[67]

> Ein Schmeerbauch und ein feistes, fleischiges Gesicht mag zu Mönchen und ruhesüchtigen Schlemmern passen, zu einem Gelehrten oder Künstler paßt es

---

64   Liebig, 1842a, S. 269.
65   Vgl. Göbel, 1888, S. 601.
66   Moleschott, 1858, S. 222–223.
67   Vgl. Göbel, 1888, S. 603.

nicht. Ueberfluß an Fett in dem Blute des Hirns lähmt die Gedanken und gießt Blei in die Schwingen der Einbildungskraft.[68]

Man könnte es auch so ausdrücken, wie es der Mittelrheinische Bezirksverein deutscher Ingenieure 1888 auf seiner Sitzung in Koblenz festhielt: Fleischnahrung erhöht weniger die Arbeitsfähigkeit als die Arbeitswilligkeit.[69] Der Arbeiter und Handwerker dagegen sollte laut Moleschott schwerer verdauliche, aber nahrhafte Kost zu sich nehmen, damit der Hunger auf längere Zeit gestillt und der Körper kontinuierlich mit Energie versorgt wird. Dazu zählt auch Fleisch, beispielsweise faserstoff- und fettreiches Ochsenfleisch, aber vor allem Hülsenfrüchte. Oder, als Empfehlung für die Volksernährung durch die Ingenieure: »*Vermehrung des tierischen Eiweisses gegenüber dem pfanzlichen, des Fettes gegenüber den Kohlehydraten.*«[70]

Womit der Produktionskreislauf nicht nur geschlossen, sondern auch variabel adaptierbar ist: Die moderne Stadt generiert Fleisch als Massenprodukt für ganz unterschiedliche Zwecke, während sie gleichzeitig genau dadurch ernährt wird. Als genuin modernem Produkt kann dem Fleisch ein nahezu beliebiges symbolisches Kapitel zugesprochen werden, bis hin zur geradezu mythischen Verdichtung, dass eine Tasse Fleischbrühe so auf unsere Nerven wirkt, »dass wir [uns] der vorhandenen Kraft bewusst werden und empfinden, dass diese Kraft verfügbar ist. Das Gefühl der Schwäche, welches wieder eine Nervenwirkung ist, nimmt alsdann ab oder verschwindet.«[71] Während die Arbeiter noch auf einem zähen Stück Ochsenfleisch herumkauen, fühlen sich die Beamten bereits herrlich erfrischt.

Im »Salon« Max von Pettenkofers

Nur sehr wenige Jahre nach der Verkündung des Energieerhaltungsprinzips durch Hermann von Helmholtz wurde der Erste Hauptsatz einer tiefgründigen Kritik unterzogen. Der Bonner Physiker Rudolf Clausius schränkte die Umwandelbarkeit von Wärme in Arbeit ein und verankerte damit im Theoriegebäude der Physik, was alle Ingenieure, Mediziner, Physiologen und Tierzüchter längst wussten: Spannkräfte lassen sich nur unvollkommen in Arbeit überführen, ein Teil der Energie geht grundsätzlich als Wärme verloren.

---

68   Moleschott, 1858, S. 223.
69   Vgl. Göbel, 1888, S. 601.
70   Ebd., S. 602.
71   Liebig, 1874b, S. 135–136.

Dieser Erfahrungswert jedoch war kein technisches, physiologisches oder anders gelagertes Defizit, dem durch Training, Optimierung und Verbesserung beizukommen war. Vielmehr macht sich das Reale ebenso beharrlich wie unvermeidlich bemerkbar, und zwar auf allen Ebenen. Der Zweite Hauptsatz schränkt Metabolismen insofern fundamental ein, als »daß durch Erzeugung von Wärme immer sehr erhebliche Verluste stattfinden«.[72] Während also dem Deal einer reversiblen Umwandlung der Energieformen schlichtweg kein realer Vorgang entspricht, sind der Optimierung aller Ökonomien strikte Grenzen gesetzt. Insofern trifft diese Entlarvung des Ersten Hauptsatzes als Fiktion direkt einen Hauptnerv der Industrialisierung mit entsprechenden, zum Teil sehr kontroversen Diskussionen, auf die ich hier jedoch nicht weiter eingehen möchte.[73]

Womit ich nun zu den Gründen für die konkrete Ausdifferenzierung der Schweine in mageres und fettes Fleisch komme. Meine These lautet, dass diese Differenz ihren Ausgangspunkt genau dort findet, wo die universelle Reversibilität aller Umwandlungsprozesse durch den Zweiten Hauptsatz eingeschränkt wird. Denn

> diese Verwertung der chemischen Spannkraft durch *wirtschaftliche* Arbeit, also neben der sonstigen physiologischen Arbeit zu rund 33 % ist übereinstimmend gefunden worden bei Pferd, Hund und Mensch, also Organismen von sehr verschiedener Beschaffenheit.[74]

Auch vor dem Zweiten Hauptsatz also sind Tier und Mensch zunächst gleich: So wie der Mensch nicht alle Energie in Arbeit verwandeln kann, werden die bei der Mast verwendeten Futtermittel nur zu einem gewissen Teil in Fleisch transformiert. Die Irreversibilität aller Lebensprozesse nivelliert zunächst mögliche Differenzierungen von Tier und Mensch, weshalb ein zusätzliches Argument notwendig ist, um den Menschen im Kontext des Zweiten Hauptsatzes in eine herausgehobene Position der Nahrungskette zu setzen – nämlich durch eine nachträgliche Legitimierung des hohen Energieeinsatzes bei der Mast. Protagonisten wie Justus von Liebig führen an dieser Stelle die schnelle, rationale, flexible und kulinarisch aufgewertete Verfügbarkeit von Energie im reinen Muskelfleisch ins Feld. Und wenn dann zugleich der Arbeiter nicht oder nicht in dem Maße an dieser symbolischen Aufwertung partizipieren kann, ist dies ein im Grunde willkommener Nebeneffekt: Wer Schweine züchtet und mästet, der erzeugt ein kulturell hoch variables Produkt.

---

72   Wolff, 1899, S. 64.
73   Vgl. Osietzki, 1998, S. 339–340 und Kassung, 2001, S. 133–189.
74   Wolff, 1899, S. 65.

An dieser Stelle schließt sich der Argumentationsbogen zum »Human Motor« und zum Zweiten Hauptsatz der Thermodynamik: Die Mast eines Tieres kann als die bewusste und kontrollierte Störung des Energiegleichgewichts verstanden werden.

> Die Schweine werden nur halb oder ganz gemästet; im ersten Falle bezweckt man, gute Fleischschweine, im letztern Speckschweine hervorzubringen. Zur halben Mast wählt man gewöhnlich nur jüngere Schweine, und mästet nur die ältern ganz aus. Aeltere Schweine setzen bei der Nahrung nicht nur ein feste Fett an, das weniger schleimig erscheint, sondern sie setzen das Fett auch mehr in dem Zellengewebe zwischen der Haut und den Muskeln, so wie in den Verdoppelungen des Bauchfelles ab, während die jüngern, stark gemästeten Schweine nicht alleine dahin, sondern auch in allen Zwischenräumen der Muskeln ihr Fett absetzen, weshalb auch ihr Fleisch wegen Ueberfluß des Fettes oft kaum genießbar ist.[75]

Die Energiebilanzen gelten dabei natürlich nicht nur für das Tier, sondern in gleicher Weise für den das Tier verspeisenden Menschen: »Futteraufwand an Energie oder Kalorien für die Erzeugung der Gewichtseinheit und Nahrungsgehalt an Energie in der Gewichteinheit der Schlachtprodukte gehen in der Hauptsache parallel«.[76] Speck ist in der Herstellung teurer, liefert aber auch mehr Energie – was man ins Schwein reinsteckt, bekommt man auch wieder heraus. Da Fett aber eben mehr Energie bindet als Muskelfasern und Schweine über 75 kg beginnen, vermehrt Fett ein- und anzulagern, sinkt in Bezug auf das großstädtische Konsumverhalten der ökonomische Wert des Schweins mit zunehmendem Gewicht. Die Variabilität ist dabei bemerkenswert: Der Prozentanteil von Fett am Lebendgewicht kann beim Schwein zwischen 25 bis über 40 % betragen.[77]

Tab. 2.4   Marktklassenfolge für Schlachtschweine nach Richardsen, 1931, S. 26

a)	Vollfleischige Mastferkel	50–75 kg
b)	Vollfleischige Mastschweine	75–100 kg
c)	Magerspeckschweine	100–125 kg
d)	Kernspeckschweine	über 125 kg
e)	Fettschweine	über 150 kg
f)	Schlachtreife Sauen	über 175 kg
g)	Gering genährtes Borstenvieh	

---

75   Kirchhof, 1835, S. 25.
76   Richardsen, 1931, S. 4.
77   Vgl. Wolff, 1899, S. 6.

Es findet also, parallel zu den Zuchtdiskursen, eine Debatte über die beste Mast statt, die »durchaus nicht eine rassenmäßige Isolierung der Klassen zur Voraussetzung oder Folge hat«.[78] Im Gegenteil verwandelt sich ein vollfleischiges Schwein »bei weiter fortgesetzter Mast mehr und mehr in ein Speckschwein«.[79] Verwandlung also von einem Tier in ein anderes durch Mast ist beim Schwein ebenso möglich bzw. wird ebenso praktiziert wie durch Zucht. So erhöht sich zwischen 1871 und 1938 das durchschnittliche Schlachtgewicht von Schweinen um 40 %.[80] Um 1800 erreichte ein Mastschwein nach zwei bis drei Jahren sein Schlachtgewicht von 40 kg. Einhundert Jahre später hat sich dieser Prozess auf 11 Monate und 100 kg beschleunigt.[81] Entsprechend werden laut Eberhard Bittermann 1800 durchschnittlich 66,7 % des Jahresbestandes an Schweinen geschlachtet, 1875 dagegen 95 % und ab 1900 über 100 %: Schweine feiern keinen Geburtstag.[82] Ähnlich systematisch wie im Falle der Zucht werden also mithilfe von »Ausnutzungsversuchen« die »Gesetze der Fleisch- und Fettbildung« ermittelt:[83] Es geht um systematische, d. h. reproduzierbare Experimente, die zu empirischen Gesetzen der Beschleunigung führen. Die epistemische Voraussetzung ist dabei erneut, dass sich das Tier wie eine Maschine verhält:

> Indem die verdauten, in den Kreislauf der tierischen Säfte übergegangenen oder schon assimilierten Nährstoffe unter mehr oder minder direkter Mitwirkung des eingeatmeten atmosphärischen Sauerstoffes in einfache Verbindungen zerfallen, wird die Spannkraft frei und bewirkt als lebendige Kraft die mechanischen Leistungen, welche für die innere und äußere Arbeit von dem Tierkörper verlangt werden oder erzeugt Wärme, um alle Verluste daran zu ersetzen, welche der lebende Körper fortwährend, namentlich durch Ausstrahlung von seiner Oberfläche erleidet.[84]

Bezogen auf den physikalischen Verbrennungsprozess unterscheiden sich Tier und Maschine nicht, sie können beide als thermodynamische Maschinen modelliert werden, womit sich alles auf die entscheidende Frage nach dem Maß der Irreversibilität oder der maximalen Effektivität der Transformationsprozesse reduziert.[85] Es müssen dem Körper qua Nahrung in erster Linie diejenigen Stoffe optimal zugeführt werden, die vom Kreislauf resorbiert und im

---

78   Richardsen, 1931, S. 17.
79   Ebd., S. 17.
80   Vgl. Wottawa, 1985, S. 16 f.
81   Vgl. Falkenberg und Hammer, 2007, S. 101.
82   Vgl. Bittermann, 2008.
83   Wolff, 1899, S. III.
84   Ebd., S. 1.
85   Zur Geschichte des Effektivitätskonzepts vgl. Alexander, 2008.

Prozess einer ›Verbrennung‹ zerlegt werden, also vor allem Eiweiß, Fett und
Zucker.[86] Um nun die Parameter und »Gesetze der Fleischbildung« numerisch
bestimmen zu können, wird auf die Menge an Stickstoff im Harn als Indikator
für den Eiweißumsatz zurückgegriffen.[87] Dass sich dieses Gesetz bei Untersuchungen an verschiedenen Tierarten wie am Menschen bestätigt, macht Tier
wie Mensch gleichermaßen optimierbar, nämlich als metabolische Maschine:

> So genügt es, den genau ermittelten Stickstoffgehalt aller sichtbaren Ausgaben
> mit der Menge des Futterstickstoffs zu vergleichen, um daraus zu erkennen, ob
> und wie viel Fleisch (Eiweiß) am Körper angesetzt oder unter dem Einfluß der
> betreffenden Fütterungsweise vom Körper abgegeben, also verloren worden
> ist.[88]

Um die Bildung von Fett und Wasser im Körper zu bestimmen, müssen
allerdings neben flüssigen und festen auch die gasförmigen Ausscheidungen
mit ins metabolische Kalkül gezogen werden, wofür eine künstliche Umwelt
geschaffen wird, die eine Messung aller Ausscheidungen erlaubt. Sogar
im »Polytechnischen Journal«, dem zentralen Wissenshub für technische
Erfindungen im 19. Jahrhundert, wird von dem Respirationsapparat des
Münchener Chemikers Max von Pettenkofer berichtet, dessen Finanzierung
kein geringerer als König Maximilian II. mit 7.000 Gulden übernimmt, nachdem sein Gießener Kollege Justus von Liebig ein sehr wohlwollendes Gutachten
verfasst hatte und nachdem Pettenkofer seinerseits Liebig auf den Münchener
Lehrstuhl der Chemie verholfen hatte.[89] Es gibt, mit anderen Worten, einen
sehr direkten Weg von der Zucht- und Mastoptimierung zur maximalen Verdichtung von Fleisch im Brühwürfel.

   Doch zurück zur Experimentalisierung des Stoffwechsels. Ein bereits
zu früheren Versuchen herangezogener Hund beweist in der Respirationskammer, was eigentlich alle schon vorher wussten bzw. wissen wollten:

> Bei sehr reichlicher Nahrung mit reinem Fleisch (1 800 Grm. und 2 500 Grm.)
> wurde der Stickstoff im Harnstoff abgeschieden, aber nicht aller Kohlenstoff,
> woraus geschlossen werden kann, daß der im Körper verbliebene Kohlenstoff zu
> Fettansatz verwendet wurde.

> Bei einem Versuche in welchem der Hund 700 Grm. (1,4 Pfd.) Stärke fraß, wurde
> nicht aller Kohlenstoff, der in der Stärke enthalten ist, ausgeschieden; dennoch
> wagen die Verfasser nicht, jetzt schon hieraus den Schluß zu ziehen, daß im
> Körper eines Fleischfressers aus Stärke Fett erzeugt werden könne. Dagegen ist

---

86   Vgl. Wolff, 1899, S. 14.
87   Ebd., S. 18.
88   Ebd., S. 19.
89   Vgl. ausführlich Holmes, 1988.

die Bildung von Fett aus reinem Fleisch als erwiesen anzunehmen, diese Bildung aber von der größten Wichtigkeit für die ganze Ernährungstheorie. Diese Entdeckung rechtfertigt die Praxis den zu mästenden Thieren möglichst viel stickstoffreiche Nahrungsstoffe zu geben.[90]

Die Funktion der Respirationskammer, von Pettenkofer euphemistisch auch »Salon« genannt, beruht ihrerseits auf der Absorption. Die schematische Illustration in »Meyers Großem Konversations-Lexikon« in der 6. Auflage von 1902–1909, in welcher sich übrigens ein Mensch und nicht ein Hund im »Salon« aufhält, zeigt dies deutlich: Die Zusammensetzung der in die Kammer ein- und austretenden Luft wird in zwei voneinander unabhängigen Absorptionsstraßen gemessen (siehe Abb. 2.7). Dabei bindet Schwefelsäure das Wasser in der Luft und Barytwasser die Kohlensäure. Bezogen auf ihre Natürlichkeit als künstliches Milieu unterscheiden sich Mensch und Tier im »Salon« nicht:

> Wie man sieht, ist der beschriebene Apparat so eingerichtet, daß die darin befindlichen Tiere oder Menschen unter ganz normalen Verhältnissen existieren, d. h. unter gleichem Luftdruck und ziemlich in einer gleichen Atmosphäre, wie in einem gewöhnlichen Stall oder Zimmer.[91]

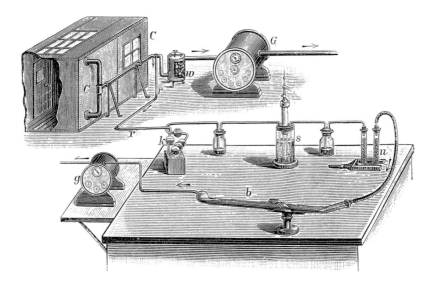

Abb. 2.7   Respirationsapparat von Pettenkofer (1902).

---

90   Anonymus, 1863, S. 396.
91   Wolff, 1899, S. 21.

Die Geschehnisse in Pettenkofers »Salon« lassen sich also dahingehend zusammenfassen, dass Tier, Mensch und Maschine als metabolische Systeme modelliert werden können, unabhängig davon, wie ihre jeweilige Umwelt beschaffen ist. Vielmehr ist es genau diese epistemische Engstellung, an deren Schnittfläche das Fleisch zur ›wertvollsten‹ Nahrung für den Menschen werden kann. Der Rest ist in der Ideologie des 19. Jahrhunderts lediglich eine Fleißaufgabe des Messens und Optimierens:

> Der Nähreffekt einer bestimmten Fütterungsweise oder die der letzteren entsprechende *Stoffwechsel=Gleichung* wird nun, wenn die hierzu erforderlichen Elemente durch den direkten Versuch geliefert worden sind, aus der Differenz zwischen Einnahme und Ausgabe berechnet.[92]

Damit ist nun exakt der Punkt markiert, an dem Tier und Mensch so auseinandertreten, dass Fleisch zu einem Produkt zweiter Ordnung werden kann: Ziel der Mast ist es, den Eiweißansatz bzw. die Fleischbildung beim Tier zu beschleunigen, dabei allerdings die Fütterung von Eiweiß »auf das nötigste Minimum zu reduzieren, überhaupt die Produktion besonders wertvoller tierischer Stoffe möglichst auszunutzen.«[93] Der Großstadtmensch dagegen läuft aufgrund seines geringeren Kalorienverbrauchs keine Gefahr, bei stark fleischlastiger Nahrung unterernährt zu sein. Das Essen von Fleisch wird so mit einer neuen, eindeutig kulturellen Funktion aufgeladen, es wird zum urbanen Nahrungsmittel schlechthin.

Womit ich abschließend noch einmal zu der Eingangsfrage zurückkehren möchte, in welchem Verhältnis Rassen- und Marktklassen zueinander stehen bzw. welche Wechselwirkungen zwischen Zucht und Mast bestehen. In seinem Text »Rationelle Fütterung der landwirtschaftlichen Nutztiere auf der Grundlage der neueren tierphysiologischen Forschungen« gelangt Emil von Wolff zu der Schlussfolgerung, dass Fettablagerung den Ansatz von Eiweiß sprich die Fleischbildung verstärkt. Woraus die masttechnische Regel folgt:

> Daher kann auch der Ansatz von Eiweiß, die *Fleischbildung*, bei den Pflanzenfressern um so rascher und leichter erfolgen, als diese Tiere bekanntlich zur Fettablagerung sehr geneigt sind und schon bei mittlerem Ernährungszustand in ihrem Körper eine verhältnismäßig weit größere Menge von Fett zu enthalten pflegen, als die Fleischfresser.[94]

---

92 Wolff, 1899, S. 21.
93 Ebd., S. 31.
94 Ebd., S. 32.

Das Schwein ist also zugleich ein ausgezeichneter Specklieferant wie es in seiner Fleischbildung effektiv auf die Mast reagiert.[95] Im Falle Pommerns bedeutete dies: ausgedehnter Kartoffelanbau, Getreide, zurückgelieferte Magermilch und zugekauftes Fischmehl.[96] Argumente wie diese halfen, die unhintergehbaren Energieverluste des Zweiten Hauptsatzes quasi zu re-naturalisieren: Die Nervenstimmung der Großstädter benötigte eine eigene Nahrung, die Produktion fand in strukturschwachen Regionen statt, und das Schwein reagierte so effektiv wie kein anderes künstliches Tier auf die Mast. Und kann damit umso schneller gezüchtet werden. Oder anders formuliert: Das Schwein ist die effektivste Fleischmaschine im Getriebe der Großstadt.

95   Die Leitlinien der Mast finden sich zusammengefasst in Wolff, 1899, S. 44–47.
96   Vgl. Hecht, 1979, S. 12.

3

Das Gleis

Die ganze Welt ist angewiesen auf die ganze Welt.

(Verhandlungen des Reichstags, 1913, S. 2383)

Ist Fleisch erst einmal auf dem Tisch gelandet, entstehen Bilder der Opulenz. So muss die *voluptas carnis* in Frans Snyders fleischlastigen Marktszenen womöglich durch Zitronen gezügelt werden, während sich in Francisco Goyas »Stillleben mit Schafskopf und Rippenstücken« die Fleischlust des Betrachters im Blick des Schafskopfs spiegelt. Entsprechend argumentiert beispielsweise Gustav Schmollers in seiner extrem detailreichen Untersuchung von 1871:

> Dennoch glaube ich, dass man einen sehr starken Fleischconsum in den meisten Gegenden bis in das spätere Mittelalter, ja bis ins 16. Jahrhundert annehmen darf. Es sprechen dafür die allgemeinen volkswirthschaftlichen Verhältnisse, welche so lange eine sehr starke Viehhaltung erlauben, als die Dichtigkeit der Bevölkerung noch gering ist.[1]

Die Bildopulenz bei Pieter Aertsen, Frans Snyders oder Francisco Goya scheinen Schmollers Einschätzungen recht zu geben, wonach der Fleischkonsum im Mittelalter den des 19. Jahrhunderts bei weitem übersteigt.[2] Was allerdings die Frage aufwirft, inwiefern derartige Quellen kritisch, nämlich als historische Rechtfertigung des eigenen Konsumverhaltens zu lesen sind.

Entsprechend wird in den teilweise geradezu handfesten Auseinandersetzungen darüber, ob Fleisch in früheren Zeiten das Hauptnahrungsmittel gewesen sei, auch die gegenteilige Position der Knappheit vertreten.[3] So führt

---

1 Schmoller, 1871, S. 293.
2 Vgl. ebd., S. 293 und Abel, 1937, S. 417.
3 Das Standardwerk von Teuteberg führt aus, dass Schlachtzahlen und ein sich daraus ableitender Fleischkonsum bis zum Beginn des 19. Jahrhunderts nur sehr unzuverlässig erhebbar sind, was die entsprechenden Kontroversen erklärt. Vgl. Teuteberg, 2005, S. 97 und

© VERLAG FERDINAND SCHÖNINGH, 2021 | DOI:10.30965/9783657704460_004

Abb. 3.1   Frans Snyders: Marktszene auf einem Kai (um 1640).

etwa Kurt Hintze zahlreiche Gründe für eine sehr begrenzte Viehhaltung im
Mittelalter an. Zugleich fehlte die notwendige Kaufkraft für eine kontinuierliche Versorgung mit Importfleisch.[4] Ich denke jedoch, dass sich diese widersprüchliche Debattenlage durchaus auflösen lässt. Geht man nämlich davon
aus, dass sich Opulenz und Knappheit in der vorindustriellen Zeit nicht aus-
schließen, sondern vielmehr gegenseitig bedingen, gelangt man zu einem
Konsumverhalten, das räumlich wie zeitlich stark ausdifferenziert war:

> In guten Zeiten konnte der Fleischverbrauch auch bei niederen Ständen eine
> Höhe erreichen, wie wir sie aus dem 19. Jahrhundert nirgendwo verzeichnet
> finden. In schlechten Zeiten, d. h. solche Zeiten, die unter dem Einflusse von
> Seuchen, Mißernten, Kriegen standen, finden sich so traurige Ernährungs-
> verhältnisse, wie sie sich für größere Territorien und von gleicher Zeitlänge wohl
> nicht aus dem 19. Jahrhundert nachweisen lassen.[5]

Und gerade wenn Fleisch einerseits ein knappes Gut war, das andererseits
aber an bestimmten Tagen in großen Mengen zur Verfügung stand – beispielsweise weil wegen Futtermangel nicht der gesamte Viehbestand durch den
Winter gebracht werden konnte –, dann musste der Verzehr kulturell geregelt

---

101. Zudem ist die Frage, was überhaupt als essbares Fleisch gilt, für unterschiedliche Zeiten
und Kulturen sehr verschieden zu beantworten.
4 Vgl. Hintze, 1934, S. 90–92.
5 Martin, 1895, S. 319.

werden. Besonders innerhalb der Religionswissenschaft wird dabei die Auffassung vertreten, dass die Verteilung rituell gesteuert wurde. So fasst Walter Burkert die These der »cuisine du sacrifice« wie folgt zusammen:[6]

> Opfern heißt einen Festbraten zur Verfügung stellen. Götterfeste sind die wichtigsten Gelegenheiten, überhaupt Fleisch zu essen. Es gibt archaische Gruppen, wo Fleisch überhaupt nur im Rahmen des Opfers gegessen wird.[7]

Indem also das Opferritual den Fleischverzehr regelte, trug es zum Funktionieren des Alltags bei.[8] Konflikte wurden durch eine rigide Form der Synchronisation verhindert: Fleisch wurde nur an wenigen, wiederkehrenden Tagen im Jahr, dann aber opulent genossen. Für diese gut vorausplanbaren Ereignisse konnten die entsprechenden Tiermengen über Selbsttransport und Selbstkonservierung bereitgestellt werden.

Vor diesem Hintergrund gewinnt die Frage, wie im 19. Jahrhundert Fleisch zu einem industriellen Produkt wurde, zunehmend an Kontur. Denn die kontinuierliche Bereitstellung eines Produkts, das aufgrund der begrenzten Konservierbarkeit extrem schwierig zu transportieren ist, setzt ihrerseits einen kontinuierlichen Konsum voraus. Genau in diesem Sinne ist Fleisch ein modernes Produkt: Nämlich ein Massenprodukt, das sich selbst als Produkt allererst generieren muss, weil Produkt und Infrastruktur unauflösbar miteinander verwoben sind.[9]

Womit wir zu dem Narrativ gelangen, das immer wieder und prominent der Geschichte des modernen Fleischkonsums zugrundegelegt wird: Ende des 19. Jahrhunderts wurden die westlichen Industriegesellschaften von einer bis dahin beispiellosen Proteinwelle überschwemmt. Nachdem vom Beginn des 16. Jahrhunderts bis zum Anfang des 19. Jahrhunderts der Fleischkonsum zurückging, verdreifacht sich zwischen 1883 und 1913 die Menge des in Deutschland konsumierten Schweinefleischs schlagartig.[10] Im gleichen Zeitraum bleibt der Ausgabenanteil der Bevölkerung für Nahrungsmittel mit etwa 40 % nahezu gleich, wohingegen die absoluten Ausgaben pro Kopf um 70 % steigen – womit diese Zahlen auf einen tiefgreifenden kulturellen Wandel im Konsumverhalten schließen lassen. Als Gründe hierfür werden erstens die Ersetzung von Tieren durch Maschinen und zweitens die Fütterung, der Transport

---

6   Vgl. Detienne und Vernant, 1979.
7   Burkert, 1987, S. 22.
8   Vgl. das Argument von Detienne und Vernant ebenfalls aufnehmend Macho, 2001, S. 155.
9   Vgl. hierzu aus technikhistorischer Sicht König, 1997.
10   Vgl. Achilles, 1993, S. 254 und Tabelle 1.1 auf S. 15.

und die Verarbeitung von Tieren durch Maschinen angeführt. Innerhalb dieser Erzählung ist Fleisch also ein eindeutiges Sekundärprodukt der Industrialisierung.[11]

Im Rahmen einer symmetrischeren Analyse dagegen wäre zu fragen, welche Funktion der Fleischkonsum selbst innerhalb der Industrialisierung gehabt hat.[12] Denn gerade in den Städten explodierte der Fleischkonsum geradezu:

> Alle Vorstellungen, die Landbewohner hätten ihre nahrhaften und reich ge-füllten Fleischtöpfe verlassen, um als städtisches Lohnproletariat eine fleisch-lose und sehr viel schlechtere Kost einzutauschen, werden durch solche Zahlen widerlegt.[13]

Es hat also nicht nur die Kohle, sondern auch das Fleisch die Industrialisierung mit der notwendigen Energie versorgt: die Kohle die Maschine und das Fleisch den Menschen. Die Kalorien der Industrialisierung stammen aus dem Schlachthof. Wobei der Schlachthof – als Synonym für die Produktwerdung von Fleisch – eben nicht nur ein Produkt der Industrialisierung, sondern selbst eine die Industrialisierung mitgestaltende Technologie ist. Der Schlachthof mit seinen hochkomplexen und hochmodernen Technologien bildet einen Knotenpunkt der Industrialisierung. Technologien kommen hier nicht bloß zum Einsatz, sondern werden erprobt, verbessert, verworfen und ersetzt. Und noch mehr ist der Schlachthof als infrastruktureller Knotenpunkt unmittelbar mit der raumzeitlichen Organisation der Industrialisierung verwoben.[14] In-sofern ist Fleisch, genauer gesagt das Schweinefleisch, zugleich Ergebnis wie Motor der Industrialisierung.

Technische Infrastruktur

Schaut man sich den Lageplan des Berliner Zentralvieh- und Schlachthofs an, so spricht zunächst alles dafür, dass es sich bei diesem Ort um den zentralen und zentral steuernden Knotenpunkt einer technischen Infrastruktur handelt, die Berlin als Reichshauptstadt mit dem notwendigen Schweine-fleisch versorgt. Aufgerufen werden damit Sozialutopien wie diejenige des

---

11   Vgl. in dieser Weise argumentierend z. B. Macho, 2001, S. 158–162.

12   Vgl. König, 2009, S. 67–75.

13   Teuteberg, 2005, S. 108.

14   Diese Untersuchung schließt sich damit jener Richtung der Industrialisierungsforschung an, die den Staat nicht auf seine marktwirtschaftliche Funktion reduziert, sondern ihn zugleich als eine spezifische materielle Struktur versteht. Vgl. Ziegler, 1996, S. 10 f.

US-amerikanischen Geschäftsmanns und Rasierklingen-Erfinders King C. Gilette, in der die Nahrungsversorgung einer Zehnmillionenstadt über ein Bureau of Food Preparation garantiert wird:

> All food products, such as fruits and vegetables, which are supposed to be consumed almost as soon as gathered, would be sent in trainloads direct from the fields of production to a distributing warehouse, which would be some miles in extent, and lie just on the outskirts of the city. Here it would be divided, and thence delivered, over electric roads in automatically controlled electric cars, to the various departments; and the menu from day to day would embrace every food product which might be in season, and the limitless combinations possible in their preparation.[15]

Abb. 3.2   Vorderansicht Börsen- und Restaurationsgebäude (um 1885).

Es gibt einen Knotenpunkt, der die zeitkritische Verteilung von Nahrungsmitteln steuert und damit zugleich demokratisiert. Fleisch für alle und zentralisierte Produktion und Distribution gehören in diesem Bild also offenbar eng zusammen. Übertragen auf Berlin liegt das Zentrum der Steuerung

15   Gillette, 1976, S. 124.

in der Börse, die exakt in der Mitte zwischen den Verkaufshallen für die
jeweiligen Tierarten liegt und die man durch ein Säulenportal und Vestibül
betritt. Im »Führer durch den städtischen Central-Vieh- und Schlachthof von
Berlin« von 1886 ist zu lesen:

> Der 73,3 m lange, 13 m breite, 11,2 m hohe Börsensaal, (1026 qm.) mit den
> Wappen der Vieh liefernden Länder und Provinzen geschmückt, dient zugleich
> als Restaurationssaal, in dem sich am Hauptmarkttage die Menge der Markt-
> interessenten aus dem Osten und Westen des Reichs drängt, denn der Berliner
> Viehmarkt ist zugleich auch Exportmarkt. [...] Die *Hauptuhr* über dem Portal
> der Börse bildet die bewegende Kraft für die in den Verkaufshallen hängenden,
> mit ihr durch elektrische Drähte verbundenen Uhren Hippschen Systems.[16]

Ich möchte drei Punkte hervorheben, die mir an dieser Beschreibung bemerkenswert erscheinen. Da sind zunächst die Assoziationen, die von der
Architektur des Gebäudes hervorgerufen werden. Sie erinnert an die Empfangs-
halle eines Bahnhofs.[17] Ähnlich dem Hamburger Bahnhof im Norden der Stadt
ist der Haupteingang von zwei Türmen flankiert, in deren Mitte die beiden
Allegorien Tag und Nacht (hier Athene und Hermes) des Anhalter Bahnhofs
und die Zentraluhr des Potsdamer Bahnhofs wiederkehren und damit eine
klare Botschaft vermitteln: Hier laufen alle Fäden zusammen. Das Fleisch wird
von diesem Punkt aus geordert, verarbeitet und verteilt.

Die Börse zeigt sich damit nicht nur als zentraler Knotenpunkt des unmittelbaren und von einer Mauer eingefriedeten Geländes, sondern eben auch
als Knotenpunkt weit ausgreifender Waren-, Geld- und Menschenströme, die
über die Eisenbahn miteinander verschaltet werden. Symbolisiert wird diese
Vernetzung zweitens im Inneren der Börse durch die Wappen der jeweiligen
Länder und Provinzen. Diese bilden die Anschlüsse, ohne die eine zentralisierte
Fleischproduktion nicht möglich ist: nämlich auf der Basis eines redundanten,
eng getakteten und verlässlichen Transportsystems.

Neben diesen beiden Verweisen auf die Eisenbahn ruft die Börsenarchi-
tektur noch ein weiteres, eng damit verbundenes Netzwerk auf: die Zeit.
Realisiert wurde es von dem deutschen Erfinder Matthäus Hipp durch so-
genannte elektrische Uhren.[18] Die Börse gibt den Takt vor, an dem sich das
Marktgeschehen ausrichten muss. Offensichtlich ist die Notwendigkeit der
Synchronisation von Mensch und Tier extrem hoch, denn es wird mit dem
Hippschen System eine damals sehr junge Technologie verwendet. Die Börse

---

16   Anonymus, 1886, S. 10 f.
17   Vgl. Tholl, 1995, S. 326–328.
18   Vgl. Galison, 2003, S. 250–274.

also gibt den Takt vor, an dem sich alle Anschlüsse ausrichten müssen. Der Schlachthof bildet einen Organismus, dessen steuerndes Zentrum in der Börse sitzt.

Wie verhält sich dieses Bild eines zentral gesteuerten Netzwerks nun aber zum Fleisch als darin zirkulierendem, neuem Produkt? Auch wenn es Fleisch menschheitsgeschichtlich besehen immer schon gegeben hat, entsteht doch innerhalb einer netzförmigen Verteilungsstruktur ein völlig neues Produkt. In dem Moment, da sich die lebendigen Tiere nicht mehr selbst zum Verbraucher hinbewegen, wird Fleisch zu einem hoch verderblichen Produkt. Tiere müssen maximal zeitkritisch regional zentralisiert und urban als Fleisch verteilt werden.[19] Genau hier, als Knotenpunkt und Schnittstelle, operiert der Schlachthof, indem zwei grundsätzlich verschiedene technologische Strategien realisiert werden. Erstens die Synchronisation aller Abläufe, um massenhaft geschlachtete Tiere möglichst schnell zum Verbraucher zu bringen. Schlachthöfe sind keine Relaisstationen, sondern funktionieren eher wie Verkehrskreuzungen. Zwar besitzen sie auch einen Viehhof, woraus sich der etwas längliche, aber korrekte Name »Central-Vieh- und Schlachthof« erklärt; aber die Funktion des Viehhofs besteht vor allem darin, die Tiere so kurz wie möglich bis zum nächsten Schlachttermin zu halten bzw. zu einem deutlich geringeren Anteil bis zum Export.[20]

Die zweite technologische Strategie bildet demzufolge die Konservierung, um Fleisch nach der Schlachtung speicherbar zu machen und die Logistik zu entzerren. In diesem Kapitel soll es jedoch ausschließlich um die spezifischen Kulturtechniken der Synchronisation im Schlachthof gehen. Dabei behaupte ich, dass weil bei der Planung des zentralen Vieh- und Schlachthofs in Berlin bewusst auf Speichertechnologien verzichtet wurde, die flexible Synchronisation die entscheidende Kulturtechnik ist, die das Fleisch als modernes Industrieprodukt ermöglicht.[21] Schauen wir uns unter dieser Perspektive nun zunächst das Eisenbahnnetzwerk genauer an, in das der Schlachthof einverwoben ist, d. h. wir rekapitulieren zunächst den historischen Stand der Infrastruktur innerhalb des Deutschen Reichs.[22]

---

19   Ausdehnung und Zentralisierung als einander entgegengesetzte und doch zusammengehörende Bewegungsmomente der Moderne hat Markus Krajewski in anderem Kontext beschrieben, vgl. Krajewski, 2006, S. 27.

20   Das Verhältnis der geschlachteten zu lebend weiterverkauften Schweinen beträgt im Jahr 1886 noch 290.000 zu 180.000, zehn Jahre später bereits 657.000 zu 195.691. Vgl. Anonymus, 1886, S. 6 sowie Anonymus, 1902, S. 17.

21   Vgl. Blankenstein und Lindemann, 1885, S. 26.

22   Der Fokus liegt auf Deutschland bzw. Berlin. Die Entstehung des modernen, zentralisierten Schlachthofs beginnt Anfang des 19. Jahrhunderts in Frankreich und erreicht um 1850 den

Bekanntlich hinkte Deutschland, bedingt durch die Kleinstaaterei, der europäischen Entwicklung der Industrialisierung deutlich hinterher. Erst mit der Gründung des Zollvereins 1833/34, der Gründung des Norddeutschen Bundes und den Einigungskriegen 1866/67 entstand ein wirtschaftlicher Einheitsraum, in dem aus den Eisenbahn*verbindungen* ein Eisenbahn*netz* werden konnte. Entsprechend wurden die Schlachttiere bis zur Mitte des Jahrhunderts auf dem Landweg nach Berlin getrieben, wobei die Schweine vorwiegend aus Mecklenburg kamen, dagegen die schlichtweg zu weit entfernten preußischen Provinzen überhaupt nicht erwähnt wurden.[23]

Die Reichsgründung 1871 verband gut 40 Millionen Einwohner der vormals 39 souveränen deutschen Einzelstaaten auf einer Fläche von etwa 500.000 km[2] zu einem neuen Nationalstaat. Zehn Jahre zuvor, 1860, belief sich die Gesamtlänge der deutschen Eisenbahnen auf etwa 11.000 km. Bis 1890 hatte sich diese Länge vervierfacht, auf insgesamt knapp 43.000 km. Dabei stellte Preußen gut 60 % der Gesamtstrecke, wovon ein Drittel Nebenbahnen waren.[24] So gelangte man beispielsweise 1860 bereits problemlos von Berlin nach Danzig. Dreißig Jahre später jedoch existierten für die gleiche Verbindung drei verschiedene Hauptlinien mit zahlreichen, fein verästelten Nebenlinien. Das Reichsgebiet wurde sukzessive über ein System von Eisenbahnstrecken erschlossen, in dem die Knotenpunkte redundant angebunden waren. Ob damit der Raum selbst zum Verschwinden gebracht wurde, sei dahingestellt.[25] Entscheidender ist, dass das Eisenbahnnetz neue Marktformen generierte, die jenseits der Differenz von global und lokal operieren konnten.

Wie stark die imaginäre Kraft eines alle Orte aufschließenden Eisenbahnsystems ist, lässt sich in der Schrift »Die Kleinbahnen im Dienste der Landwirtschaft, ihre Konstruktion und wirtschaftliche Bedeutung« von 1895 nachlesen:

> Wenn die Überzeugung durchdringt, daß die Kleinbahn im stande ist die Steinstraße voll und ganz zu ersetzen, und nachdem das jetzt im Bau begriffene Maß von Vollbahnen vollendet sein wird, die in dem Vollbahnnetze noch unausgefüllten Maschen genügend dicht auszufüllen und allen lokalen Ansprüchen auf Frachtbeförderung aller produktiven Stände in gleichem Maße zu entsprechen, genau so viel, daß jeder bewohnte Ort, jede Gemeinde, jeder Großgrundbesitz in einer Entfernung von – sagen wir 1/2 Meile oder höchstens einer halben Meile Kleinbahn bekäme.[26]

          Status einer europäischen Entwicklung. Insofern erfolgt die Berliner Gründung mit spürbarer Verspätung. Die Union Stock Yards im Südwesten Chicagos entstehen ab 1864 direkt aus dem Eisenbahnwesen heraus.

23   Vgl. Berlin und seine Eisenbahnen 1846–1896, 1982, Bd. 2, S. 317.
24   Vgl. diese Zahlen nach Ziegler, 1996, S. 553 und 556.
25   Vgl. Krajewski, 2006, S. 58.
26   Schweder, 1895, S. 11.

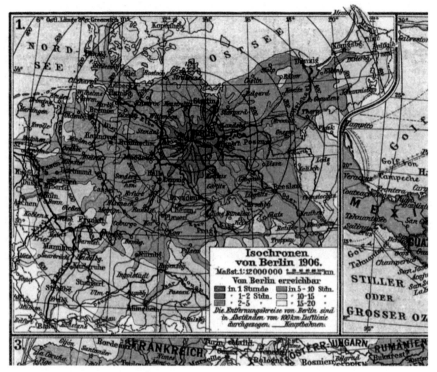

Abb. 3.3   Isochronen von Berlin (1906).

Die entscheidende Idee ist also, dass die Kleinbahn bis zum Punkt der Warenproduktion vordringt, um als wirkliches Netzwerk funktionieren zu können. Am Beginn dieser Netzwerkbildung steht – nach langem Kompetenz-gerangel zwischen Reichs- und einzelstaatlichen Behörden – der gescheiterte Versuch Bismarcks, die Verstaatlichung der privaten Eisenbahngesellschaften über ein Voranpreschen Preußens zu betreiben.[27] Im März 1876 passierte der entsprechende Gesetzesentwurf den Landtag, provozierte dann jedoch den entschiedenen Widerstand der Länder, so dass Ende der 1870er Jahre das Reichseisenbahnprojekt als politisch undurchsetzbar gelten musste.[28] Zu-gleich ernannte Bismarck den zuvor mit den Gesetzesentwürfen gescheiterten Präsidenten des Reichseisenbahnamtes Albert von Maybach zum Handels- und damit faktisch Eisenbahnminister, der in der Folge die preußischen Privat-bahnen verstaatlichte und damit sukzessive ein homogenes und verlässliches Netzwerk aufbaute, in dem Berlin zum wichtigsten Knotenpunkt im Deutschen

27   Vgl. Ziegler, 1996, S. 177–193.
28   Vgl. Boberg et. al., 1984, S. 126 f. und Klee, 1982, S. 165–172.

Reich wurde.[29] Anfang 1884 war die Verstaatlichung der preußischen Privat-
bahnen praktisch abgeschlossen – also ein Jahr nach der Fertigstellung aller
Gebäude des Berliner Zentralvieh- und Schlachthofs. Die wenigen noch verbliebenen Privatbahnen waren gegenüber dem »wuchernden Staatsbahn-
netz« nicht mehr konkurrenzfähig.[30]

Ganz im Einklang mit dem architektonischen Selbstbild eines von der Börse
aus zentral gesteuerten, »zusammenhängenden und zusammenwirkenden«
Netzwerks könnte man in der Eisenbahn jene materielle Infrastruktur sehen,
die den Schlachthof und die somit gesteigerte Fleischproduktion allererst
ermöglichte.[31] Ein solcher, freilich stark technikdeterministisch gedachter
Zusammenhang lässt sich zudem statistisch erhärten. So stieg die jährliche Transportleistung im Gesamtnetz des Deutschen Reichs bis 1883 auf
dann 3.033 kt Tiere an, um in den anschließenden 15 Jahren stark nach unten
zu schwanken und bis zum Beginn des Ersten Weltkriegs knapp 5.000 kt zu erreichen.[32] Schaut man nach Preußen und auf die für Berlin so wichtige Achse
in die östlichen Provinzen, werden die Veränderungen sogar noch deutlicher:

> Je weiter sie fortschreitet, desto mehr wird den auf Ackerbau und Viehzucht an-
> gewiesenen östlichen Landestheilen ein lohnendes kapitalkräftiges Absatzfeld
> für ihre Erzeugnisse auf dem Berliner Markt eröffnet. […] Von dem gewaltigen
> Auftrieb an Rindvieh, Schweinen und Hammeln auf dem Berliner Viehmarkt ent-
> stammen fast 5/6 dem Osten; mit dem Ueberschuss vermag Berlin viehärmere
> Gebiete des Inlandes und auch das Ausland zu versorgen.[33]

Auch diese Aussage kann statistisch unterlegt werden. Von den gut drei
Millionen Tonnen Tiertransporten im Gesamtnetz 1883 entfielen 1,7 Millionen
Tonnen alleine auf die Preußischen Staatsbahnen, wobei im Jahr davor lediglich 0,8 Millionen Tonnen transportiert wurden.[34] Wir haben es also mit einer
geradezu sprunghaften Steigerung der Fleischtransporte in Preußen zu tun,

---

29   Parallel zur systemischen Etablierung der Eisenbahn vollzieht sich der Wandel vom
      Holzzum Eisenschiff. Dadurch, dass die Rümpfe nunmehr aus Stahlplanken bestanden,
      konnten höhere Transportkapazitäten bei gleichzeitig größeren Transportgeschwindig-
      keiten erreicht werden, ebenso eine höhere Sicherheit und damit Verlässlichkeit des
      Schiffsverkehrs. Weil man mit einem Segelschiff nicht flussaufwärts fahren konnte, ent-
      fällt mit den Dampfschiffen ein Umladevorgang. Allerdings ist der Anteil der Tiertrans-
      porte aufgrund der deutlich geringeren Geschwindigkeit so gering, dass der Wasserweg
      hier vernachlässigt werden kann. Vgl. Schultze, 1900, S. 48.
30   Klee, 1982, S. 176.
31   Meurer, 2014, S. 68.
32   Vgl. Fremdling et. al., 1995, S. 522–524.
33   Berlin und seine Eisenbahnen 1846–1896, 1982, Bd. 2, S. 149.
34   Vgl. Fremdling et. al., 1995, S. 400.

wobei alles darauf hindeutet, dass diese eine entsprechende technische Infrastruktur schlichtweg voraussetzt und somit ein zentralisiertes Schlachten vor 1880 rein logistisch nicht möglich war.

Medien und Akteure

Nimmt man, wie im vorangegangenen Kapitel gezeigt, vor allem die technische-materielle Ebene der Schieneninfrastruktur in den Blick, erscheint das Netz wie eine glatte, universelle Oberfläche, die das Lokale und das Globale so dicht miteinander verkoppelt, dass man sich um die Schnittstellen und Anschlüsse wenig Sorgen zu machen braucht. Es verbergen sich jedoch, um mit Bruno Latour zu sprechen, hinter den durchgezogenen Linien der Bahnverbindungskarten durchaus »holprige Wege« bzw. ein Alltag des Viehhandels und -transports, den es allererst in seiner schillernden Vielgestaltigkeit zu rekonstruieren gilt.[35]

Wenden wir uns in diesem Sinne den Handlungen, Vollzügen und Praktiken zu, stellt sich das Bild sehr viel differenzierter und vor allen Dingen deutlich weniger zentralisiert dar. Für Latour ist das Eisenbahnnetz vor allem durch eine latente Ambiguität charakterisiert:

> Ist ein Eisenbahnnetz lokal oder global? Weder noch. Es ist lokal in allen seinen Punkten, denn immer lassen sich Schwellen und Eisenbahner finden, manchmal auch Bahnhöfe und Fahrkartenautomaten. Aber es ist wirklich global, denn es bringt einen von Madrid nach Berlin oder von Brest nach Wladiwostok. Und doch ist es nicht universell, denn man kommt damit nicht überallhin.[36]

Wir hatten den Viehtransport bisher als eine lokale *oder* globale Technologie beschrieben. Lokal ist er in seinem Eindringen in die tiefsten Provinzen, in das entfernteste Außen einer Großstadt wie gleichzeitig ins Innerste der Großstadt, in jede Straßenecke und jeden Familientisch. Global wirkt er durch das Schrumpfen der Entfernungen auf ein Maß, das den schnellen und kontinuierlichen Transport von Tieren erlaubt, die sich vormals selbst transportiert hatten. In technischen Netzen sind die lokalen Aspekte und die globale Dimension scheinbar mühelos miteinander vereint. Aber:

---

35 Latour, 1998, S. 158.
36 Ebd., S. 157.

> Kontinuierliche Wege vom Lokalen zum Globalen, vom Partikularen zum Universellen, vom Kontingenten zum Notwendigen gibt es nur, wenn man bereit ist, den Preis für die Anschlüsse zu bezahlen.[37]

Womit die konkreten Anschlüsse und einzelnen Schnittstellen in den Fokus rücken. Diese bilden die Grenzzonen, an denen sich Tiere in Fleisch verwandeln. Und es sind die ebenso vielfältigen wie wirkmächtigen Störungen an diesen Übergängen, die gegenüber einer rein technikhistorischen eine breiter kulturgeschichtliche Perspektive anmahnen. Parallel zu dieser Blickverschiebung, weg von der Börse als Kopf und Motor der Fleischproduktion hin zu den im gesamten Netzwerk stattfindenden Transformationsprozessen, muss die These der Zentralsteuerung neu bewertet werden. Denn die Störung ist kein bloßer Nebeneffekt, der durch strikte Taktung neutralisiert werden kann. Störungen müssen vielmehr in ihrer spezifischen Produktivität als wesentliches Moment der Tier-Fleischtransformation begriffen werden.

Bis zur Jahrhundertmitte setzte das Reisen mit der Eisenbahn die Lektüre von Zeitungen voraus. Darin wurden die Fahrpläne veröffentlicht, allerdings nur einzelne Linien und nicht die potentiellen Anschlüsse. Auch wenn also die Möglichkeit des Reisens mit Postkutschen, Eisenbahnen und Dampfschiffen bis in entlegene Ecken der Welt hinein bestand, fehlte doch jene Form von zentraler Synchronisation, die einen regelmäßigen und verlässlichen Warentransport ermöglicht hätte. Zudem wurden Güter zunächst grundsätzlich anders behandelt als Personen: Während es bereits seit 1850 das erste amtliche »Eisenbahn-, Post- und Dampfschiff-Cours-Buch« und 1878 das erste »Reichskursbuch« gab, dauerte es bis 1925, bis das erste amtliche, für jedermann frei verfügbare Güterkursbuch erschien – bis dahin waren diese Informationen auf den internen Dienstgebrauch der Eisenbahn beschränkt gewesen.[38]

Die Kursbücher kommunizieren den Takt des Personen- und Warentransports, eine Ebene darunter liegt die Eisenbahnverkehrsordnung mit den darin enthaltenen »Bestimmungen über die Beförderung von lebenden Tieren«:

> II. Beförderung. § 4. (2) Viehzüge müssen auf Strecken mit regelmäßigem starken Viehverkehr an bestimmten, von der Eisenbahn bekannt zu machenden Tagen – regelmäßig oder nur nach Bedarf – nach den bei jedem Fahrplanwechsel festzusetzenden Fahrplänen verkehren; sie müssen derart gelegt sein, daß der Aufenthalt für das auf den Anschlußlinien zu- und abgehende Vieh auf das unbedingt nötige Maß beschränkt wird.[39]

---

37   Latour, 1998, S. 157.

38   Vgl. Hauptverwaltung der Deutschen Reichsbahn, 1935, S. 373.

39   Zit. n. Bundesorgan »Allgemeine Viehhandels-Zeitung«, 1914, S. 43 f.

Was bedeutet nun »regelmäßiger« Verkehr?[40] Diese Frage verweist wieder
zurück auf die Ebene des Kursbuchs. So finden sich beispielsweise im »Kursbuch für den Viehverkehr« von 1902 nach Abdruck der wichtigsten Transport-
bestimmungen die Fahrpläne für alle Hauptstrecken mitsamt Anschlüssen an
die Nebenstrecken.[41]

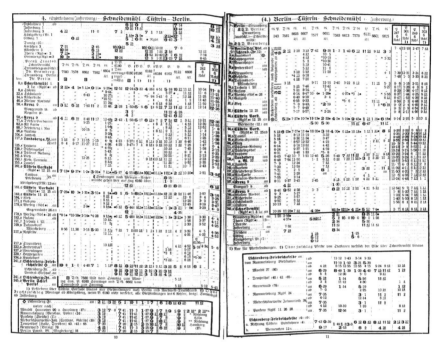

Abb. 3.4   Kursbuch für den Viehverkehr, Fahrplan Schneidemühl–Berlin,
Berlin–Schneidemühl (1902).

Damit finden sich in den Kursbüchern sämtliche Informationen, um den
Transport der Schweine vom jeweiligen Provinzbahnhof nach Berlin zu planen,
ohne dabei auf irgendwelche Behörden oder Dritte angewiesen zu sein. Oder
anders formuliert: Das Medium des Kursbuchs legt den Schluss nahe, dass
nicht eine bestimmte Anzahl von Tieren in den Provinzen telegraphisch ab-
gerufen wird, sondern dass vielmehr zu den Schlachttagen so viele Tiere im
Schlachthof ankommen, wie verkauft, geschlachtet und weiterverarbeitet
werden können. In einem derart vernetzten Markt erfolgt die Regulierung
etwaiger Diskrepanzen zwischen Angebot und Nachfrage dezentral, also an

---

40   Vgl. Hauptverwaltung der Deutschen Reichsbahn, 1935, S. 309.
41   Vgl. Schmidt, 1902.

den jeweiligen Provinzbahnhöfen und zu Lasten der dortigen Akteure. So wird beispielsweise für das hinterpommersche Dorf Wiekowo (Alt Wieck), das 1870 an die Stettiner Bahn angeschlossen wurde, berichtet, dass die bäuerlichen Fuhrwerke in langen Schlangen auf die Abnahme der Tiere durch die Viehhändler warteten.[42] Was nicht verkauft wird, fährt schlichtweg zurück in den Stall. Das Kursbuch bestimmt den Arbeitstakt des Schlachthofs wie umgekehrt.

Dieses kurze Beispiel Wiekowo gibt der These von Markus Krajewski recht, dass Kursbücher neue Orte generierten.[43] Die Stettiner Eisenbahn verband seit 1843 Berlin erstmals mit einem Seehafen. Stettin hatte damals knapp 50.000 Einwohner und legitimierte so die Kosten für eine regelmäßig getaktete Eisenbahnverbindung mitsamt der 1870 erfolgten Weiterführung nach Danzig (etwa doppelte Einwohnerzahl). Alt Wieck, eine landwirtschaftlich geprägte Ortschaft mit wenigen hundert Einwohnern wurde dadurch mit gleicher Frequenz wie Stettin und Danzig an Berlin angekoppelt. Im Takt des Kursbuchs konnte zusammen mit den umliegenden Dörfern eine stabile Zuchtwirtschaft aufgebaut werden.

Allerdings, und hier zeigt sich ein deutlicher Unterschied zum Kursbuch für den Personenverkehr: Nicht die »*Maximierung der Geschwindigkeit*« ist das fundamentale Gesetz des Verkehrs, sondern die *Maximierung der Verlässlichkeit*.[44] Tiere, so trivial das auch klingen mag, können weder umsteigen noch wählen sie ihre Route selbst. Entsprechend ist nicht die »totale Konnektivität« das Ziel der Schnittstellengestaltung.[45] Vielmehr geht es darum, dort Relais- und Verzweigungsfunktionen einzuschalten, wo die Fleischproduktion diese erlaubt und dort zu minimieren bzw. ganz auszuschalten, wo es um eine einzige Teilfunktion wie den Transport über eine längere Strecke oder die Transformation des Tiers in Fleisch geht.

Der Soziologe Norbert Elias beschreibt in seinem späten Text »Über die Zeit«, wie »das Wissen von Kalenderzeit [...] als Mittel des zwischenmenschlichen Verkehrs [...] für die zugehörigen Menschen zu einer kaum noch dem Nachdenken ausgesetzten Selbstverständlichkeit« wird.[46] In seiner alltäglichen Verwendung wird die Medialität des Kalenders unsichtbar. Für die Medien der Fleischproduktion bedeutet dies, dass der Viehhandelskalender verlässliche Zeitläufte erzeugt. Jenseits aller konkreten Logistik der Tierverwertung ist der Viehhandelskalender ein Medium, dessen Eigensinn ein

---

42   Vgl. Vollack, 1989, S. 1272.
43   Vgl. Krajewski, 2006, S. 43.
44   Ebd., S. 42.
45   Ebd., S. 51.
46   Elias, 2014, S. XIII.

Versprechen auf den Beruf und die Praxis des Viehandels ist. Denn was ein Kalender in erster Linie festschreibt, ist die »unabänderliche Wiederkehr der gleichen Ablaufmuster«.[47] Der gesamte Metabolismus der Fleischproduktion und Fleischkonsumtion vollzieht sich im Zyklus der Jahreszeiten, weshalb derjenige, der einen Viehhandelskalender verwendet, gar nicht umhin kommt, sich in dessen temporale Ordnung einzuschreiben: Im kommenden Jahr wird alles nach dem gleichen Plan verlaufen. Argumentiert man in dieser Weise vom Eigensinn des Mediums Kalender her, so ist die subjektive Sicherheit, Verlässlichkeit und Planbarkeit des Viehhandels nicht eine Sache des Viehhandels selbst, sondern ein Effekt der mit dieser Praxis verbundenen Medien.

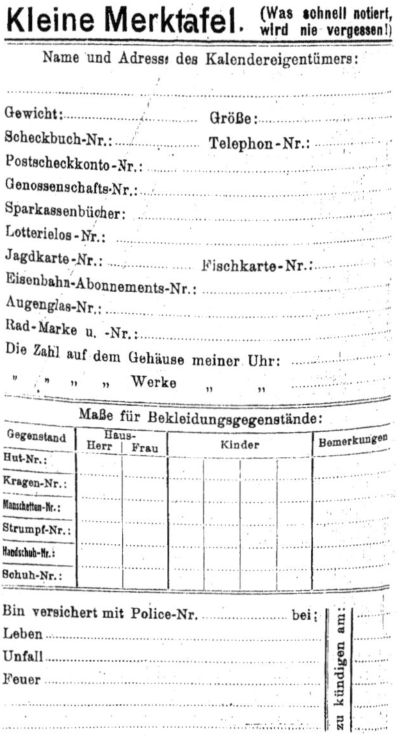

Kleine Merktafel. (Was schnell notiert, wird nie vergessen!)

Name und Adresse des Kalendereigentümers:

Gewicht: Größe:
Scheckbuch-Nr.: Telephon-Nr.:
Postscheckkonto-Nr.:
Genossenschafts-Nr.:
Sparkassenbücher:
Lotterielos-Nr.:
Jagdkarte-Nr.: Fischkarte-Nr.:
Eisenbahn-Abonnements-Nr.:
Augenglas-Nr.:
Rad-Marke u. -Nr.:
Die Zahl auf dem Gehäuse meiner Uhr:
" " " " Werke " "

Maße für Bekleidungsgegenstände:

Gegenstand	Haus- Herr	Haus- Frau	Kinder				Bemerkungen
Hut-Nr.:							
Kragen-Nr.:							
Manschetten-Nr.:							
Strumpf-Nr.:							
Handschuh-Nr.:							
Schuh-Nr.:							

Bin versichert mit Police-Nr. bei; zu kündigen am:
Leben
Unfall
Feuer

Abb. 3.5
Deutscher Viehandels-Kalender, kleine Merktafel (1914).

Der Viehhandelskalender aber ist nicht nur ein Kalender, er ist auch ein Vademecum im Wortsinne. Er begleitet den Viehhändler als Individuum, das gleich auf der ersten Seite seine persönlichen Informationen einträgt, von der Scheckbuchnummer über die Manschettenmaße bis hin zur

47 Elias, 2014, S. XIV.

Lebensversicherung. Er ist in Leder eingebunden und mit einem Bleistiftetui versehen, ein Organizer des Viehhändlers. Weshalb sich im Rückkehrschluss aus der Datenstruktur dieses Mediums eine grobe Silhouette des Viehhändlers gewinnen lässt: Es handelt sich um eine männliche, mit Scheckbuch und Sparkassenbuch bürgerlich situierte und gut gekleidete Person. Ein Eintrag fällt dabei besonders ins Auge, nämlich die »Zahl auf dem Gehäuse/Werke meiner Uhr«.[48] Der Viehhändler ist in seiner Berufsausübung auf die private Zeitmessung angewiesen, denn der Kursbuchtakt muss buchstäblich bis in die Ställe hineingetragen werden. Gleitet dem Viehhändler dabei die Uhr aus der Tasche, wird er arbeitsunfähig. Die im Kalender notierte Werkzahl ist somit ein Versprechen auf ein Wiederfinden der eigenen Zeit angesichts einer sich vermutlich regelmäßig bei der Inspektion der Tiere einstellenden Störung.

Blättert man weiter im Kalender, gewinnt das Bild des Viehhändlers zunehmend an Kontur: Er hat sich einem Berufsverband angeschlossen, der für seine Interessen eintritt und unter anderem eben diesen Kalender produziert. Auf seinen Wegen zwischen Produzenten und Abnehmern überschlägt der Viehhändler ständig Preise und Kosten. So kauft er das Schwein beim Züchter beispielsweise nicht nach Lebend-, sondern nach Schlachtgewicht. Dieses muss aus Rasse, Alter, Körperbau etc. heraus geschätzt werden, wobei entsprechende Tabellen helfen. Nimmt man nun die zugehörigen Multiplikationstabellen hinzu, wird der Kalender zu einem rechnenden Medium.

Noch eine weitere Eigenschaft des Viehhändlers lässt sich aus seinem Vademecum ableiten: Er ist nicht besonders solvent bzw. das finanzielle Risiko seines Geschäfts ist nicht unerheblich. So bezieht sich ein Großteil der Informationen auf Anwalts- und Rechtskosten, den damit einhergehenden Schriftverkehr sowie Zinsberechnungen für geliehenes Geld. Im Medium des Viehhandelskalenders entsteht so das Bild eines nomadischen Zwischenhändlers, einer ständig mobilen Instanz, die nur über geringe eigene Mittel verfügt und sich trotzdem in der scheinbaren Sicherheit eines konstanten oder zumindest kalkulierbaren Marktverkehrs wiegt.[49] Die Risiken und Störungen verschwinden hinter den Medien.

---

48 Bundesorgan »Allgemeine Viehhandels-Zeitung«, 1914, S. 4.

49 Der Figur des sehr mobilen Dritten, eines unabhängig im System flottierenden Akteurs werden wir auch im folgenden Kapitel 4 begegnen. Störungstheoretisch wird das Akteursnetzwerk des Schlachthofs damit an Michel Serres' »Der Parasit« anschlussfähig, vgl. Serres, 1987.

Natürlich kann man diese Verlagerung der Risiken und Störungen auch von ihrem vermeintlichen Zentrum her beschreiben: Der Schlachthof lagert die Störung an seine Ränder aus, mögliche Risiken werden ins Außen verschoben. Politisch wurde diese Figur der Auslagerung in den zeitgenössischen Debatten als Kapitalismuskritik instrumentalisiert: Das System delegiert das Risiko an die kleinen Zulieferer, um sich selbst zu stabilisieren. Störungen also können sich ereignen, sie ereignen sich auch, aber die Tier-Fleisch-Transformation im Schlachthof bleibt davon unberührt.

Dem etwa einhundertseitigen Vademecum schließt sich der eigentliche Viehhandelskalender an. Für jeden Tag des Jahres ist darin verzeichnet, wo in Deutschland die jeweiligen Märkte stattfinden. So heißt es ganz unprosaisch für den »Landespolizeibezirk Berlin«, dass dort »Viehmarkt (für Rinder, Kälber, Schafe und Schweine) [...] allwöchentlich am Mittwoch und Sonnabend« abgehalten wird.[50] Produzenten und Märkte sind damit nicht direkt verschaltet, vielmehr fungieren etwa 700 Händler als festes Zwischenglied:[51]

> Der Landwirt, der schlachtreifes Vieh zu verkaufen hat, überläßt es dem Viehhändler oder den von diesem angestellten Aufkäufern. Die Tiere werden dann an bestimmten Sammelplätzen gesammelt und auf die großen Schlachtviehmärkte geschickt.[52]

Was andererseits wiederum bedeutet, dass sich die Störungen an der Peripherie ereignen bzw. durch den Zulieferer kompensiert werden müssen:

> Vor allen Dingen hat sich in diesem Herbst [1912] dieser Wagenmangel so fühlbar gemacht, daß viele Landwirte durch nicht rechtzeitige Gestellung von Eisenbahnwagen Schaden erlitten haben, indem sie vielfach mit ihren Leuten und mit ihrem Zugvieh vom Bahnhof umkehren mußten.[53]

Schauen wir uns nun das Transportnetz genauer an, so laufen um die Jahrhundertwende insgesamt fünf Viehfernzüge mit folgenden Umsetzungen zum Zentralviehhof ein:[54]

---

50 Bundesorgan »Allgemeine Viehhandels-Zeitung«, 1914, S. 181.
51 Vgl. Virchow und Guttstadt, 1886, S. 287.
52 Potthoff, 1927, S. 463.
53 Verhandlungen des Reichstags, 1913, S. 2380.
54 Vgl. hierzu Berlin und seine Eisenbahnen 1846–1896, 1982, Bd. 2, S. 464–475 und Landesarchiv Berlin, A Rep. 258, Nr. 118, S. 4.

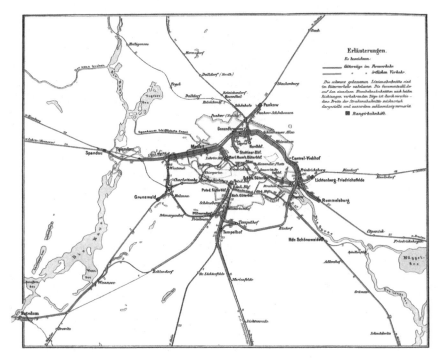

Abb. 3.6   Fahrplanmäßiger Wochentagsverkehr der Güterzüge in Berlin (Sommer 1895).

Lehrter Bahn von Lehrte bei Hannover

Eröffnung der Gesamtstrecke bis Lehrte (239 km) am 1.11.1871. Seit 1886 verstaatlicht.

24 Güterzüge im regelmäßigen Wochentagsfernverkehr, davon ein einlaufender Viehzug mit Umsetzung in Spandau und Moabit auf drei Viehzüge zum Zentralviehhof und einen zum Hamburg-Lehrter Güterbahnhof.

Ostbahn von Küstrin

Eröffnung der Strecke bis Königsberg (590 km) mit Umweg über die Berlin–Stettiner Eisenbahn (via Stettin 62 km) am 12.10.1857 bzw. über die Niederschlesisch-Märkische Eisenbahn (via Frankfurt a. O. 45 km) am 12.10.1857, Weiterführung bis zur Landesgrenze bei Eydtkuhnen am 15.8.1860 und Direktschluss Berlin–Küstrin (80 km) am 1.10.1867 mitsamt Umbau des Schlesischen Bahnhofs, um das gestiegene Verkehrsaufkommen bewältigen zu können.

18 Güterzüge im regelmäßigen Wochentagsfernverkehr, davon drei einlaufende Viehzüge nach Lichtenberg-Friedrichsfelde, die dort auf 14 Viehzüge zum Zentralviehhof umgesetzt werden.

Stettiner Bahn
von Stettin

Eröffnung der Strecke bis Stettin (130 km) am 15.8.1843, der Verbindung bis Danzig (500 km) 1870. Seit 1879 verstaatlicht.

22 Güterzüge im regelmäßigen Wochentagsfernverkehr, davon drei einlaufende Viehzüge nach Pankow, die auf vier Viehzüge zum Zentralviehhof umgesetzt werden, und ein einlaufender Viehzug nach Stettiner Güterbahnhof.

Nordbahn von
Stralsund

Eröffnung der Strecke bis Stralsund (225 km) am 1.1.1878. Seit 1875 verstaatlicht.

Elf Güterzüge im regelmäßigen Wochentagsfernverkehr, davon drei einlaufende Viehzüge direkt zum Zentralviehhof.

Niederschlesisch-
Märkische Bahn
von Frankfurt
a. O./ Breslau

Eröffnung der Strecke bis Frankfurt a. O. (80 km) am 23.10.1842, der Verbindung bis Breslau (330 km) am 19.10.1844. Seit 1852 verstaatlicht.

27 Güterzüge im regelmäßigen Wochentagsfernverkehr, davon jedoch kein Viehtransport nach Rangierbahnhof Rummelsburg. Von Rummelsburg fahren im regelmäßigen Wochentagsverkehr fünf Viehzüge zum Zentralviehhof, die dort im Lokalverkehr umgesetzt werden.

Der sich aus den drei direkten Viehfernzügen und 26 umgesetzten Ortsgüterzügen ergebende Warenstrom hat eine eindeutige Struktur:

> Während die grosse Masse des Viehs aus den östlichen und nördlichen Bezirken, wo die Landwirthschaft und Viehzucht vorherrschen, nach Berlin kommt, führen die westlichen Linien, insbesondere die Hamburger, viel Vieh aus.[55]

---

55   Berlin und seine Eisenbahnen 1846–1896, 1982, Bd. 2, S. 475.

Im Folgenden soll es ausschließlich um die Ostbahn gehen, weil diese den höchsten Durchsatz an Schweinetransporten hatte. Deren Vorgeschichte geht mit einem Erlass Friedrich Wilhelms IV. bis ins Jahr 1842 zurück, war also von Anfang an ein stark politisch motiviertes Unternehmen, einerseits zur schnellen Truppenverlegung, andererseits, um in den Provinzen produziertes Getreide und Vieh zu verwerten.[56] Für die Einfuhr von Vieh nach Berlin wurde der erste Sonderzug am 1. März 1862 eingerichtet, nämlich auf der Ostbahn zwischen Dirschau, dem heutigen Tczew in Polen, und dem Schlesischen Bahnhof. Jeweils einmal pro Woche, freitags, verließ dieser Zug Dirschau um 12.48 Uhr, um nach etwa 18-stündiger Fahrt in Berlin einzutreffen[57] Die Durchschnittsgeschwindigkeit betrug somit knapp 25 km/h.

Vergegenwärtigt man sich vor diesem Hintergrund die Frachtstatistik der Preußischen Staatsbahnen, so lassen sich drei Beobachtungen machen.[58] Erstens steigt die jährliche Transportleistung von Tieren zwischen 1880 und dem Beginn des Ersten Weltkriegs relativ linear um etwa 65 Kilotonnen pro Jahr an. Zweitens lassen die fehlenden Zahlen zwischen 1885 und 1897 eine mehr oder weniger volatile Stagnationsphase vermuten, die diesen Anstieg unterbricht. Und drittens findet eine gute Verdoppelung der Tiertransporte zu Beginn der 1880er Jahre statt. Wie lässt sich dieser signifikante Ansprung erklären?

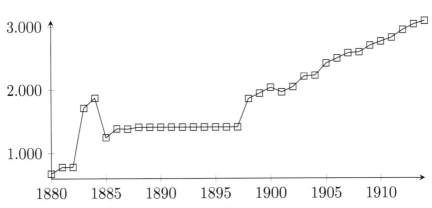

Abb. 3.7   Transportleistung zwischen 1880 und 1914 in 1.000 t.

---

56   Vgl. Berlin und seine Eisenbahnen 1846–1896, 1982, Bd. 2, S. 224.
57   Vgl. ebd., Bd. 2, S. 321.
58   Vgl. Fremdling et. al., 1995, 400 f., Tabelle A.10.5.

Zunächst sind diese Zahlen für sich genommen wenig aussagekräftig, gelten sie doch für alle Tiergattungen und sämtliche Transportrichtungen. Sodann müssen sie, da im selben Zeitraum die großen Verstaatlichungen der Privatbahnen stattfinden, auf die jeweiligen Bahnlinien heruntergebrochen werden. Seit 1883 gibt es die Statistik der Güterbewegung auf deutschen Eisenbahnen, herausgegeben vom Kgl. Preußischen Ministerium der öffentlichen Arbeiten. Dieser lässt sich entnehmen, dass im Monat Mai 1883 aus dem Verkehrsbezirk Nr. 1, also Ost- und Westpreußen, insgesamt 34.981 Schweine nach Berlin transportiert wurden, jedoch keines in umgekehrte Richtung. Die zweite wichtige Transportader ist laut Ministeriumsbericht Pommern mit 9.952 Schweinen, alle anderen Bezirke liefern nur Bruchteile der insgesamt 62.740 Schweine, von denen 10.660 verkauft werden, v. a. nach Brandenburg.[59]

Rechnet man diese Zahlen saisonal unbereinigt auf das Jahr hoch, lassen sich damit auch die Angaben aus »Berlin und seine Eisenbahnen 1846–1896« verifizieren: Von insgesamt rund 587.000 Schweinen, die 1883 in Berlin verzehrt wurden, stammten 412.000 aus Ost- und Westpreußen.[60] Korrelierend mit Abb. 3.7 zu den Transportleistungen wurden 1895 etwa 434.000 Schweine über die Ostbahn importiert, wobei der auf 662.000 Tiere deutlich gestiegene Gesamtverbrauch zunehmend auch aus anderen östlichen Regionen wie Pommern gedeckt wurde. Heruntergebrochen auf konkrete Bahnlinien können wir also davon ausgehen, dass um die Jahrhundertwende gut 400.000 Schweine pro Jahr über den Rangierbahnhof Lichtenberg-Friedrichsfelde in den Schlachthof eingespeist wurden.

Das Standardwerk »Berlin und seine Eisenbahnen 1846–1896« verzeichnet hierzu insgesamt drei regelmäßig einlaufende Güterzüge, die auf dem Rangierbahnhof in 14 Züge zum Schlachthof umgesetzt werden. Diese Angaben decken sich mit den regelmäßig verkehrenden Viehzügen auf der Ostbahn, die

59 Vgl. Königlich Preußisches Ministerium der öffentlichen Arbeiten, 1883, S. 162 f. Der von W. Schultze herausgegebene Atlas für »Deutschlands Binnenhandel mit Vieh« schlüsselt auf, dass die hauptsächlichen Einfuhren von Schweinen nach Berlin 1896/98 aus West- und Ostpreußen (381.416 Stück, Berlin ist hier mit großem Abstand der Hauptabnehmer), aus Pommern (340.768 Stück, Berlin ist auch hier mit großem Abstand der Hauptabnehmer), Brandenburg (118.614 Stück, fast ebensoviele Schweine werden exportiert, was die Vermutung naheliegt, dass es sich um Magerschweine handelt, die nach der Mast reimportiert werden) und Posen (113.829 Stück, exportiert noch stärker nach Breslau) kommen. Vgl. Schultze, 1900, S. 48 Bis auf einen extrem geringen Prozentsatz werden sämtliche Schweine (und Rinder) aus dem Inland nach Berlin transportiert. Hauptsächliche Importländer für Schweine sind Ungarn, Bulgarien und Serbien, für Rinder dagegen Holland. Vgl. Berlin und seine Eisenbahnen 1846–1896, 1982, Bd. 2, S. 276 f.
60 Vgl. ebd., Bd. 2, S. 332.

im Kursbuch von 1902 aufgelistet sind und am Zentralviehhof um 21.51 Uhr
(von Eydtkuhnen, heute Tschernyschewskoje), 3.06 Uhr (von Insterburg,
heute Tschernjachowsk) und 4.12 Uhr (von Königsberg, heute Kaliningrad)
ankommen.[61]

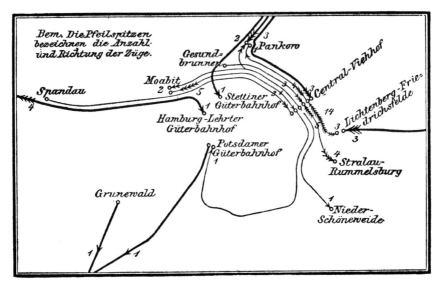

Abb. 3.8   Lauf der Viehzüge (1895).

Versuchen wir eine Interpretation dieser Zahlen. Erstens finden die Tiertransporte vornehmlich nachts statt. Sowohl das Beladen an den Ausgangsbahn-
höfen wie das Entladen im Schlachthof ist auf die sogenannten Nachtzeiten
zwischen 6 Uhr abends und 6 Uhr morgens beschränkt. Die Gründe hierfür
liegen sicherlich primär in der logistischen Trennung von Personen- und
Waren- bzw. Tierverkehr. Als Effekt dieser Trennung werden die Tiere mit
ihrem Transport unsichtbar für die Stadtbevölkerung, die sie erst als Fleisch
wieder zu Gesicht bzw. auf den Teller bekommt. Dieses Verschwinden des
Tieres ist ein wesentliches Element der Fleischproduktion, in der das Fleisch
zu einem beliebigen industriellen Produkt unter anderen wird, das seine Herkunft verbirgt.

Zweitens gilt der Fahrplan täglich mit Ausnahme der Viehzüge von
Eydtkuhnen, die sonntags nicht verkehren. Was bedeutet, dass wöchentlich 20
regelmäßig verkehrende Viehzüge plus etwaige Bedarfszüge über Lichtenberg-
Friedrichsfelde am Schlachthof eintreffen. Geht man von den in »Berlin

---

61   Vgl. Berlin und seine Eisenbahnen 1846–1896, 1982, Bd. 2, S. 475 und Schmidt, 1902, S. 10.

und seine Eisenbahnen 1846–1896« genannten 110 Viehzügen im März 1896 aus, kommen damit etwa fünf Bedarfszüge pro Woche (zu den Markttagen) hinzu.[62] Bricht man dies linear herunter, d. h. verteilt die monatlich über die Ostbahn importierte Schweineanzahl auf die Züge, bleiben lediglich gut 300 Schweine pro Zug – eine offensichtlich unrentable Auslastung. Es hat also erneut den Anschein, als wenn sich die im Kursbuch aufscheinende Kontinuität der Warenströme so nicht in der Realität des Tiertransports wiederfindet. Ganz im Sinne dieser Argumentationslinie berichtet »Hundert Jahre deutsche Eisenbahnen«:

> Im Gegensatz zum Personenverkehr werden im *Güterverkehr* die Wagen freizügig verwendet, und die Güterzugbildung muß sich zur Erzielung größter Wirtschaftlichkeit viel elastischer an die Schwankungen des Güterverkehrs anpassen.[63]

Wir haben es demnach nicht mit einem beschaulichen, über die gesamte Woche verteilten Zufluss von Tieren zu tun, der es auch dem kleinen Händler ermöglichen würde, sich unbeschadet und risikofrei ins Marktgeschehen zu integrieren.

Vielmehr akkumuliert sich, wie der »Führer durch den städtischen Central-Vieh- und Schlachthof von Berlin« von 1902 berichtet, der Hauptauftrieb vor den beiden Markttagen, »mittelst der Eisenbahn in durchschnittlich wöchentlich 20 Extrazügen mit 600–700 Wagen vorzugsweise aus den östlichen Provinzen Preußens.«[64] Etwas unklar ist dabei, was unter »Extrazügen« zu verstehen ist. Jedenfalls erfolgte der stärkste Auftrieb in der Nacht vom Freitag, bei dem sich entsprechend der Gesamtkapazität die Hälfte der Bedarfszüge auf die Ostbahn verteilt und davon wiederum eine knappe Hälfte auf den Schweinetransport, was die oben berechnete Anzahl von fünf Bedarfszügen bestätigt. Daraus würden sich dann etwa 150 Viehwagen, d. h. 3.000 Schweine pro Markttag oder gut 1.000 pro Zug ergeben – eine deutlich höhere Auslastung als die zuvor berechnete Anzahl.[65]

---

62   Vgl. Berlin und seine Eisenbahnen 1846–1896, 1982, Bd. 2, S. 328.

63   Hauptverwaltung der Deutschen Reichsbahn, 1935, S. 348.

64   Anonymus, 1902, S. 17. Der Vieh- und Schlachthofführer von 1886 nennt bei gleicher Zugangszahl etwa 500 Wagen, vgl. Führer durch den städtischen Vieh- und Schlachthof von Berlin (nach amtlichen Quellen), 1902, S. 5.

65   Vgl. auch die Berechung in Landesarchiv Berlin, A Rep. 258, Nr. 118, S. 4. Für den Transport von Großvieh werden um die Jahrhundertwende offene Wagen mit hohen Gatterwänden bzw. im Winter gedeckte Güterwagen mit zwei Achsen und einem Ladegewicht von 15 t verwendet. Die Breite des Wagenkastens beträgt 3,1 m, Achsstand zwischen 3 und 4,5 m und die Länge durchschnittlich 7 m. Vgl. Hauptverwaltung der Deutschen Reichsbahn, 1935, S. 317. Dabei wird von kleineren Anlieferern beklagt, dass statt der verlangten 15

In jedem Fall sind wir mit diesen Überschlagsrechnungen, regelmäßige
und Bedarfszüge zusammengenommen, noch deutlich von den im »Führer
durch den städtischen Central-Vieh- und Schlachthof von Berlin« genannten
8.000 Schweinen pro Markttag entfernt.[66] Andererseits aber zeichnet sich
doch ein recht klares Bild ab, in dem ein eher ruhiger Anlieferungsverkehr
von zwei wöchentlichen Markttagen mit akkumuliertem Zulauf zum Wochenende unterbrochen wird, an denen etwa 700 Viehhändler ihre Geschäfte
abwickeln.[67]

Drittens und letztens verschiebt sich damit alles weitere Geschehen auf die
Rampe, jene 400 m lange Schnittstelle, an der sich Transport und Schlachtung
erstmals direkt begegnen und die *disassembly line* beginnt. Jenseits der Rampe
werden die Schweine als einzelne Nahrungsmittel und Rohprodukte mit
unterschiedlichen Zielen weitertransportiert. Die Rampe bildet den Schlund
des Schlachthofs, seine zentrale Öffnung zur Außenwelt, die doch unsichtbar
im Dunkel der Nacht verschwindet. Geht man von einer Wagenbreite von 3 m
aus, so erhält man bei einem durchschnittlichen Platzbedarf von 0,5 m² pro
Doppelzentnerschwein auf den laufenden Rampenmeter sechs Schweine oder
maximal etwa 2.000 Schweine, die mehr oder weniger zeitgleich in den Viehhof einlaufen können, weil die Wagenlänge natürlich nicht der Ladeflächen-
länge entspricht. Aus dem individuellen Tier ist damit bereits logistisch ein
Stück Fleisch geworden: etwas, das in Serie hergestellt wird. Doch wenden
wir uns vor der Diskussion der Rampe nochmals den konkreten Akteuren des
Netzwerks zu.

An der Schnittstelle zwischen Züchter und Schlachthof agieren die Händler,
freilich nicht immer konfliktfrei, als »Käufer und Verkäufer, Viehverlader, Vieh-
begleiter, Treiber, Fütterer und Bankier in derselben Person.«[68] So erfahren wir
aus dem Jubiläumsband »Berlin und seine Eisenbahnen 1846–1896«, dass sich
der reale Alltag des Händlers sehr viel weniger vorhersehbar gestaltete, als es
die eingangs geschilderte Medienkonfiguration von Kursbuch und Kalender
suggeriert:

---

oder 18 m² Wagen mit 21 m² bereitgestellt werden, sich also die Logistik des zentralisierten
Schlachtens bis zum Erzeuger hin fortpflanzt und Störungen dort abgefangen werden
müssen, vgl. Verhandlungen des Reichstags, 1913, S. 2391. Jedenfalls kann man ungefähr
von einer Transportleistung von 40 ausgemästeten Schweinen pro Wagen ausgehen.

66   Von den zum Markttag eintreffenden rund 8.000 Schweinen werden knapp ein Viertel
     exportiert und die verbleibenden gut 6.000 Tiere werden in den nachfolgenden drei
     Tagen geschlachtet. Vgl. Anonymus, 1902, S. 17.

67   Vgl. ebd., S. 27.

68   Bundesorgan »Allgemeine Viehhandels-Zeitung«, 1914, S. 85. Die im Kalender ebenfalls
     abgedruckten Übersichten für Gerichts- und Rechtsanwaltskosten belegen die hohe Stör-
     anfälligkeit dieser Schnittstelle.

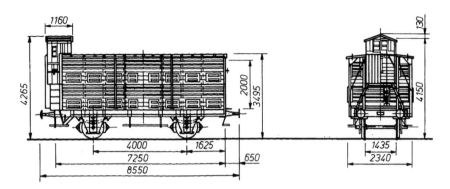

Abb. 3.9   Gedeckter Kleinviehwagen der Verbandsbauart A8.

Die wachsende Bedeutung Berlins im Zwischenhandel [um 1860] zeitigte ferner den Uebelstand, dass die Zufuhren nach dem Berliner Markt nicht selten lediglich in Spekulation auf den Bedarf anderer Märkte erfolgten. Einem derartigen starken Angebot stand oft eine entsprechende Nachfrage nicht gegenüber. Rückschläge und wesentliche Schwankungen im Preise waren hierbei unausbleiblich.[69]

Markttag in Berlin ist, wie auch in Paris und London, zunächst am Montag, seit dem 1. März 1893 mittwochs und samstags, um die Sonntagsruhe zu gewährleisten. Am Markttag selbst kommen etwa 3.000 Personen zum Zentralviehhof, um die Geschäfte abzuwickeln, darunter 800 Händler, 130 Exporteure aus dem Westen, 700 Schlächter aus Berlin, 300 Schlächter der Nachbarschaft und 600–700 Fleischergesellen.[70] Der Vieh- und Schlachthofführer von 1902 spricht von 700 Händlern, 150 Exporteuren, 900 Berliner Schlächtern sowie 200 aus dem Umland.[71] In jedem Fall also finden sich einige hundert Schweinehändler und -schlächter zweimal pro Woche entlang der Rampe ein, um den Verkauf von vielleicht 8.000 Schweinen zu organisieren – bei einem Finanzvolumen von etwa einer halben Million Mark.[72]

---

69   Berlin und seine Eisenbahnen 1846–1896, 1982, Bd. 2, S. 324.
70   Vgl. ebd., Bd. 2, S. 330.
71   Vgl. Anonymus, 1902, S. 18.
72   Vollkommen unberücksichtigt ist bei diesem Zahlenspiel die saisonale, nicht unerhebliche Schwankung in der Anzahl der aufgetriebenen Schweine. Laut Blankenstein/ Lindemann liegt diese zwischen wenigen tausend Tieren im Sommer und bis in den fünfstelligen Bereich gehende Zahlen im Winter. Vgl. Blankenstein und Lindemann, 1885, S. 55.

Abb. 3.10   Ankunft eines Schweinetransports aus Posen (um 1910).

Im schlimmsten Falle ist ein Händler tags zuvor von Eydtkuhnen aus aufgebrochen und hat die letzten 27 Stunden im Zug verbracht. Allerdings hat
diese weiteste Verbindung den Vorteil, dass die Ankunftszeit in den Abendstunden liegt, so dass sich der Händler eine kurze Nachtruhe – oder einen
Bordellbesuch – gönnen kann, bevor Schlag 7 Uhr in der Früh das Marktgeschehen eingeläutet wird. Das Marktgeschehen selbst lässt sich in groben
Zügen wie folgt darstellen. Die Händler verkaufen die Tiere an die Schlächter.
Der Schlachthof transformiert diese – gegen eine bestimmte, sich aus unterschiedlichen Leistungen von der Fütterung bis zur Trichinenschau zusammensetzende Gebühr – innerhalb von maximal drei Tagen in Fleisch.
Dann verkaufen die Schlächter das Fleisch an den jeweiligen Standorten in
Berlin, allen voran die zentrale Markthalle am Alexanderplatz. Alle Ankäufe
müssen also direkt aus den sich anschließenden Verkäufen finanziert werden.
Da die Schlächter im Normalfall nicht über das hierfür notwendige Kapital verfügen, entsteht an dieser Stelle ein nicht geringer Kreditbedarf von wöchentlich etwa einer Million Mark für das Jahr 1887 – alleine für die städtische
Schweinefleischversorgung.

   Gelöst wird dieses Problem durch eine weitere Vermittlungsinstanz
zwischen Händler und Schlächter, dem sogenannten Viehkommissionär – eine

Art Gegenfigur zum hoch mobilen Händler. Jener hat als Viehkommissions-handlung sein Comptoir in der Börse, also an einem herausgehobenen Ort:

> Die Vermittlung der Kaufgeschäfte wird von 30 Viehkommissionshand-lungen bewirkt, die nach einem langjährigen Gebrauch den Kaufpreis für die an Schlachtungen verkauften Thiere an die Verkäufer verauslagen und den Schlächtern auf etwa zwei Wochen die Zahlung stunden. Dieses ausgedehnte Kreditgeschäft ist eine grosse Schattenseite des ganzen Geschäfts.[73]

Ganz analog berichtet Julius Wolf im »Jahrbuch für Nationalökonomie und Statistik« in Referenz auf Rothes »Das deutsche Fleischergewerbe« von 1902:

> In den meisten größeren Städten hatte sich früher ein Abhängigkeitsverhält-nis der kleinen Meister von den Kommissionären oder Händlern infolge der Borgwirtschaft herausgebildet. Man borgte die neue Ware und bezahlte die alte, wodurch man immer mehr von einem bestimmten Händler abhängig wurde. So liegen die Verhältnisse noch in vielen Orten Deutschlands. Von einem Handel ist hier nicht mehr die Rede. Der Käufer ist gezwungen, das zu nehmen, was ihm angeboten wird.[74]

Auch wenn diese Schnittstelle nicht institutionalisiert ist, weist sie doch eben zunehmend genau diese Eigenschaft auf:

> Da der Kommissionär auf der anderen Seite auch mit Großschlächtern in laufender Geschäftsverbindung steht und ihnen, wenn auch gewöhnlich nur auf kurze Frist Kredit gewährt, so nimmt der großstädtische Viehkommissions-handel vielfach bankmäßigen Charakter an; bei den sogenannten »Vieh-Kommissionsbanken« tritt die Finanzierung ganz in den Vordergrund.[75]

Womit klar wird, warum der »Viehhandels-Kalender« dem Händler mit Mustern für Schuldscheine oder Prozessvollmachten zur Seite steht, aber auch Tabellen für die Zinsberechnung liefert: Beides gehört zum Alltag des Viehandels, Geld leihen und Streitfälle austragen. Der Kredit wird zu einem Medium der Synchronisation der Fleischproduktion.

---

73 Berlin und seine Eisenbahnen 1846–1896, 1982, Bd. 2, S. 330. Ähnlich kritische Stimmen zur Monopolisierung der Großkommissionsgeschäfte sind auch im Reichstag zu hören, vgl. Verhandlungen des Reichstags, 1913, S. 2389.

74 Wolf, 1903, S. 206, Fußnote 1.

75 Nußbaum, 1917, S. 21.

Im Netzwerk

Als der Berliner Zentralvieh- und Schlachthof am 1. März 1881 eröffnet wurde, umspannte die technische Infrastruktur der Eisenbahn ganz Europa. Vor allem auch die östlichen Provinzen integrierten sich in das Versorgungssystem der massiv expandierenden Metropole. 1876 hatten die Stadtverordneten der Einrichtung eines neuen Zentralviehhofs in Lichtenberg zugestimmt, weil hier die Ostbahn in die Ringbahn einmündete.[76] Das Gelände lag damit auf der Grenze zwischen der immer hungriger werdenden Stadt und der Peripherie, die sie versorgt. Von Nordosten her kamen die Waren hinein, in Richtung Westen wurde v. a. exportiert, womit wir es auch in dieser Hinsicht mit einer Grenzsituation zu tun haben.

In der bisherigen Diskussion dieser Infrastruktur trat die Funktion der Redundanzen und Störungen immer deutlicher hervor. Das Bild eines zentral von der Börse verwalteten und getakteten Netzwerks verblasste, während die Konturen und Funktionen der einzelnen Akteure zunehmend hervortraten. So scheint es geradezu ein Charakteristikum der Moderne zu sein, dass Systeme mögliche Störungen so weit als möglich externalisieren, damit etwaige Regelbedarfe an den Rändern wirksam werden. Um diese These weiter zu untermauern, wende ich mich im Folgenden der Hauptschnittstelle zwischen dem Viehhof und seinem Äußeren zu: der Bahnrampe.

Allem Erfolg der preußischen Verstaatlichung des Eisenbahnwesens zum Trotz haben wir es in Berlin mit einer merkwürdigen Koexistenz alter und neuer Verkehrssysteme zu tun. Während die dampfgetriebenen Eisenbahnen jenseits der Stadtgrenzen operierten – und an konzentrisch über die ganze Stadt verteilten Kopfbahnhöfen endeten –, kamen innerhalb der Stadt so viele Pferde wie nie zuvor zum Einsatz, was sich erst im Zuge der Berliner Gewerbeausstellung in Treptow 1896 langsam veränderte.[77] Um die Jahrhundertwende waren Pferdebusse und Pferdestraßenbahnen ungeschlagen effizient und verlässlich – mit dem Nebeneffekt eines billigen Angebots an Pferdefleisch für die Armen.[78] Das bedeutete im Umkehrschluss, dass sich um das Schlachthofgelände herum zunächst ein geschlossen funktionierendes, neues Stadtviertel ausbildete – eine Stadt in der Stadt mit zum Teil eigenen Abläufen und

---

76   Zur Geschichte des Klaegerschen Viehmarkts in der Landsberger Straße vgl. Berlin und
      seine Eisenbahnen 1846–1896, 1982, S. 317–324, zum alten Viehmarkt und Schlachthof im
      Bereich der Brunnenstraße vgl. Geist und Kürvers, 1984, S. 191–199.

77   Vgl. Boberg et. al., 1984, S. 128 f.

78   Vgl. Osterhammel, 2013, S. 442. Vom tierproduzierenden Landwirt her argumentiert, steht
      das Pferd in Konkurrenz zum Rind, weil mit dem Futter für ein Pferd etwa anderthalb
      Kühe ernährt werden können, vgl. Achilles, 1993, S. 62.

Regeln –, weil erst nach dem Ersten Weltkrieg mit der elektrischen Straßen-
und U-Bahn wirklich niedrige Fahrtarife realisiert werden konnten. Für
knapp 30 Jahre also lag der Berliner Zentralvieh- und Schlachthof außerhalb
der Stadt. Erst zwischen 1896 und 1908 schwappten die Mietshäuser der Stadt,
die von hier versorgt wurden, an das Gelände heran und vereinnahmten es zunehmend.[79] Vom Messerschleifer und Optiker bis zur Kneipe und dem Bordell
war alles in unmittelbarster Nähe vorhanden und zugleich getrennt von der
Stadt.

Was geschah nach 1908? Es kommt zu Reibungen vor allem entlang der direkten Grenze zwischen Stadt und Schlachthofgelände, einer
»schmutziggrauen Mauer, oben mit Stacheldraht«.[80] Im Rhythmus der
Fleischer kamen und gingen Händler, die sich entweder in den Markthallen
einmieteten oder ›fliegend‹ auf der Hausburgstraße oder der Landsberger
Allee ihre Waren anboten und damit eine strategisch extrem intelligente, weil
flexible Konkurrenz zu den Geschäften darstellten, die erst im Zuge der Stadt-
bebauung entstanden.[81]

Ähnlich divers agierten auch die anderen Akteure. Die frühaufstehenden
Fleischer konnten möglicherweise schon mittags in eine der rund zweihundert umliegenden Gaststätten, Kneipen und Bordelle ziehen, um dort bei
Bier, Wein, Skat, Billard und Huren den Rest des Tages zu verbringen. Weil der
Durchschnittslohn der Gesellen extrem gering war, gab es kaum eine Möglichkeit, diesem Kreislauf zu entfliehen. Die Grenze zwischen Stadt und Schlachthof war also vor allem eine zeitliche, eine der unmöglichen Synchronisation
der Arbeits- und Zeitrhythmen, weil die Fleischproduktion im Grunde keine
Pausen zuließ.

Anders formuliert: Der Schlachthof war eine Art Nichtort. Er wurde von
außen versorgt und versorgte ein Außen. Aber er war zugleich in sich abgeschlossen, vor- oder ausgelagert. Berlin war als Organismus zu groß für die
Selbstversorgung geworden und verlagerte deshalb die Fleischproduktion ins
Äußere der Stadt.[82] Am deutlichsten drückt sich dies in der Rampe aus, jene
ins Schlachthofgelände hineingeschobene Schnittstelle zwischen Transport
und Verarbeitung, zwischen Leben und Tod. Auf einer Länge von insgesamt 2.140 m konnten die Tiere parallel entladen werden.[83] Die Anlage der

---

79   Vgl. die beiden Baualterskarten der Bauphasen 4 und 5 in Geist und Kürvers, 1984,
      S. 368/369 und 376/377.
80   Döblin, 1995, S. 118.
81   Vgl. Schindler-Reinisch und Witte, 1996, S. 131 f.
82   Young Lee, 2008, S. 6 vergleicht das Schlachthaus explizit mit einer Foucaultschen
      Heterotopie.
83   Vgl. Landesarchiv Berlin, A Rep. 258, Nr. 118, S. 2.

Hallen, deren Lage, Größe und Ausrichtung folgte dem Verlauf der Schienen.
Die Länge der Gleise orientierte sich mit rund 400 m an der Maximalzuglänge
der Ringbahn.[84]

Abb. 3.11   Blick auf einen Teil des Güterbahnhofs (um 1931).

Zusätzlich hatten die Schweine aufgrund ihrer schwierigen Treibbarkeit
sowie aus veterinärmedizinischen Gründen einen eigenen Bahnanschluss.
Dieser verlief von Norden direkt nach Süden herunter und markierte zugleich die Grenze zwischen dem Schlachthof linkerhand und dem Viehhof
rechterhand. Gleich daneben lag das ausführende Gleis für den Großverkauf
in der Markthalle:

> Es dient einerseits zur Zufuhr von Schweinen für die angrenzende Schweine-
> halle, andererseits zur Abfuhr des Fleisches aus den Schlachthäusern für den Ex-
> port nach Paris und nach der Stadt und erhielt zu diesem Zweck ein Nebengeleis,
> das direkt in die Halle des mittelsten Schlachthauses führt.[85]

Wie besonders in Abb. 3.12 sichtbar wird, kommen die Schweine logistisch wie
symbolisch genau auf der Grenzlinie von Vieh- und Schlachthof, zwischen Leben
und Tod an. Zudem handelte es sich um eine Hygienegrenze: Den Schlachthof
betraten nur solche Schweine, die eine erste, veterinärmedizinische Kontrolle

---

84   Vgl. Blankenstein und Lindemann, 1885, S. 7.
85   Virchow und Guttstadt, 1886, S. 276.

bestanden hatten und insofern bereits eine weitere Transformationsstufe zum Fleisch durchlaufen hatten.

Rampen prozessieren die Logik einer massiven Parallelität. Anders als beim Auto, dem Omnibus, dem Flugzeug oder Schiff öffnet und schließt sich ein Zug auf seiner ganzen Länge. Auf der Rampe also kommen alle Schweine gleichzeitig im Schlachthof an, egal welchen Weg sie zuvor zurückgelegt haben. Sie werden in den Schlachtprozess hinein synchronisiert. Nimmt man nun noch hinzu, dass für das Entladen eines Viehzugs etwa eine Stunde benötigt wird, fällt sofort das radikal veränderte Zeitregime auf.[86] Die Übersetzung eines seriellen Transports in einen parallelen Warenstrom entspricht einer enormen Beschleunigung. Nicht das einzelne Tier, sondern immer viele Tiere gleichzeitig – ausbalanciert mit der Menge der zur Verfügung stehenden menschlichen Akteure – werden entweder in den Takt der fleischproduzierenden Schlachthofmaschinerie eingespeist oder zur Weiterbeförderung aussortiert. Womit die Transformation des Tiers in Fleisch, die bereits mit der Zucht oder dem Ankauf begonnen hat, spätestens auf der Rampe vollkommen unumkehrbar geworden ist.

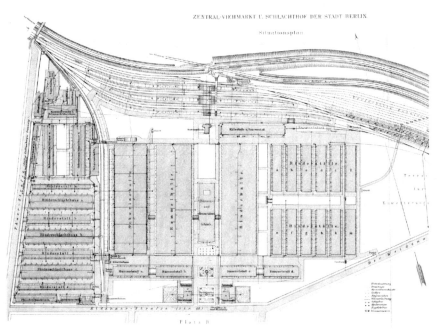

Abb. 3.12   Zentral-Viehmarkt u. Schlachthof der Stadt Berlin, Situationsplan (1885).

---

86   Vgl. Berlin und seine Eisenbahnen 1846–1896, 1982, Bd. 2, S. 328.

Netzwerke existieren im Gegensatz zu Netzen nicht als bloß vorhandene, technische Dinge. Sie sind vielmehr kulturelle Produkte, also das Ergebnis je konkreter Praktiken, die einerseits physische Netze wie die Eisenbahn voraussetzen, andererseits aber der Medien bedürfen – wie diese zugleich hervorbringen –, um im Realen überhaupt erst handlungsfähig werden zu können.[87] Ich habe die Orte, an denen sich Praktiken, Dinge und Medien miteinander verschalten, als Schnittstellen bezeichnet. Welche kulturellen Praktiken möglich sind, d. h. welche Handlungen real werden und welche imaginär bleiben, entscheidet sich an den Schnittstellen, an denen sich diese ereignen (können). Der Schlachthof generiert dabei sowohl besondere Medien wie das Kursbuch oder den Viehhandelskalender, wie eigene Akteure, die im Falle des Schlachthofs ein Kollektiv menschlicher und nicht menschlicher Tiere sind, um eine Formulierung Bruno Latours zu variieren.[88] Aber der Schlachthof erzeugt nicht einfach Fleisch. Vielmehr ist es eben auch das Fleisch als allgemein verfügbares Konsumgut, das dieses Netzwerk allererst ermöglicht, stabilisiert und modifiziert.

Unter einer Makroperspektive hatte es zunächst den Anschein, als würde die raumzeitliche Koordination der Prozesse, genauer der Waren, Daten und Akteure in diesem Netzwerk zentral gesteuert erfolgen – als würde das gesamte Netzwerk der Fleischproduktion im gleichmäßigen Takt der Normaluhr schlagen. In diesem Bild wäre die Börse auf dem Schlachthofgelände die Schaltzentrale einer gigantischen Maschine, die ihre Arme bis in die tiefsten Ostprovinzen des Deutschen Reichs ausstreckt, um sich dort gezielt mit den Vorräten einzudecken, nach denen es dem Berliner Bauch gelüstet. Je stärker ich jedoch die Mikroperspektive beleuchtete, umso deutlicher traten die Störungen an den zahlreichen Knoten und Schnittstellen dieses Netzwerks hervor. Es scheint also gerade das komplexe Ineinanderspiel von nervösem Vibrieren und kontrolliertem Schwingen zu sein, in dem Fleisch als netzwerkbasiertes Produkt entsteht.

Entsprechend lässt sich eine technikdeterministische Erklärung für den urbanen Fleischkonsum im Berlin der Jahrhundertwende nicht länger aufrecht erhalten. An seine Stelle tritt die Synchronisation von Waren, Daten und Akteuren in einem Netzwerk, das hinreichend stabil und flexibel, kalkulierbar und belastbar, global und lokal zugleich ist.[89] Das Netzwerk ist mächtiger als die Differenz von lokal und global und genau deshalb *modern*: Störungen verteilen sich deshalb homogen, weil an den Schnittstellen unterschiedliche

---

87   Vgl. hierzu die groß angelegte Studie von Gießmann, 2014.

88   Vgl. Latour, 2000, S. 211–264.

89   Vgl. Siegert, 1993, S. 196 f.

Kopplungsgrade existieren. So sind das Schlachten wie auch die Trichinenschau in denkbar striktester Weise getaktet, unter engster Kopplung der
Akteure in einem streng reglementierten Disziplinarregime. Der Alltag der
Viehhändler dagegen zeichnet sich durch extreme Flexibilität aus, um überhaupt an den Schlachttakt andocken zu können. So wird der Viehhändler zu
einer störungsabsorbierenden Figur, die dadurch den Schlachttakt stabilisiert:
Enge und lockere Kopplung bedingen sich gegenseitig.

Im Falle Berlins ist die Notwendigkeit einer netzwerkbasierten Synchronisation deshalb besonders hoch, weil aufgrund der fehlenden, aus hygienischen Gründen zunächst bewusst nicht eingesetzten Kühlungstechnologie,
der Schlachthof selbst keine Relaisfunktion besitzt. Relais und Synchronisation
sind also, worauf bereits Bernhard Siegert hingewiesen hat, in engster Weise
miteinander verbunden:

> Die Technik der Verstrickung ist das Relais und dessen Abstimmung in bezug auf
> das Gesamtnetz – das *timing*.[90]

Für den Schlachthof könnte man sogar argumentieren, dass das Netzwerk zugleich der Speicher ist, der Schwankungen v. a. innerhalb der Tierversorgung
ausgleicht. Demnach wäre es eine Eigenschaft moderner Netzwerke selbst,
einen zentralen Takt dezentral zu erhalten, wobei mögliche Störungen eher
im Bereich der lockeren, peripheren Kopplungen, also in den Provinzen aufgehoben werden. Das Netzwerk ist die entscheidende Kulturtechnik der
Synchronisation moderner Produktionsprozesse. Dies erklärt zugleich, warum
zentrale Schlachthöfe erst am Ende des 19. Jahrhunderts entstehen, obwohl
doch die meisten Praktiken und Technologien der Fleischproduktion für sich
benommen bereits zu Beginn des Jahrhunderts vorhanden waren: Kulturell
wirksam wurden sie erst in ihrer Vernetzung. Zu einer Fleischfabrik wird der
Schlachthof also gerade dadurch, dass er nicht als konkrete Maschine und
Technologie, sondern als Infrastruktur und Netzwerk funktioniert.

---

90   Siegert, 1993, S. 62.

4

Die Architektur

> Ziegelmauern aber können wohl bei einer Stärke von zwei oder drei Ziegellängen, nicht aber bei einer Stärke von nur 1 1/2 Fuß mehr als ein Stockwerk tragen.

(Vitruv, 1991, S. 115)

Es entbehrt nicht einer gewissen Ironie, dass die Mutter aller Schlachthöfe im Napoleonischen Frankreich entstand, nachdem dort 1807/1810 der Schlachtzwang gesetzlich vorgeschrieben wurde, im europäischen Vergleich hier aber die längste Zeit Tiere ohne vorherige Betäubung starben.[1] In Paris wurden die ersten fünf Schlachthöfe gebaut, in weiteren 33 Gemeinden Schlachthöfe mit unterschiedlicher Größe, jedoch alle nach dem gleichen Kammerprinzip: Jeder Schlachter arbeitet in seiner eigenen Bucht an einem einzigen Tier, also ein System im System mit entsprechenden Eigendynamiken. Im Bericht von Julius Hennicke wird dieses System als schlichtweg mustergültig bezeichnet, weshalb sich Berlin fast zwangsläufig bei der Konzeption des Zentralvieh- und Schlachthofs am französischen Vorbild orientieren musste.[2]

Zugleich entstand im 18. Jahrhundert, ebenfalls mit der Vorreiterrolle Frankreichs, das Berufsbild des Bauingenieurs als einem Architekten, in dem sich das zeitgenössisch mathematische, geometrische und statische Wissen seiner Zeit verdichtete.[3] So kann die enorme Homogenität und Effektivität in der Gestaltung von Industriebauten genau auf diese Ausdifferenzierung in den rechnenden Ingenieur auf der einen Seite und den kreativen Architekten auf der anderen Seite zurückgeführt werden – übrigens nicht ohne dabei spürbare Blessuren im Selbstbewusstsein der Architekten hinterlassen zu haben.[4]

---

1   Vgl. hierzu Kapitel 6, S. 123.
2   Vgl. Hennicke, 1866, S. 9.
3   Vgl. König, 2006.
4   Vgl. hierzu die Verweise bei Tholl, 1995, S. 269 f.

© VERLAG FERDINAND SCHÖNINGH, 2021 | DOI:10.30965/9783657704460_005

Hinzu kommt, als drittes und für die gesamte Epoche der Industrialisierung stilprägendes Moment, das Eisen als neuer Werkstoff, der zunächst einmal den umbauten Raum vergrößerte und öffnete.

Aus diesen kurzen Vorbemerkungen leitet sich folgendes Argument ab: Zentralisiertes Schlachten ist nur möglich, wenn erstens entsprechend große, trockene, helle und gut belüftete Räume gebaut werden, wenn zweitens Transportvorrichtungen die geschlachteten Tiere in diesen Räumen verfügbar machen und wenn drittens aber beides nach außen hin verborgen bzw. in eine traditionelle Architektursprache eingliedert wird, um den Schock der Technizität abzufedern.[5] Entsprechend werde ich zunächst die Ästhetik der Außenhaut des Berliner Schlachthofs rekonstruieren, dann die funktionale Gestaltung des Innenraums erläutern und abschließend die Mechanik der inneren Transportlogistik diskutieren. Exemplarisch rücke ich dabei, wie auch in den Folgekapiteln, die Schweinehallen in den Vordergrund.

Ästhetik der Außenhaut

Fassadenschwindel also ist bei einem Schlachthof vorprogrammiert. Der Schlachthof stellt eine vollkommen neue Bauaufgabe dar, die das massenhafte Sterben, transformiert in einen glatten und durchrationalisierten industriellen Produktionsprozess, zugleich ermöglichen und verhüllen muss. Bereits 1883 schrieb der Veterinär August Lydtin zum Karlsruher Schlachthof:

> Der Schlachthof ist an und für sich eine für die meisten Menschen widerliche, abschreckende Anstalt, welche, wenn sie nicht sehr reinlich unterhalten wird, noch weitere Unannehmlichkeiten bietet. [...] Das Widerliche, welches aus dem Zwecke der Anstalt und theilweise auch aus den polizeilich nothwendigen Einrichtungen hervortritt, muß durch die Kunst des Architekten gewissermaßen verhüllt oder mindestens abgeschwächt werden. Die Schlachthaus-Bauten der Neuzeit sind aus dieser Rücksicht stylvoll gehalten.[6]

Zugleich aber gehört der Schlachthof, als Betrieb und Fabrik, zu den niederen Bauaufgaben einer Stadt, weshalb sich größere architektonische Anstrengungen verbieten. Bekanntlich herrschte im Bereich der ›großen‹ Architektur in der zweiten Hälfte des 19. Jahrhunderts ein bunter Eklektizismus miteinander konkurrierender Baustile, beispielsweise von Hermann Muthesius

---

5 Vgl. Schivelbusch, 2000, S. 155.
6 Lydtin, 1883, S. 11.

als barbarischer »Protzen- und Parvenugeschmack« bezeichnet.[7] Was also waren die Botschaften, die über die Außenhaut der Nutzbauten kommuniziert werden sollten und vermittels welcher Sprache, welcher Codes, welcher architektonischen Strategien geschah dies?[8]

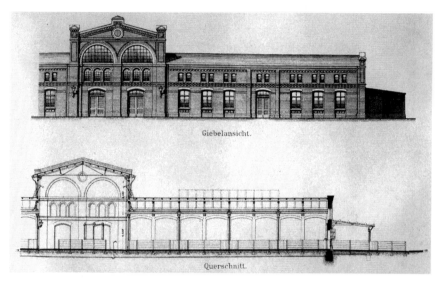

Giebelansicht.

Querschnitt.

Abb. 4.1   Giebelansicht und Querschnitt der Schweinehalle (1885).

Schauen wir uns zur Annäherung an diese Fragen genauer die Schweinehalle an, also jenen Ort, an dem die Schweine ihr kurzes Leben zwischen Bahngleis und Schlachthaus verbrachten, und deren zentrale Funktion der Verkauf der Tiere war. Die Tiere mussten einerseits schnell und effektiv in diese Halle hinein und wieder heraus transportiert werden, und sie mussten andererseits gut zugänglich und sichtbar sowie sinnvoll gruppiert sein. Geplant wurde vom Stadtbaurat Hermann Blankenstein eine Halle für bis zu 13.000 Schweine, wozu eine Fläche von 217 mal 66 m überbaut werden musste. Das Dach wurde von 22 Säulenreihen getragen, und außer diesen Säulen störte im Inneren nichts den Blick auf die 3,30 mal 3,50 m großen, etwa 500 Buchten, in denen die Schweine untergebracht waren.

---

7   Muthesius, 1902, S. 22.
8   Der Begriff der Außenhaut wird von mir ausschließlich im architektonischen Sinne verwendet, obwohl die sich über diese Grenzschicht vollziehenden metabolischen Prozesse natürlich extrem breit anschlussfähig sind, beispielsweise an Theorien des Körpers und der symbolischen Einschreibungen. Vgl. hierzu ausführlich Benthien, 2001.

All dies lässt sich von außen nicht erkennen. Vielmehr steht der Betrachter vor schier endlosen Fassadenreihen, die allenfalls sparsam gestaltet sind. Hermann Blankenstein beschreibt die architektonische Formensprache der Rinderverkaufshalle wie folgt, die sich wahrscheinlich direkt auf die Schweinehallen übertragen lässt:

> Die dekorative Ausstattung der Halle beschränkt sich, ihrem Zweck entsprechend, auf das geringste Mass: Anbringung von, mit einfachen Schablonen verzierten Gesims- und Traufbrettern an den Längsseiten und Giebeln, und Verkleidung der die Glaswände der Giebel tragenden resp. abschliessenden Träger und Sparren durch eine Architravbekleidung resp. ein Abschlussgesims mit Rosettenfries aus starkem Zinkblech. Nur die Portalbauten haben reicher gegliederte gusseiserne Pilaster mit darauf ruhender durch Blattwerk gezierter Archivolte und Zwickelfüllungen erhalten.[9]

Was dem Betrachter also zu allererst ins Auge springt, ist die Materialität des Backsteins, der sich in schier endlosen Linien über das Gelände zieht. Dieser ermöglichte es, relativ kostengünstig einerseits extrem witterungsbeständige Fassaden herzustellen, andererseits aber auch einfache Zierformen wie Rundbögen auszuführen. Es war also das vor allem von Karl Friedrich Schinkel entwickelte Zusammenspiel aus Material und Tektonik, das prägend für den Stil der Industriearchitektur wurde. Und weil der Ziegel als mehr oder minder feststehendes Grundelement den Gestaltungsfreiraum extrem einschränkte oder positiv formuliert stark strukturierte, verfügen Industriefassaden über ein hohes Wiedererkennungsmoment.[10] Womit sich das, was hinter den Mauern des Schlachthofs geschieht, architektonisch in die industrielle Warenproduktion einreiht.

Wie übersetzt sich dies in die Architektursprache? Die zentralen, durch die Materialität des Ziegelsteins bedingten Gestaltungselemente sind die rundbogigen Öffnungen der Fassade, die Lisenen als vertikale sowie die linear-leistenartigen Gesimse und die vom Rapport bzw. im Raster der Steine rhythmisierten Friese als horizontale Gliederungsmomente der Fassade. Über Glasurziegel konnten dann auch farbliche Gliederungen vorgenommen werden, doch wird damit im Grunde die Formensprache der Nutzbauten bereits verlassen. Dieser Übergang lässt sich gut nachvollziehen anhand des Börsengebäudes, das als einziges aus dem Ensemble der reinen Nutzbauten herausstechen darf:[11]

---

9   Blankenstein und Lindemann, 1885, S. 17.
10 Vgl. Tholl, 1995, S. 283.
11 Als weitere Ausnahme wird in Kapitel 5 das Fleischschauamt auf dem 1898 eröffneten neuen Schlachthofgelände zur Sprache kommen.

Um eine Abwechselung in das ermüdende Ziegelroth zu bringen, welches die Gesammtmasse der übrigen Gebäude zeigt, sind die Façaden in gelben Verblendsteinen der Greppiner Werke mit rothen Gesimsen und farbigen Friesen ausgeführt worden.[12]

Die Außenhaut des Schlachthofs ist also durch einen Materialstil geprägt, in dem Serialisierung, niedrige Kosten, schneller Baufortschritt und schließlich die Verbindung mit Eisen bzw. Stahl entscheidend sind. Man erkennt auf den ersten Blick, dass es sich um ein Nutzgebäude handelt. Aber die spezifische Funktionalität der Gebäude wird gerade durch den hohen Wiederholungsgrad der Gestaltungselemente verdeckt. Womit die Schlachthofgebäude aufgrund ihrer Materialsichtigkeit und exemplarischen Gliederungssprache zu *einer* Fabrik innerhalb der Fabriklandschaft Berlins wurden. Die Backsteinarchitektur arbeitet an der Produktwerdung des Fleischs mit und zwar bereits auf der ästhetischen Ebene der Fabrikaußenhaut.[13]

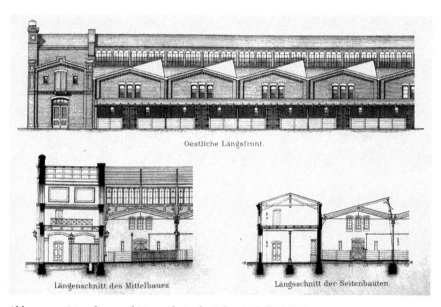

Oestliche Längsfront.

Längenschnitt des Mittelbaues.   Längsschnitt der Seitenbauten.

Abb. 4.2   Längsfront und Längsschnitt der Schweinehalle (1885).

12   Blankenstein und Lindemann, 1885, S. 14.
13   Vgl. Tholl, 1995, S. 285 und 304.

Zunächst sind die Fassaden durch sechzehn Segmentbögen gegliedert. Lediglich für die beiden oberen Geschosse des Mittelbaus werden Rundbogenfenster
verwendet; diese strecken den Giebel bzw. die dahinterliegende Mittelhalle zusätzlich in die Höhe und versorgen den Innenraum mit Licht – allerdings nur
scheinbar. Denn die hauptsätzliche Licht- und Luftzufuhr erfolgt von unsichtbar, über die senkrecht zur windstarken West-Ostachse stehenden Sheddächer
sowie die aufstellbaren Gläser der höher geführten Mittelhalle, was in Abbildung 4.2 gut zu erkennen ist. Damit sind die an den Vorderfronten eingesetzten Fenster dem Rund- bzw. Segmentbogenstil entsprechend vor allem
ästhetisch und erst in zweiter Linie funktional definiert. Der enorme Licht-
und Luftbedarf im Inneren der Hallen wird ornamental überblendet.

Zweitens werden die Fassaden durch Lisenen und Gesimse bzw. Friese
scheinbar entsprechend ihrer inneren Funktionsteilung strukturiert. Dabei
›sichern‹ die Ecklisenen die Gebäudeecken optisch, so dass eine klar erkenn-
bare Zäsur vom einen zum nächsten Gebäude entsteht, die Ziegelfluchten
also rhythmisiert werden. Zudem markieren zwei Lisenen die Achsen der
höheren Mittelhalle und deuten so eine risalitartig hervortretende, separate
Mittelhalle an, die jedoch im Gebäudeinneren lediglich als aufgesetztes Dach-
element realisiert ist. Insgesamt erhält der Giebel der Schweinehalle neun
Achsen, von denen vier als funktionale Hauptachsen hervortreten, sich bei
genauerem Hinsehen jedoch als Verblendungen entpuppen. Es hat lediglich
den Anschein, als wenn die Lisenen die innere räumliche Differenzierung und
die Friese die Geschosse repräsentieren würden. Die Geometrie der Außenhaut hat keine funktionale Entsprechung im Inneren: Denn weder gibt es eine
Geschossteilung – vielmehr ist gerade die Raumhöhe der Halle entscheidend
für die dort vollzogenen Prozesse –, noch bildet sich die kleinste logische Zelle,
die Schweinebucht bzw. die Schlachtkammer in der Fassade ab.[14] Vielmehr soll
weder die Massenproduktion noch das einzelne Tierschicksal architektonisch
sichtbar werden. Stattdessen operiert die klassizistische Formensprache der
Gebäude auf einer Mesoebene, in der beide Extreme der Masse und des einzelnen Tieres unsichtbar werden oder zumindest ins Schemenhafte treten. In der
Sprache der Zeit hört sich das dann so an:

> Die Außenarchitektur sucht in einfacher, aber doch gefälliger Weise dem
> praktischen Bedürfnisse zu genügen und der ganzen Anlage ein möglichst
> freundliches, gewissermaßen zur Sauberkeit einladendes Aeußere zu gewähren,
> unter Vermeidung jedes unnöthigen, nicht zu rechtfertigenden Aufwandes.[15]

---

14   Tatsächlich gibt es im Kopfbau der Viehhallen die der Fassadengliederung ent-
      sprechenden Geschosse, jedoch fallen diese im weiteren Hallenverlauf weg.

15   Peiffhoven, 1901, S. 558–559.

Abb. 4.3   Viehhof – Totalansicht (um 1920).

Alles wirkt, von außen, freundlich, sauber, neutral. Die Funktion einer großen, hohen Halle bleibt von außen unerkennbar, denn weder die horizontalen noch die vertikalen Gliederungselemente der Fassade haben eine funktionale Entsprechung: Sie kommunizieren nach außen ein differenziertes Inneres, wo die Logistik der Massenproduktion doch nur einen einzigen Raum vorsieht, der seinerseits jedoch durch ein subtiles System der Sichtbarkeit extrem verschiedener und einander zum Teil auch widersprechender Funktionen wie Sozialkontrolle, Hygiene und Effektivität verbinden muss.

Ein Detail freilich stört diese Argumentslinie einer klassizistischen Fassadengestaltung, durch die der industrielle Schlachtprozess überdeckt wird. Im Giebel der neuen, zwischen 1895 und 1898 von August Lindemann errichteten Schlachthallen, mit direktem Blick zur Landsberger Allee und den Fleischgroßmarkthallen der 1930er Jahre finden sich runde Scheinfenster, aus denen Schweine- oder Rinderköpfe herausschauen. Wir haben es hier mit einem Blick des Schlachtshofs in den Stadtraum zu tun, der über das Tiermedaillon eine zutiefst symbolische Funktion erhält. Schaut dagegen die Stadt in den Schlachthof hinein, gibt es nur die Portalöffnung mit den dahinterliegenden Verwaltungsgebäuden bzw. der bereits besprochenen Börse, die einen Eindruck ihrer Funktionen vermitteln. Im Unterschied aber zu den Tiermedaillons nimmt dieser Blick von außen nicht das Tier selbst wahr, sondern die zentralen Steuerorgane einer Fabrik.[16]

---

16   Vgl. Tholl, 1995, S. 315.

Abb. 4.4   Berliner Schlachthofgelände (2015).

Das Tier selbst, das Schwein, schaut also von den Giebeln der Schweineschlacht-
und -verkaufshallen über die Hygienemauer in den Stadtraum hinein. Wie
lässt sich diese Ausnahme des Tierblicks nach außen erklären? Eine Antwort
könnte sicherlich in der Logik der Bauphasen gefunden werden. Denn in
seinen drei Phasen bis hin zum integrierten Fleischgroßmarkt mit Kühlhallen
öffnet sich der Vieh- und Schlachthof sukzessive dem Stadtraum. Mit dem Er-
weiterungsgelände zwischen Thaerstraße und Landsberger Allee wäre eine
Phase zwischen Zentralisierung und Öffnung gegeben, die sich in dem zunächst noch etwas scheuen und verhaltenen architektonischen Blick des Tiers
über die Hygienemauern entlang der Landsberger Allee manifestiert.[17]

---

17   Dieser Versuch einer Deutung der Tiermedaillons ist insofern unvollständig, als er alleine
      den optischen Kanal thematisiert. Es ist jedoch von einer ständigen und intensiven
      Kommunikation zwischen Stadt und Schlachthof durch Geräusche und Gerüche auszu-
      gehen, die einer historischen Analyse ungleich schwerer zugänglich sind. So bestreitet
      etwa Oscar Schwarz kategorisch, dass es bei einem »gut verwalteten Schlachthof über-
      haupt« riecht (Schwarz, 1903, S. 118). Zu einer alternativen Herangehensweise vgl. Kassung
      und Muth, 2019.

Form (De-)Constructs Function

Die Außenhaut verbirgt oder umspielt zumindest, dass es sich bei den Vieh-
und Schlachthallen um so genannte Hallenbauten handelt.[18] Im Gegensatz zu
den Union Stock Yards, in denen das Schlachtvieh direkt, d. h. vertikal und
unter Ausnutzung der Schwerkraft weiterverarbeitet wurde, haben wir es in
Berlin mit einer horizontalen Strukturierung der Arbeitsprozesse zu tun. Diese
schlägt sich dann auch im Rhythmus der Gebäude nieder: Der Schlachthof besteht aus einer Vielzahl von äußerlich ähnlich anmutenden Gebäuden. Diese
verfügen über eine gewisse Höhe, die jedoch nicht die Arbeitsprozesse selbst
gliedert, sondern die notwendige Raumatmosphäre generiert. Die Gliederung
der Arbeitsprozesse erfolgt also zwischen den jeweiligen Hallen bzw. über
innere Transmissionssysteme. Entsprechend ist das *gros* der Arbeiter in jeweils
einem bestimmten Gebäude loziert. Es gibt keine wechselnden Verrichtungen
und deshalb auch keine wechselnden Arbeitsplätze. Die vermittelnden Tätigkeiten zwischen den Hallen werden von den Viehtreibern übernommen, die
somit auch sozial höher gestellt sind:

> Die Viehtreiber waren Angestellte der Viehhändler, die nach Ankunft der Trans-
> porte die Herden übernahmen. Sie galten als die Könige des Viehhofs, denn sie
> wurden pro Tier und Strecke bezahlt. Da die Tiere an den Markttagen mehrfach
> getrieben werden mußten, war der Verdienst der Viehtreiber sehr hoch.[19]

Als mobile Akteure organisieren die Treiber den Transport der Tiere zwischen
den Hallen entlang fest definierter Wege.[20] Sie sind das unabhängigste und be-
weglichste Element des Schlachthofs; sie stellen die Verbindungen zwischen
den Tieren und den verschiedenen Orten her, agieren also in gewisser Weise
als Serresscher Parasit.[21]

Ich verlasse damit die Betrachtung der Außenhaut und dringe nun
sukzessive ins Innere der Hallen vor. Denn der Ziegelstein verdeckt und
überspielt ornamental die bautechnische Revolution, die sich im Inneren
der Halle(n) vollzieht. Wie bereits gesagt, bildet sich im Frankreich des
18. Jahrhunderts der Beruf des rechnenden Bauingenieurs in Konkurrenz zum
kreativen Architekten aus. In der Halle – im Gegensatz zur Brücke oder zum
Turm – verwirklicht sich (noch) beides: der Architekt, der eine nach außen hin
gefällige und an die Tradition des Steinbaus anschließende Formensprache

---

18   Vgl. Tholl, 1995, S. 283.
19   Schindler-Reinisch, 1996, S. 84.
20   Vgl. Schwarz, 1903, S. 900–902.
21   Vgl. Serres, 1987.

entwickelt, und der Bauingenieur, der im Inneren einen möglichst freien und offenen Raum konstruiert.[22] Die beiden zentralen Agenten sind somit der Stein und das Eisen.

Die längste Zeit ihrer Geschichte ist die Architektur als ein struktur-bildendes Handwerk unmittelbar durch die beiden Baustoffe Stein und Holz definiert.[23] Die sich daraus ergebende klare Differenz von Innen und Außen erzeugt eine eigene – sichere, warme, windstille, ruhige etc. – Umwelt. Deshalb bedeutet Bauen vor allem, eine Mauer herzustellen. Spuren dieses handwerk-lichen Wissens lassen sich in der lateinischen Wortwurzel von Struktur er-kennen, das als Verb *struere* unter anderem aufbauen, aufschichten, errichten bedeutet. Die Mauer ist also eine Struktur, die durch immer gleiche Elemente, nämlich Steine, erzeugt wird. Dabei wirkt der Stein vor allem vertikal struktur-bildend, indem er sich hartnäckig der Druckbelastung widersetzt. So haben Ziegel eine Druckfestigkeit von bis zu 300 N/mm^2. Was nichts anderes be-deutet, als dass man Steine sehr gut aufeinanderstapeln kann, ohne dass die unteren Steine dadurch zerquetscht werden. Stein liegt schwer und fest auf-einander, weshalb Steinbauten grundsätzlich eine gewisse Monumentalität besitzen. Und man in dieser Monumentalität noch heute das berühmte Er-staunen nachvollziehen kann, das Heinrich von Kleist beim Durchschreiten eines Stadttors ergriff:

> Warum, dachte ich, sinkt wohl das Gewölbe nicht ein, da es doch *keine* Stütze hat? Es steht, antwortete ich, *weil alle Steine auf einmal einstürzen wollen.*[24]

Empfindlich dagegen reagiert der Stein auf Zug und Biegung, zumal in einem Mauerwerk.[25] Daraus resultiert im traditionellen Bauen eine sehr klare Trennung zwischen tragenden und getragenen Strukturen. Die Mauern aus Stein tragen, und wenn man darauf eine Decke oder ein Dach errichten möchte, dann definieren die gewählten Bogentechniken aus Stein oder die verwendeten Holzbalken deren Geometrie.[26] Ebenso widersprechen weite horizontale Öffnungen dem Prinzip der Steinarchitektur, weshalb Fenster und Öffnungen nur begrenzt funktionalisiert werden können. Anders formuliert: Hallen lassen sich mit Steinen nicht oder nur mit extrem hohem Aufwand

---

22   Vgl. Schivelbusch, 2000, S. 155.
23   Vgl. Vitruv, 1991, S. 83–85.
24   Kleist, 1985, Bd. 2, S. 593.
25   Die erreichbaren Werte liegen hier deutlich unter einem kN/mm^2, betragen also ein Bruchteil der Druckfestigkeit.
26   Vgl. hierzu ebenfalls schon Vitruv, 1991, S. 121.

realisieren, weshalb es sich dann grundsätzlich um Ausnahmearchitekturen
wie Sakralräume handelt.

Wie kommt nun das Eisen als grundsätzlich neues Baumaterial ins Spiel
und wie wirkte es seinerseits auf die Funktion des Ziegels zurück? Wie eingangs bereits angedeutet, sind die Anfänge im Frankreich der *Grande Terreur*
zu suchen, als Ludwig XVI. hingerichtet wurde, worauf Preußen und Österreich Frankreich den Krieg erklärten. Da unter der Diktatur Robespierres
zahlreiche Intellektuelle und Fachleute emigriert waren, inhaftiert oder
guillotiniert wurden, herrschte ein erheblicher Mangel an Ingenieuren und
Naturwissenschaftlern. Dem sollte durch die Gründung einer *École centrale
des travaux publics* Abhilfe geschaffen werden, was dann auch am 1. März 1794
geschah.[27] Im Jahr darauf erhielt die Schule ihren noch heute gebräuchlichen
Namen einer *École polytechnique*. Womit erstmals ein Ort entstanden war,
an dem die reinen Wissenschaften Mathematik und Physik mit angewandter
Technik systematisch zusammengeführt wurden.

Dies ist der Ort, an dem der Ingenieur entstand, also jener Konstrukteur,
der in der Folge die Kunst der Architektur angreifen und das Bauen in eine
rationale Wissenschaft transformieren sollte. Heerscharen von Ingenieuren
wie Camille Polonceau, Eugéne Flachat, Hector Horeau, Henri Labrouste oder
Henri de Dion, deren Namen allesamt hinter der Prominenz von Gustave Eiffel
vergessen zu werden drohen, erkannten schnell, dass durch die Verwendung
von Eisen als neuem Baumaterial völlig neue Flächen lichtdurchflutet erschlossen werden konnten und dass sich die Verbindung von Eisen und Glas
außerordentlich gut zur Überdachung größerer Flächen eignete. Im Handbuch
»Bau, Einrichtung und Betrieb öffentlicher Schlacht- und Viehhöfe« von Oscar
Schwarz wird der Hallenbau wie folgt beschrieben:

> Da für die *Hallen* die gleichen Vorbedingungen gelten: möglichst viel Licht, Luft,
> geräumiger Platz, bequeme Zugänge u. s. w., so kann die Bauart dieser Räume für
> alle Tiergattungen die gleiche sein. In der inneren Einrichtung sind sie natürlich
> verschieden. [...] Das Dach bildet die Decke, welche möglichst freitragend aus-
> gebildet wird, was man durch ausgedehnte Eisenkonstruktionen bewirkt. Trotz-
> dem werden sich in den meisten Fällen in Rücksicht auf die oft recht grossen
> Spannungen Dachstützen nicht vermeiden lassen, doch können diese unter Be-
> rücksichtigung der Buchten- und Ständeeinteilung so gestellt werden, dass sie
> weder die Benutzbarkeit noch die Übersicht in den Hallen stören.[28]

Der notwendige Raum wird also durch freitragende Deckenkonstruktionen
aus Eisen realisiert, wobei die Druckbelastung der Steinarchitektur in

---

27 Vgl. König, 2006.
28 Schwarz, 1903, S. 869.

Zugspannungen verwandelt – und entsprechend abgefangen – werden müssen.
Doch zunächst einige kurze Anmerkungen zum Eisen als Baumaterial.

Der eigentliche materialtechnische Schritt bestand im Auswalzen des
Eisens. Nachdem es dem Engländer Henry Bessemer 1855 gelungen war, die
Entkohlung von Eisen durch eine rein chemische Methode zu industrialisieren,
konnten in Walzwerken die unterschiedlichsten Stahlprofile in großen Mengen,
mit hoher Präzision und enormer Geschwindigkeit produziert werden, indem
die zähe Eisenmasse zwischen zwei rotierenden Walzen hindurchlief. Obwohl
die Ersetzung der hämmernden Schmiedepraxis durch Walzendruck bereits
in der Renaissance vorgedacht wurde, war ein industrieller Einsatz erst zu
Beginn des 19. Jahrhunderts möglich. Entsprechend begann Stahl als neues
Baumaterial die Architektur vor allem der Städte zu modernisieren: Bahnhöfe,
Markthallen, Warenhäuser und Ausstellungsbauten, aber eben auch Brücken
und Türme. Als Beispiel für Markthallen sind die Grandes Halles von Paris zu
nennen, die seinerzeit absolut zukunftsweisend waren – die Fuhrwerke durch-
fuhren den Keller und wurden mittels Aufzug an die richtigen Orte befördert.
Dass die Hallen in den 1980er Jahren sehr wenig zukunftsweisend abgerissen
und seither beständig umgebaut wurden, kann indessen nur als eine Ironie der
Geschichte bezeichnet werden. Bei den Warenhäusern lässt sich im Inneren
des von Paul Sédille erbauten »Printemps« dessen Eisenkonstruktion sinnlich
nachvollziehen, von außen dagegen ist sie als »Reizschutz-Funktion« vollständig verkleidet, um ihren industriellen Ursprung vergessen zu machen.[29]

Der Architekt Alfred Messel übernahm dieses Bauprinzip im Auftrag
der Familie Wertheim für das Warenhaus am Leipziger Platz: Die weiten
Verkäufsräume wurden von eisernen Stützkonstruktionen aufgespannt,
während die Fassaden irgendwo zwischen Neogotik und Neobarock eine
vertikale Rhythmik ausstrahlten, die im Inneren vollkommen aufgehoben
war, was zwangsläufig zu kontroversen Debatten führte.[30] Wichtiger für hier
aber ist, dass das funktionale Wechselspiel von Stein und Eisen jene Hallen
generierte, in denen die Waren des 19. Jahrhunderts zugleich produziert und
konsumiert wurden: Das Warenhaus war, ingenieurstechnisch betrachtet, eine
Fabrikhalle.[31] Das entscheidende konstruktive Detail dieser Parallele war der so
genannte Polonceau-Binder, auf den auch Blankenstein und Lindemann 1885
explizit hinweisen:

---

29   Schivelbusch, 2000, S. 155. Auch für Sigfried Giedion spielt die Polsterung eine wichtige
      Rolle im Prozess der Industrialisierung, vgl. Giedion, 1970, S. 402–428.

30   Vgl. Habel, 2009.

31   Als ikonischer Vorläufer des Skelettbaus gilt Schinkels Bauakademie, deren innere,
      modulare Struktur, die in diesem Fall jedoch aus Kostengründen noch gemauert war, sich
      in der Außenhaut spiegelte, vgl. Peschken, 1968, S. 75–80.

> Die Säulen der Mittelhalle bestehen [...] aus 2 Theilen, welche durch Zapfen und Verschraubung verbunden sind, und auf deren oberen, gegen die Träger der Seitenhallen durch konsolartige Streben versteiften Theil ein durchgehender Längsträger in I-Form gelagert ist. An diesen sind die gusseisernen Konsollager der nach dem Polonceau-System mit hölzernen Sparren und Fetten konstruirten Dachbinder angeschraubt.[32]

Wird eine Dachkonstruktion aus Eisen auf ein Mauerwerk aufgesetzt, entsteht ein enormer Seitenschub auf die stützenden Mauern, der abgefangen werden muss. Ein kurzer Seitenblick auf die gotische Architektur der Kathedrale Notre-Dame de Paris illustriert eindrücklich, wie aufwendig die Ableitung dieser Seitenkräfte mithilfe von Strebebögen ist. Weil nun Eisen und besonders Stahl extrem widerstandskräftig gegen Zug sind, lassen sich metallene Zugstangen von sehr geringem Querschnitt realisieren, um genau diese Seitenkräfte so effektiv wie unauffällig zu kompensieren:

Tab. 4.1   Materialeigenschaften wichtiger Baustoffe

Material	Druckfestigkeit	Biegezugfestigkeit	Elastizitätsmodul
Ziegelstein	um $300 \, N/mm^2$	um $20 \, N/mm^2$	um $30 \, kN/mm^2$
Holz	um $50/100 \, N/mm^2$	$100 \, N/mm^2$	um $12 \, kN/mm^2$
Gusseisen	$800 \, N/mm^2$	um $500 \, N/mm^2$	um $120 \, kN/mm^2$
Stahl	$300 \, N/mm^2$	um $800 \, N/mm^2$	um $200 \, kN/mm^2$

Eisen weist als Baustoff also grundsätzlich andere Funktionseigenschaften als Stein auf und ist dabei eher mit Holz zu vergleichen. Es besitzt eine sehr viel höhere Biegezugfestigkeit und ein höheres Elastizitätsmodul. Damit ist es widerstandsfähig gegen Zug und Druck – und nicht nur wie Stein gegen Druck. Hinzu kommt beim Stahl ein höheres Elastizitätsmodul, weshalb entsprechende Bauelemente sehr weit gebogen werden können, ohne zu brechen. Indem man Zugkräfte in die Bauelemente integriert, können die Flächen geöffnet und weite Horizontalen überbrückt werden. Die Eisenbrücke steht enigmatisch für die neue Horizontale, die Markthalle für den neuen offenen Raum.

---

32   Blankenstein und Lindemann, 1885, S. 22.

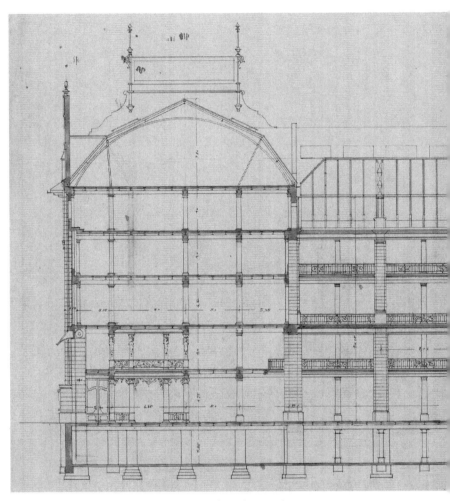

Abb. 4.5   Messel & Altgelt Warenhaus Wertheim (1896–97).

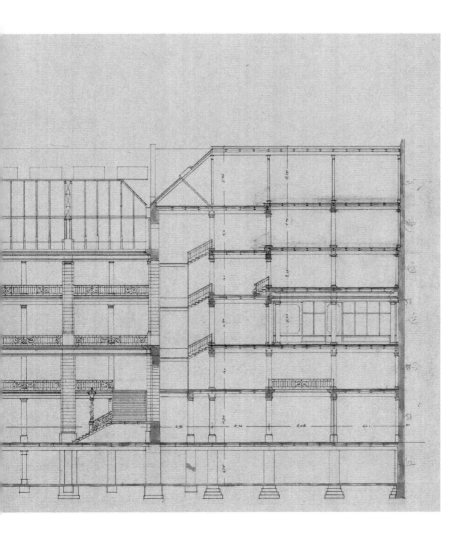

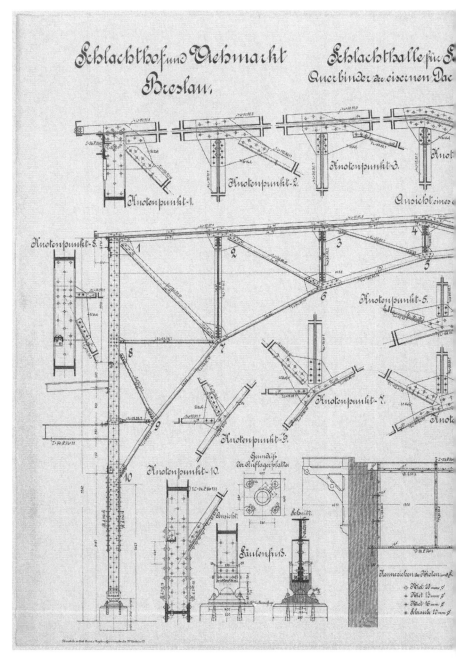

Abb. 4.6   Eiserne Dachkonstruktion der Schweineschlachthalle in Breslau (1894–1896).

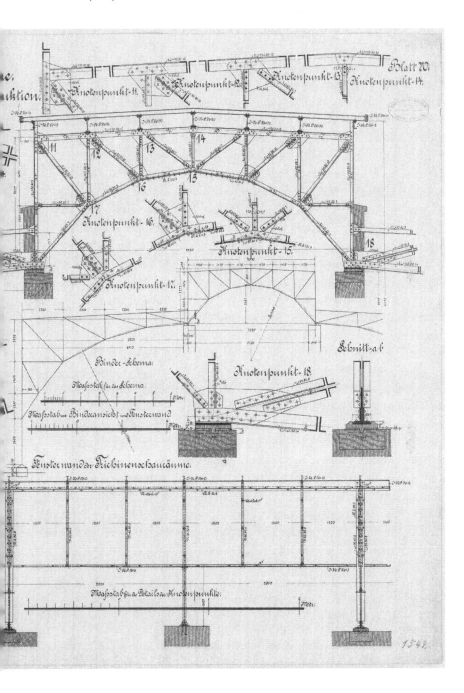

So ist es auch alles andere als ein Zufall, dass diese Materialeigenschaften des Eisens erstmals von einem Eisenbahningenieur systematisch erkannt und konstruktiv eingesetzt werden. Um das Jahr 1837 erfand Camille Polonceau den nach ihm benannten Binder, der ein bloßes Aufruhen einer Brücke oder eines Dachs ohne jeden Horizontalschub ermöglichte. Dadurch konnten tragende Säulen oder Stützen maximal verjüngt werden, da sie nur mehr einer einzigen vertikalen Kraftkomponente ausgesetzt waren. Es war also der Polonceau-Binder, durch den der Eisenraum entscheidend geöffnet wurde.[33]

Der Polonceau-Binder wirkt, da es sich um eine Mischkonstruktion handelt, auf den ersten Blick aufwendig, verwendet aber die verschiedenen Materialien entsprechend ihrer physikalischen Eigenschaften. Die Dachsparren sind mit einem horizontalen Zugband aus Stahl verbunden, um den Seitenschub auf die Wände aufzufangen. Damit sich die Sparren aufgrund ihres Eigengewichtes nicht durchdrücken, sind gusseiserne Stützen eingesetzt, deren Druck nach unten durch ein Zugband kompensiert wird. Die einzelnen Teile können entsprechend vorgefertigt werden, ihre Verbindung erfolgt dann vor Ort entweder per Nieten oder Schrauben. In den Berliner Markthallen wurden Schraubverbindungen verwendet, die zwar in der Montage aufwendiger sind, dafür aber eine leichtere Erweiterbarkeit erlauben: Offensichtlich rechnete man mit einem weiteren Anwachsen des Großstadthungers.

Indem im Hallenbau der Industriearchitektur Stein *und* Eisen verwendet wurden, entstand eine Architektur, die sowohl offen wie geschlossen war. Sie ist optisch durch das Ornament des Backsteins geschlossen und bremst damit zugleich den Schock vor dem (schrecklichen) Geschehen in ihrem Inneren ab. Zugleich aber ist sie durch die Verwendung des Eisens eine extrem offene Architektur, indem ein möglichst heller und luftiger Innenraum geschaffen wird, der das hygienische Wissen des dezentralen Schlachtens auf die neue, serialisierte Fleischproduktion überträgt. Insofern lässt sich Sullivans Diktum des »form ever follows function« nicht bzw. nur in einem eingeschränkten Sinne auf die Architektur des Berliner Vieh- und Schlachthofs übertragen.[34]

---

33   Ein zweiter, jedoch für die Hallen des Berliner Vieh- und Schlachthofs nicht relevanter konstruktiver Schub ging von dem französischen Bauingenieur Henri de Dion aus. De Dion war für die Hallenkonstruktionen der Pariser Weltausstellung zuständig, verstarb jedoch kurz vor deren Fertigstellung. Nach intensivsten Materialstudien gelangte er zu einer Form, die ohne die Zugstange von Polonceau auskam. In der berühmten Galerie des Machines waren die Dachbögen aus zwei Segmenten zusammengesetzt, die in der Mitte, im First, nur durch einen einzigen Bolzen miteinander verbunden waren: ein so genannter Dreigelenkbogen. Mit dem Boden waren die Bögen, die selbst, ohne Mauer, bis nach unten auslaufen, ebenfalls nicht fest verbunden, sondern ruhten auf Bolzenlagern. Das gesamte Gewölbe war also in eine Art Schwebezustand versetzt.

34   Sullivan, 1896, S. 408.

Vielmehr basiert die architektonische Strategie der Hallengebäude gerade auf dem Wechselspiel von »form follows function« und »form hides function«. Vielleicht könnte man hier mit Jacques Derrida von einer (De-)Konstruktion der Funktion sprechen.

Ich verschiebe nun die Blickrichtung in den Innenraum der Schweinehallen hinein, um die Mechanik der inneren Transportlogistik untersuchen zu können. Dem sei vorangestellt, dass die Funktionalität des Innenraums durch eine vergleichsweise hohe Kontinuität geprägt ist, insofern das Produkt und die damit verbundenen Arbeitsschritte keinen tiefgreifenden Veränderungen unterworfen sind. Im Gegensatz zu beispielsweise technischen Apparaten, die immer neue Herstellungsprozesse und damit Neugliederungen der Arbeitsumgebung erfordern, bleibt das Schwein eben Schwein und das Kotelett ein Kotelett. Auch wenn andere Spreizsysteme, verbesserte Transportschienen oder neue Kühltechnologien die Prozesse modifizieren, muss man doch von einer grundlegenden Stabilität der Raumstruktur ausgehen – im Falle des Berliner Vieh- und Schlachthofs bekanntlich bis ins Jahr 1991.

Logistik des Inneren

Auf der Ebene der Verarbeitungsprozesse, das deutete sich bereits im Blick durch die Fenster der Schlachthofgebäude an, lassen sich zwei grundlegende Funktionen voneinander unterscheiden: Transformation und Speicherung. Erinnern wir uns daran, dass Bahngleis und Hygienemauer den Schlachthof vom Viehhof trennten, dass sich also die Markthalle diesseits, die Schlachthalle aber jenseits der Nord-Südrampe befand. Diese topologische Ordnung spiegelt zwei unterschiedliche Strategien der Mobilisierung wieder: den Selbsttransport und den Fremdtransport. Während sich die Tiere in den Verkaufshallen alleine bewegen, müssen die toten Körper über Schienensysteme transportiert werden.

In seinem Beitrag über den Berliner Schlachthof aus »Berlin und seine Bauten. II. und III. Der Hochbau« gibt August Lindemann den Blick frei ins Innere der Schweinehalle. Es ist jedoch ein hochgradig inszenierter Blick: Der Beobachter steht am langen Ende der Halle, im linken Gang, und kann diesen bis zu den entfernten und im Fluchtpunkt fast verschwindenden beiden Rundbogenfenstern des Mittelbaus durchblicken. Nichts stört die Sichtachse, denn es befinden sich weder Menschen noch Tiere in der Halle. Und auch nicht in den Buchten, in die das Kameraauge dank der leicht erhöhten Position ebenfalls hineinschauen kann.

Abb. 4.7   Inneres der Schweinehalle (1896).

Umso klarer tritt dadurch die innere Strukturierung der Halle hervor. Wir haben
es mit zwei grundsätzlich verschiedenen und im rechten Winkel zueinander
stehenden Bewegungsrichtungen zu tun. Der Mensch geht den breiten Gang
entlang, d. h. der Blick der Kamera ist der Blick des Menschen, des Händlers,
Treibers oder Käufers, der so das ausgestellte Vieh möglichst effektiv erreichen
und taxieren kann. Entsprechend waren die wichtigsten Hallenfunktionen im
Mittelbau loziert: Holzkohlen für die Heizung, Schlosserei und Tischlerei für
etwaige Reparaturen sowie vier Räume für die Trichinenschau, bevor diese
später auf dem neuen Schlachthofgelände in ein eigenes Gebäude verlagert
wurde. Auch die Waagen zur Kontrolle des Tiergewichts waren entlang der
Mittelachsen aufgestellt. Der Mensch prozessierte seriell, also längs durch die
Viehhalle, als Individuum und damit Nicht-Tier.

Die Schweine dagegen betreten die Halle in Querrichtung hierzu, nämlich parallel bzw. in Gruppen. Auf der ganzen Länge der Halle sind im Abstand der Doppelbuchten Tore angeordnet, durch welche die Schweine gleichzeitig auf dem kürzesten Weg in die Halle getrieben werden können. Es wiederholt sich also in der Orthogonalität der Wege innerhalb der Schweinehalle die bereits auf der Rampe beobachtete Entgegensetzung von serieller und paralleler Bewegung: Der Zug entlädt sich auf seiner gesamten Länge direkt in die Verkaufsbuchten hinein. Dabei sind die Gänge so schmal gehalten, dass die Viehtreiber den Tieren mithilfe eines eingeschobenen Bretts quasi nur den Rückweg – ins Leben – abschneiden müssen.

Diese grundlegende Differenzierung paralleler Querachsen für die Tiere und serieller Längsachsen für die Menschen findet sich, wie später genauer darzustellen sein wird, in der Schlachthalle wieder, allerdings mit zwei entscheidenden Unterschieden. Erstens müssen im erhöhten Mittelgang die Brüheinrichtungen für die Entborstung angeordnet sein, es muss also aufgrund der enormen Wrasenbildung eine funktionale Zweiteilung der Schlachthalle vorgenommen werden. Zweitens sind die Tiere innerhalb der Schlachthalle die meiste Zeit nicht mehr selbstbewegend – sie sind zu toten Körpern geworden. Der Eintrieb erfolgt genau wie bei der Markthalle parallel entlang der Längsseiten in die dortigen Schlachtbuchten. Ab dann, also nach der Betäubung und Ausblutung, müssen die Tierkörper mithilfe technischer Systeme remobilisiert werden. Abgesehen von diesen Unterschieden ist jedoch die funktionale Ausdifferenzierung von Längs- und Querachse in beiden Hallensystemen entscheidend.

Historisch haben sich für den Transport zwei Ansätze herausgebildet. Ich habe im Abschnitt zuvor bereits angedeutet, dass sich in den Geschossbauten der Union Stock Yards die Schweine quasi (wieder) selbst bewegten, indem ihr Gewicht als Antriebskraft genutzt wurde.[35] Diese vertikale Funktionalisierung des Schlachthofs gibt es in Berlin nicht, hier fand aller Transport und damit alle weitere Transformation des Tierkörpers zu Fleisch in der Horizontalen statt. Dabei lässt sich eine erstaunliche Wiederkehr der Eisenbahn im Schlachthaus beobachten: Schienensysteme durchziehen die gesamte Halle. Die gleiche Technologie also, mit der die Schweine über hunderte Kilometer angereist waren, mobilisiert die Körper auf den letzten wenigen Metern zwischen Brühkessel und Metzgermesser:

---

35 Vgl. hierzu Giedion, 1970, S. 213–246.

Ein seitlicher Druck gegen das zu befördernde geschlachtete Thier genügt, um dasselbe an der Weiche aus der geraden Richtung in die Krümmungen zu leiten.[36]

Abb. 4.8   Innenansicht des Schweineschlachthauses B I g (um 1900).

In der Argumentation dieser Infrastruktur schrumpft die Zeit, in der die Schweine selbst über den Viehhof laufen, zu einer minimalen Zwischenzeit zusammen, deren Funktion vor allem darin zu liegen scheint, über die kurze Selbstbewegung den Gesundheitszustand und die Fleischqualität ablesbar werden zu lassen. Womit die Schweine das Gelände eigentlich schon als Fleisch betreten haben und die Schlachtung diesen Prozess nur mehr finalisiert bzw. in Richtung des Verbrauchers lenkt.

---

36   Peiffhoven, 1901, S. 391.

5

Die Hygiene

Es ist Aufgabe der Gesundheitspflege,
dafür zu sorgen, daß dem Volke zur
Erhaltung seiner Lebenskraft und Leistungsfähigkeit [...] jederzeit Fleisch
in ausreichender Menge und zu er-
schwinglichen Preisen zur Verfügung
steht.

(Kaiserliches Gesundheitsamt, 1910)

Aus der architektonischen Formensprache der Zweckbauten des 1898 in Betrieb genommenen Erweiterungsgeländes sticht ein Gebäude besonders
heraus: das Fleischschauamt. Im Erdgeschoss gibt es eine Restauration, im
Obergeschoss befinden sich zehn Säle, in denen etwa 260 Angestellte unter der
Leitung des städtischen Obertierarztes und eines Saalvorstehers tagaus, tag-
ein durchs Mikroskop starren, um dem bloßen Auge verborgene Krankheits-
erreger aufzuspüren. Drei dieser Säle sind den »mikroskopierenden Damen«
vorenthalten.[1]

Bleiben wir aber zunächst noch beim auffälligen Äußeren dieses Gebäudes:
Der helle Backstein, der das Gebäude weithin sichtbar macht, hat möglicherweise auch die Funktion, im Innenhof zusätzliches Licht zu bündeln, das dann
über die Fenster im Obergeschoss und die Spiegel an den Mikroskopfüßen
durch die Objektträger und damit auch durch die kleinen, plattgepressten
Stückchen Schweinefleisch hindurch direkt ins Auge der Trichinenschauer
fällt. Die Außenhaut hätte im Fall des Fleischschauamts damit eine eindeutig mediale Funktion: Das für die Untersuchungen notwendige Licht
ins Gebäudeinnere zu lenken und so das gesamte Gebäude in eine einzige
Medienapparatur zu verwandeln. Und ähnlich wie bei der Börse die klare
Symmetrie der beiden Türme den Eingangsbereich hervorhebt, hat auch das
Fleischschauamt zwei Türme, die mit ihren Helmdächern, den neogotisch

---

1 Anonymus, 1902, S. 13.

© VERLAG FERDINAND SCHÖNINGH, 2021 | DOI:10.30965/9783657704460_006

gestreckten Fenstern und den aufwendigen Balkonelementen einen klaren Bedeutungsbruch signalisieren: Kaum ein anderes Gebäude steht so eindeutig für die funktionale Zweiteilung der Schlachthofprozesse in Verwaltung und Ausführung, in Prozesse und deren Kontrolle.[2] Dass dies von den Architekten genau so intendiert und also seinerseits als ein Moment der Sozialhygiene auf dem Schlachthof geplant war, belegt eine Aussage von Blankenstein und Lindemann von 1885:

> Konstruktionen sind nur insoweit spezieller mitgetheilt worden, als sie für Bauten der vorliegenden Art eigenthümlich sind, und noch weniger Gewicht ist auf die Architektur gelegt worden, weil man Vorbilder hierfür nicht gerade in Werken über Viehhofsanlagen suchen wird. Nichts destoweniger werden die mitgetheilten Zeichnungen erkennen lassen, dass auch bei den reinen Bedürfnissbauten die Rücksicht auf eine gefällige Erscheinung nicht vernachlässigt ist, und dass die wenigen Gebäude, welche höheren Zwecken dienen, auch dementsprechend würdiger ausgestattet sind.[3]

Abb. 5.1   Fleischbeschau- und Restaurationsgebäude (um 1900).

2   Vgl. Tholl, 1995, S. 315.
3   Blankenstein und Lindemann, 1885, Vorwort.

Es hat also eine gewisse Ironie, wenn dasjenige Gebäude, das wie kein anderes
für die Begründung des Schlachtzwangs durch eine Verbesserung der Volks-
gesundheit steht, zugleich die funktionale und damit soziale Differenzierung
im Schlachthof architektonisch unmissverständlich kommuniziert. In diesem
Sinne soll es im Folgenden um die »höheren Zwecke« des Schlachthofs gehen.

Würmer

2. Februar 1835. Es war ein dunkler, trostloser Montagmorgen im ältesten
Londoner Krankenhaus, dem St Bartholomew's Hospital. James Paget, Sohn
eines Brauers und gerade einmal im ersten Semester seines Medizinstudiums,
untersuchte die Leiche eines italienischen Maurers im mittleren Alter, der an
Tuberkulose gestorben war. Merkwürdigerweise wurde das Skalpell immer
wieder stumpf, weil sich in den Muskeln kleinste, nadelähnliche Knöchelchen
befanden.

Abb. 5.2   Trichina spiralis (1835).

Diese waren schon des Öfteren beobachtet worden, doch Paget war der Einzige und Erste, der genauer hinschaute – seine Mitstudenten saßen längst
beim Mittagessen. Dass er hierfür zunächst Robert Browns Mikroskop im
nahegelegenen British Museum ausleihen musste, ist ein ebenso kurioser
Seitenstrang dieser Geschichte wie der Umstand, dass ihm dabei von dem einzigen ebenfalls im Anatomiesaal verbliebenen Mediziner namens Dr. Thomas

Wormald geholfen wurde. Offensichtlich wurde an diesem Montagmorgen der Unterschied zwischen bloßem Sehen und erkenntnisgeleitetem Beobachten virulent. Jedenfalls konnte Paget mithilfe des Mikroskops genaue Zeichnungen anfertigen und wenige Tage später der Albernethian Society von seiner Vermutung berichten, dass es sich bei diesen Knöchelchen um Würmer handeln müsse.[4]

Damit endet die Geschichte des 21jährigen Medizinstudenten zunächst. Eine Probe ging an Richard Owen, der als arrivierter Arzt, Anatom und Naturforscher auch Vorlesungen am St Bartholomew's Hospital hielt. Owen gab dem Wurm seinen Namen und erntete den Ruhm für die Entdeckung des *Trichina spiralis* vor der Royal Society.

> The body of an Italian, æt. 50, who had died in St. Bartholomew's Hospital, was brought into the dissecting-room, and it was observed by Mr. Paget, an intelligent student, that the muscles presented an uncommon appearance, being beset with minute whitish specks. This condition of the muscles had been more than once noticed by my friend Mr. Wormald, the Demonstrator of Anatomy, in subjects dissected at St. Bartholomew's during previous anatomical seasons.[5]

Wie auch immer der Prioritätenstreit um diese Entdeckung zu bewerten ist: Der italienische Maurer Paolo Bianchi blieb auch weitere zwanzig Jahre lang fälschlicher Weise ein Tuberkulose-Fall. Erst 1860 stellte der Arzt und Pathologe Friedrich Zenker die entscheidende Vermutung an, als er am 28. Januar die Leiche eines Mädchens untersuchte, das zwei Wochen zuvor in das Dresdner Stadtkrankenhaus aufgenommen worden war.[6] Die Symptome waren zunächst diffus – Mattigkeit, Schlaf- und Appetitlosigkeit, Verstopfung, Fieber und Leibschmerzen – und wurden dem Typhus zugeschrieben, dessen Erreger erst Ende des Jahrhunderts isoliert werden konnte. Doch Schwellungen und Schmerzen nahmen unerbittlich zu, am 26. trat Apathie und am 27. in der Früh der Tod ein.[7] Am darauffolgenden Tag enthüllte das Mikroskop die wahre Krankheitsursache:

> Man kann sich aber mein Erstaunen denken, als ich gleich in dem ersten mikroskopischen Präparat auf den ersten Blick *Dutzende von nicht eingekapselten, sondern frei im Muskelparenchym liegenden Trichinen* sah, in allen Formen zusammengeringelt oder gestreckt und sofort die deutlichsten Lebenszeichen

---

4   Vgl. Campbell, 1983, S. 4–6.
5   Owen, 1935, S. 315.
6   Vgl. Campbell, 1983, S. 1–3.
7   Vgl. Zenker, 1860, S. 563.

gebend. [...] Es konnte kein Zweifel sein, dass die Thiere noch auf der Wanderung innerhalb des Muskelgewebes begriffen waren und dass man es mit einem *Fall ganz frischer Einwanderung zu thun hatte*.[8]

Das Mädchen war scheinbar selbst zur Fleischlieferantin für andere Tiere geworden. Dass die Trichinen in der Wahl ihres Wirtes alles andere als wählerisch sind, also ihrerseits Allesfresser sind, macht die Geschichte so kompliziert bzw. erklärt die später noch genauer darzustellende Dämonisierung der »kleinen Heuchler«.[9]

So hatte sich zuvor, und damit bewegen wir uns wieder zurück ins Berliner Umfeld, neben anderen auch der deutsche Pathologe Rudolf Virchow intensiv mit der Frage beschäftigt, auf welchem Weg diese Parasiten in den menschlichen Körper gelangt waren und wie sie dort weiterwanderten.[10] Das zugrundeliegende Experimentalsystem war dabei denkbar einfach: Mäuse, Kaninchen oder Hunde wurden mit infiziertem Fleisch gefüttert – ein *setting*, das den Menschen selbstverständlich ausschloss, aber genau deshalb auch den Parallelschluss vom Tier auf den Menschen erschwerte. Da die Trichinella-Larven jedoch nur darauf warteten, von fleischfressenden Tieren verzehrt zu werden, war es lediglich eine Frage der Zeit, bis die Übertragungswege geklärt und die Identität der kalkigen Knöchelchen und wimmeligen Würmer bewiesen war.

Die Dinge spitzten sich im Juli 1859 zu, als Rudolf Virchow, fast schon im Aufbruch zu einer Reise nach Norwegen, ein Stück trichinöses Fleisch erhielt und dies kurzentschlossen einem bereits kranken Hund verfütterte, der dann auch wenige Tage später starb. Virchow untersuchte den Darm des Tiers, fand unzählige Nematoden und erkannte in ihnen das geschlechtsreife Stadium der Trichinella.

> Es wird gezeigt, dass *Trichinen*, ebenso wie der Cysticercus oder der Echinococcus, ihre Entwicklung im Darm von Fleischfressern fortsetzen können.[11]

Virchows Untersuchungen legten also nahe, dass die Larven nach Befruchtung der Weibchen im Dünndarm entstehen, dann über die Lymphgefäße und den Blutkreislauf des Wirts in dessen Muskeln weiterwandern, wo dann die Verkalkung stattfindet. Dort machten sie nicht nur Pagets Skalpell stumpf, sondern

---

8   Zenker, 1860, S. 564.
9   Ebd., S. 562.
10   Vgl. ausführlich zum Lebenszyklus der Trichinella Campbell, 1983, S. 8–15.
11   Virchow, 1859, S. 662, Übers. von mir.

blieben bis zu zehn Jahre lebensfähig. Anders formuliert: Im Winter 1859/60 wurde langsam klar, dass das Schwein deshalb ein besonders guter Wirt für Trichinen ist, weil es genau wie der Mensch ein fleischfressendes Tier ist, im Gegensatz zu Hunden aber regelmäßig auf der Speisekarte des Menschen steht. Die große Frage war eben nur, ob die Trichinen ihrerseits eine Unterscheidung ihrer Wirte in Menschen oder Tiere vornehmen.[12]

Als Zenker dann im Januar 1860 lebendige Larven in der Leiche einer jungen Frau entdeckte und die Proben Virchow und Leuckart zukommen ließ, bestand mit einem Schlag kein Zweifel mehr: Menschen essen Schweinefleisch genau wie Schweine Fleisch fressen, weshalb beide von Trichinen angefressen werden. Eine Unterscheidung zwischen Mensch, Tier und Parasit lässt sich nur mehr durch Beugungen des Verbs essen bzw. fressen vornehmen. Zenker machte einen Sonntagsausflug nach Plauen, wo das Mädchen bei der Schlachtung für das anstehende Weihnachtsfest mitgeholfen hatte:

> Das Mädchen hatte sehr bald nach dem Schlachttag angefangen zu kränkeln. Ob sie von dem rohen Fleisch gegessen, wusste [... der Gutsbesitzer] nicht; doch sei sie sehr naschhaft gewesen. [...] Es kann danach kein Zweifel mehr sein, *dass die Infection der Kranken durch den Genuss trichinigen Schweinefleischs erfolgt war.*[13]

Und weil dementsprechend der prominenteste Übertragungsweg der Verzehr von rohem Schweinefleisch ist, entwickelte sich die ›Trichinenfrage‹ innerhalb kürzester Zeit zu einer Angelegenheit von nationaler Bedeutung und Trichinosis zu einer ernstzunehmenden Gefahr für die Ernährung vor allem in großen Städten. Zwischen 1860 und 1880 wurden in Deutschland 8.491 Fälle von Trichinosis registriert, davon 513 mit tödlichem Ausgang.[14] Als 1863 der fünfzigste Jahrestag der Völkerschlacht bei Leipzig mit extra großen Fleischportionen gefeiert wurde, starben knapp 30 Menschen an der *neuen* Krankheit. Der in der zweiten Hälfte des 19. Jahrhunderts steigende Konsum von Schweinefleisch traf also exakt zusammen mit der Entdeckung und Wahrnehmung der Trichinosis und führte zum epistemischen Ausbruch dieser Krankheit samt der mit ihr verbundenen Ängste und Fiktionen.[15]

---

12   Vgl. Virchow, 1860, S. 345.
13   Zenker, 1860, S. 567–568.
14   Vgl. Campbell, 1983, S. 16.
15   Vgl. auch die Länderübersicht in Blancou, 2001, S. 18.

„Du, Mutter! da steht wieder eine lange Geschicht' von
denen Trichinen — alleweil haben's was Neues, die Zeitungs=
schreiber — es wär' auch besser, sie kümmerten sich um was
Gescheibteres als um uns."

„Bater, Bater — da schauen's, was der Suckel ge=
fangt hat! Gelten's Herr Bater, des ist gewiß a Trichin!"

Abb. 5.3   Die Trichinen-Krankheit. Bilder aus dem Familienleben der Schweine (1864).

An diesem Punkt der Geschichte ereignete sich eine Bifurkation, die sehr
viel über das 19. Jahrhundert erzählt. Denn es gibt prinzipiell zwei Möglichkeiten, Trichinosis zu verhindern bzw. die damit verbundenen Ängste ein-
zudämmen. Erstens kann man, was sehr schnell klar wurde, der Sache leicht
durch energisches Kochen des Fleisches auf dem heimischen Herd begegnen.
Es wäre die einfachste und effektivste Form der Kontrolle gewesen, die Erreger
schlichtweg dort abzutöten, wo sie den größten Schaden anrichten: direkt
beim Verbraucher, was dann auch die v. a. amerikanische Hygienestrategie
war.[16] Der parasitäre Kreislauf wäre unterbrochen und die Ausbreitung der
Trichinen würde langsam zurückgehen.

Mindestens drei Argumente jedoch sprachen – zumindest aus deutscher
Sicht – gegen diese Lösung, bei der alle Verantwortung aufseiten des Verbrauchers lag. Erstens wird durch langes Kochen die kulinarische Kultur
eingeschränkt bzw. es müsste das dem Fleischkonsum zugrundeliegende
kulinarische System massiv verändert werden. Da sich kulinarische Systeme
vor allem durch ihre (vertikale) Stabilität auszeichnen, kann dies aus-
geschlossen werden. Und dass ferner der freie Konsum von Nahrungsmitteln
und besonders von Fleischwaren stark mit der Identität der jungen Nation verbunden war, unterstreicht dieses Argument nur. Zweitens setzt das Abkochen
von Fleisch nicht nur ein notwendiges Wissen voraus, sondern auch und fast

---

16   Was auch mit den sehr unterschiedlichen kulinarischen Systemen beider Kulturen zu-
      sammenhängt, vgl. Spiekermann, 2010, S. 96 f.

noch entscheidender Zeit und Energie. Dass beides kostbare Ressourcen
gerade innerhalb der explodierenden Arbeiterschichten Berlins waren, habe
ich bereits angedeutet und wird im Kontext der unterschiedlichen Ernährungspraktiken noch weiter zu diskutieren sein. Grundsätzlich gilt: Schnelle,
effektive, moderne Ernährung widerspricht dem Prinzip des Pot-au-Feu.

Ein drittes Argument ist aber möglicherweise ausschlaggebend: Im Zuge
der Reichsgründung wurde Sozialhygiene als staatliche Verantwortung begriffen.[17] Kommunale Versorgungssysteme brachten Wasser und Licht in die
Wohnungen und entsorgten die Abfälle über ein ausgeklügeltes Radialsystem.
Der Transport zwischen Wohnung, Arbeit und Freizeit lag ebenso in städtischer
Verantwortung wie die Versorgung Berlins mit Grundnahrungsmitteln. Und
hierzu zählte im Selbstverständnis des ausgehenden 19. Jahrhunderts eben
auch das Fleisch, das genauso keim- und erregerfrei sein musste wie das Wasser
aus den städtischen Brunnen oder das Getreide aus den Speichern im Osthafen. Anders formuliert: Erst die Sozialhygiene verwandelte das Fleisch in ein
Grundnahrungsmittel, das genauso wie Brot oder Milch jederzeit bedenkenfrei
konsumiert werden konnte – eine entsprechende ökonomische Basis vorausgesetzt.[18] Dass die kommunale Verantwortungsübernahme für eine bedenken-
freie Fleischversorgung Berlins immer auch von wirtschaftlichen Interessen
durchsetzt war, darf an dieser Stelle natürlich nicht vergessen werden und
führte wiederholt zu kontroversen Debatten.[19]

Gesetze

Aufgrund der verzögerten Nationenbildung Deutschlands entwickelte sich die
Sozialhygiene zunächst in England und Frankreich, wurde dann aber in der
zweiten Hälfte des 19. Jahrhunderts zu einer gesamteuropäischen Bewegung:
Unter den Bedingungen einer industrialisierten Massengesellschaft konnte
Hygiene nicht mehr länger rein induvell gedacht und praktiziert werden.[20]
Bakterien waren fortan eine ebenso stille wie allgegenwärtige Bedrohung,
der nur durch eine entsprechende Disziplin begegnet werden konnte – und
durch einen parallelen Umbau des urbanen Organismus'. Weshalb im Diskurs

---

17   Vgl. Fischer, 1913, S. 1–15.
18   Vgl. ausführlich zur Geschichte der Fleischerhygiene Potthoff, 1927, S. 340–379.
19   Vgl. Verhandlungen des Reichstags, 1913, S. 2378–2379. Tatsächlich ist das Ineinander-
     greifen von hygienischem und kaufmännischem Selbstschutz ein Muster, das bereits die
     mittelalterlichen und neuzeitlichen Fleischschaupraktiken stark prägte, vgl. Potthoff,
     1927, S. 346.
20   Vgl. Osterhammel, 2013, S. 257–277.

der Zeit ›unzivilisiert‹ und ›unhygienisch‹ oftmals deckungsgleich verwendet wurden.

Um also die Arbeiter nicht mit dem zu vergiften, was sie und das Deutsche Reich antrieb, mussten Hygiene und Disziplin gerade beim Schwein extrem eng geführt werden. Virchow, Küchenmeister und Zenker gehörten zu den prominentesten Stimmen, die eine zentralisierte und staatlich kontrollierte Schlachtung forderten, besonders in Metropolen wie Berlin. So wird gerade in der industrialisierten Großstadt sichtbar, dass Hygiene nicht jenseits von Disziplin implementierbar war, dass Hygiene Disziplin schlichtweg voraussetzt. Und dies bedarf nicht nur des Symbolischen wie Regeln, Hinweise, Schilder etc., sondern auch des Realen, was Bruno Latour so treffend am Beispiel des Berliner Schlüssels illustriert hat, der seine Besitzer zwingt, Haustüren grundsätzlich abzuschließen.[21] In diesem Sinne war, anknüpfend an das vorangegangene Kapitel zur Architektur, die Mauer um den Schlachthof die wichtigste Voraussetzung dafür, dass der Blick durch das Trichinenmikroskop auch Konsequenzen hatte, d. h. der Schlachthof als gebauter, unhintergehbarer und staatlich kontrollierter Knotenpunkt zwischen Bahngleisen zur Anlieferung und Markthallen zur Auslieferung von Schweinefleisch funktionierte. Ohne derartige Grenzen im Realen konnte ein Disziplinarregime des hygienischen Blicks nicht erfolgreich implementiert werden.

Es wurde also nicht nur das Töten der Tiere hinter den Mauern der Schlachthöfe verborgen, sondern auch die Angst vor den Parasiten, so dass nur reines, unbedenklich genießbares Fleisch die Fabriken verließ. Wie stark reale Gefährdung und symbolische Gefahr auseinanderlagen, machen folgende Zahlen deutlich. In das Überwachungssystem für tierische Trichinellose waren 1899 mehr als 100.000 Personen eingebunden.[22] 1883, mit der Einführung der Trichinenschau in Berlin, werden aber nur bei 0,088 % der geschlachteten Schweine Trichinen nachgewiesen.[23]

> Jemehr sich die Consumtion des Fleisches steigert, die öffentliche Wohlfahrt darauf bedacht sein muss, die Zubereitungen desselben aus den Wohnhäusern zu entfernen und den Gewerbebetrieb, der sich hiermit beschäftigt, einer schärferen Controle zu unterwerfen, jemehr macht sich das Bedürfniss fühlbar, alle Schlachtungen nur an einem bestimmten Orte vornehmen und beaufsichtigen zu lassen.[24]

---

21 Vgl. Latour, 1996, S. 37–51.
22 Vgl. Blancou, 2001, S. 18.
23 Vgl. Struck, 1959, S. 6.
24 Risch, 1866, S. 1.

Das Szenarium lässt sich wie folgt zusammenfassen: Einer tiefgreifenden
Furcht vor der Trichinose steht ein in Wirklichkeit geringes Erkrankungsrisiko
gegenüber, bzw. ein extrem niedriger Prozentsatz an infizierten Schweinen.
Wenn deshalb innerhalb einer zentralisierten Massenschlachtung sämtliche
Tiere auf Trichinenbefall kontrolliert werden sollen, muss diese Kontrolle
bei der Disziplinierung aller Akteure ansetzen. Es muss also nicht nur der
Schlachtvorgang selbst überwacht werden – was Thema des folgenden Kapitels
sein wird –, sondern auch die Koppelung von Tier und Trichinenschau. Was
übrigens zugleich der Grund dafür ist, dass rohes Fleisch den Schlachthof
grundsätzlich als Tierhälften verlässt, denn nur so kann diese Zuordnung ge-
währleistet werden.

Womit die Sozialhygiene in ein Disziplinarregime umschlägt und das
Schlachthaus, wenn nicht zu einem Gefängnis, so doch zu einer strikt
kontrollierten Fabrik wird. Das Ineinandergreifen von Hygiene und Disziplin
lässt sich freilich über das gesamte 19. Jahrhundert hinweg zurückverfolgen.
So kommen die Fleischer beispielsweise in der großen »Oeconomischen
Encyclopädie« von Johann Georg Krünitz alles andere als gut weg:

> Die andern Handwerker, welche mit den Lebensmitteln zu thun haben, als: die
> Bäcker, Bierbrauer, u. a. kann die Polizey leicht übersehen und in Ordnung
> halten; allein bey den Fleischern findet sie fast beständig große Hindernisse und
> Schwierigkeiten; sie kann diese nicht so leicht übersehen, wie jene; und die
> Fleischer pflegen selten der Billigkeit Gehör zu gehen, und ihre Wiederspenstigkeit
> ist öfters sehr groß; daher auch diejenigen, welche mit dem Polizeywesen zu
> thun haben, bekennen müssen, daß kein Handwerk dem Polizeydirectorio so
> viel Mühe mache, und Verdruß verursache, als die Fleischhauergilde.[25]

Abb. 5.4   Nürnberger Metzger (um 1570).

---

25   Krünitz, 1773–1858, Bd. 14, S. 136.

Eine solche Aussage im Rahmen eines lexikalischen Standardwerks von 1778 zeigt, wie stark disziplinierende und kontrollierende Instanzen in die harte und weiche Architektur des Berliner Schlachthofs eingehen mussten. Und offensichtlich funktionierte dieses Disziplinarregime hinreichend lückenlos, war die »Lage der Fleischergesellen Berlins« um 1900 doch geradezu erschreckend:

> Zur Beurtheilung der Arbeitszeit muß noch angemerkt werden, daß bei den Engros- wie bei den Ladenschlächtern die sonntäglichen Arbeitsstunden durchweg *nicht* in den Angaben für die Woche enthalten sind. Es treten also zu dem wöchentlichen Durchschnittsmaß von 99 bezw. 103 Stunden noch 8 bezw. 7 Stunden am Sonntage hinzu. [...] *So entfällt auf jeden der sechs Wochentage durchschnittlich eine Arbeitsleistung von 18 Stunden.*[26]

Offensichtlich wurden die hohen Schlachtzahlen und der niedrige Fleischpreis (auch) durch eine extrem hohe Arbeitsbelastung in den Schlachthöfen erreicht. Dass diese ihrerseits eine umso stärkere Kontrolle der Arbeitsabläufe bedingte, ist ein weiterer systemischer Zusammenhang, in dem das Fleisch überhaupt erst zu einem industriellen Konsumprodukt werden kann.

Wir sehen also am Beispiel des Schlachtshofs, wie sich im Ineinandergreifen von sehr unwahrscheinlichen, punktuellen Störungen und gleichzeitig extrem hoher Taktung der Prozesse die Sozialhygiene und die Sozialdisziplin gegenseitig bedingen. Michel Foucault hat diesen Gedanken bereits 1975 im Rahmen seiner Untersuchung der modernen Strafsysteme im Europa des frühen 18. Jahrhunderts systematisch ausgeführt, allerdings ausschließlich in Bezug auf den menschlichen Körper.[27] Entscheidend ist für Foucault das Blickregime, das den Raum strukturiert und beherrschbar macht, also die Wechselwirkung von harter und weicher Architektur. Für den Schlachthof möchte ich zunächst vor allem die für den Transport der Tierkörper notwendigen Adressierungsprozesse diskutieren, um dann im nachfolgenden Kapitel die Blickregime zu untersuchen.

Zuvor aber sind noch einige Anmerkungen zur symbolischen Ebene der Gesetzgebung notwendig. Kein Geringerer als Rudolf Virchow wurde 1848 von der preußischen Regierung beauftragt, die in Oberschlesien ausgebrochene Typhus-Epidemie »auch in wissenschaftlicher Beziehung in einer möglichst gründlichen und Erfolg versprechenden Weise« zu untersuchen.[28] Seinen im Jahr darauf erschienenen Bericht würde man heute als geradezu mustergültig interdisziplinär bezeichnen: Virchow schildert nicht nur die medizinischen

---

26 Landesarchiv Berlin, A Rep. 13-02-02, Nr. 8532, S. 5 f.
27 Vgl. Foucault, 2010, S. 42 f.
28 Virchow, 1849, S. 144.

und die enger damit zusammenhängenden klimatischen, geographischen, sozialen und ökonomischen Umstände, sondern bindet auch die Politik und Religion, namentlich die Rolle der katholischen Kirche mit in dieses Beziehungsgeflecht ein. So kommen unterschiedlichste Faktoren wie eine hohe Feuchtigkeit des Bodens und der Luft, eine massive Hörigkeit der katholischen Kirche gegenüber, stark verbreiteter Alkoholismus, lähmende Bürokratie, fehlende Infrastruktur und andere zusammen, weshalb der Oberschlesier in Virchows Augen noch immer in einer Art Naturzustand verharrt:

> Der Oberschlesier wäscht sich im Allgemeinen gar nicht, sondern überläßt es der Fürsorge des Himmels, seinen Leib zuweilen durch einen tüchtigen Regenguß von den darauf angehäuften Schmutzkrusten zu befreien. Ungeziefer aller Art, insbesondere Läuse, sind fast stehende Gäste auf seinem Körper.[29]

In den ärmlichen, hoffnungslos überfüllten Wohnstätten wachsen aufgrund der Ausdünstungen und fehlenden Lüftung Pilze an Boden und Wänden. Was Virchow dagegen aufruft, ist die Idee einer Medizin als »soziale Wissenschaft«, die vor allem auch in die Zukunft hineinreicht: als »*Bildung mit ihren Töchtern Freiheit und Wohlstand*«.[30] Hygiene ist für Virchow ein zutiefst soziales Unterfangen, das bei der Nationenbildung und der Frage der kommunalen Verantwortung einsetzt. Vor diesem Hintergrund verlässt er 1848 Oberschlesien vorzeitig, um sich an der Märzrevolution beteiligen zu können, wird 1861 Gründungsmitglied und Vorsitzender der Deutschen Fortschrittspartei und avanciert schnell zum erbitterten Gegner Otto von Bismarcks. Die ganze Geschichte kulminiert in einer Debatte des Preußischen Landtags am 2. Juni 1865, in deren Verlauf Bismarck nicht nur zum Erstaunen der Abgeordneten seinen Kontrahenten zum Duell aufforderte, worüber die Vossische Zeitung über Wochen hinweg berichtete. Virchow lehnte das feudale – und in Preußen längst per Allgemeinem Landrecht verbotene – Ansinnen nicht nur ab. Es wurde darüber hinaus von Sylvester Gould die Legende in die Welt gesetzt, dass »Virchow replied that inasmuch as he, being challenged, had the privilege of designating the weapons, the weapons would be two sausages – one of wich would contain deadly trichinae – and that Bismarck would have his choice of the sausage he wished to eat. Thereupon, Bismarck declined.«[31]
Eine großartige Geschichte, aber eben genau dies: eine Geschichte. Was natürlich die Frage nach dem Ursprung einer solchen Fiktion aufwirft. Sicher

---

29   Virchow, 1849, S. 151.
30   Ebd., S. 162 und 309.
31   Gould, 1973, S. 11. Vgl. die sehr ausführliche Darstellung der Debatte bei Andree, 2002, S. 102–107.

ist, dass die Quellen keine Hinweise geben, ebenso wenig wie in den zahlreichen Presseartikeln zu dieser Affäre von Würsten oder Trichinen die Rede
ist.[32] Wir müssen also stattdessen nach den diskursiven Bedingungen für das
Entstehen einer solchen Geschichte fragen – jenseits ihrer realen historischen
Äußerung. Denn offensichtlich verquicken sich hier zwei Diskurse, ein
politisch-legislativer und ein medizinisch-kommunaler, was deutlich macht,
wie intensiv in diesen Jahrzehnten um die soziale Hygiene und die hierzu er-
forderlichen Gesetze gerungen wurde. Die juristische Basis für die Kontrolle
der Schlachtpraktiken in einem abgeschlossenen Areal war das »Preussische
Gesetz betr. die Errichtung öffentlicher, ausschließlich zu benutzender
Schlachthäuser« vom 18. März 1868, das sogenannte Schlachtzwanggesetz.[33]
Die Argumentationslinie des Gesetzes weist vom Realen ins Symbolische:
Wenn es in einer Gemeinde ein öffentliches Schlachthaus gibt (dessen Einrichtung eine Gemeinde beschließen kann), dann kann ein vollständiger oder
teilweiser Schlachtzwang in diesen Schlachthäusern angeordnet, sowie die
damit unmittelbar zusammenhängenden Praktiken geregelt und kontrolliert
werden. Und wenn dies geschieht, kann weiterhin, wie § 2 ausführt,

> durch Gemeindebeschluss [...] angeordnet werden: 1. dass alles in dasselbe
> [öffentliche Schlachthaus] gelangende Schlachtvieh zur Feststellung seines
> Gesundheitszustandes, sowohl vor als nach dem Schlachten einer Untersuchung
> durch Sachverständige zu unterwerfen ist.[34]

Weder ist hier die Wortwahl »unterwerfen« zufällig, noch das unterschwellige
Bild eines Kreislaufs bzw. eines geregelten Verkehrsflusses. Geregelt werden
kann dieser Fluss von Informationen und Waren nämlich nur, wenn die entsprechende Infrastruktur vorhanden ist, deren Bau das Gesetz nun die Gemeinden ermächtigt, aber eben nicht erzwingt.

Man könnte an dieser Stelle noch intensiver die konträren Debatten,
Strategien und Praktiken verfolgen, die zu einer etwa zehnjährigen Verzögerung
des Schlachthofbaus in Berlin führten.[35] Wichtiger jedoch ist es festzuhalten,

---

32 Vgl. Machetanz, 1978, S. 306.
33 Hier und im Weiteren zit. n. Schwarz, 1903, S. 645–797, wo auch die Debatten und die
    Auslegungspraxis dokumentiert werden. Der Vollständigkeit halber müssen auch das
    Reichsnahrungsmittelgesetz von 1879, das Reichsviehseuchengesetz von 1880 und das
    Reichsfleischbeschaugesetz von 1900 genannt werden, vgl. Potthoff, 1927, S. 362 *et passim*.
34 Schwarz, 1903, S. 648.
35 So umgehen beispielsweise zahlreiche Fleischer den Schlachtzwang, indem sie direkt
    außerhalb der Stadtgrenzen schlachten, was mit einer Novellierung des Gesetzes 1881
    unterbunden wurde, vgl. ebd., S. 652. Für einen Überblick zur Vorgeschichte des Zentral-
    schlachthofs vgl. Virchow und Guttstadt, 1886, S. 272–275.

dass der Schlachtzwang tatsächlich funktionierte bzw. zu funktionieren begann, sobald der Schlachthof seinen Betrieb aufnahm. Zum Zeitpunkt der Eröffnung arbeiteten nur knapp 70 Fleischer dort – zwanzig Jahre später sind es über eintausend. Innerhalb von nur zwei Dekaden wurde die gesamte Fleischversorgung Berlins zentralisiert und damit der Möglichkeit der Regelung und Kontrolle unterworfen.

Praktiken

Wie genau wurde die binäre Entscheidung gutes *versus* schlechtes Fleisch getroffen und wie wurde sie prozessiert? Die Unterscheidung von gutem und schlechtem Fleisch begann auf der obersten Ebene mit der infrastrukturellen Zweiteilung in einen Vieh- und einen Schlachthof. Zweitens mussten die geschlachteten Tiere vor ihrer Weiterverarbeitung und dem Verkauf einer Trichinenschau unterzogen werden. Die Trichinenschau kann nur am toten Tier vorgenommen werden, weshalb der Viehhof jenseits der Differenz von schlechtem und gutem Fleisch angesiedelt war. Dabei gab es folgende Verschränkung mit dem zuvor abgeschlossenen Handelsprozess: Die Gewährleistungsfrist des Verkäufers für Trichinen und Finnen betrug laut BGB von 1900 vierzehn Tage.[36] Durch die extrem kurze Verweildauer der Tiere auf dem Viehhof konnte sichergestellt werden, dass mangelhafte Tiere zulasten der Händler gingen und nicht ins Schlachthofsystem zurückwirkten, wobei hier beispielsweise 1905 ein Volumen von rund 8 Millionen Mark zusammenkam.

Für den Fall, dass im Schlachthofbereich eine Seuche festgestellt wurde, musste der Kanal zwischen beiden Bereichen sofort verschließbar, also ein schmaler Durchgang vorhanden sein. Waldemar Titzenthaler hat diesen 1897 photographiert. Wir folgen der Blickachse des Photos entsprechend den Schweinen auf dem Weg in den Tod, indem wir gemeinsam mit ihnen zunächst das Gleis überqueren, auf dem sie wenig zuvor in den Viehhof eingefahren waren. Die Viehtreiber sind an ihren Stöcken zu erkennen, die Kontrolleure an der typischen Körperhaltung, mit der sie in ihre Formulare blicken.

Wenig später haben sich die Schweine, aus dem Blickwinkel der Hygiene, in kleine Metalldöschen verwandelt. Pro Schwein vier Proben, versiegelt in einer Dose und eindeutig adressiert mittels Nummerncode, wandert das zu diesem Zeitpunkt Wichtigste am Schwein in das Fleischschauamt. Denn erst dort, unter dem Mikroskop der Fleischbeschauer, entscheidet sich, ob das Schwein Fleisch oder Abfall geworden sein wird.

---

36 Vgl. Bundesorgan »Allgemeine Viehhandels-Zeitung«, 1914, S. 60–62.

Abb. 5.5 Waldemar Titzenthaler (1897): Eintreiben von Schweinen im Schlachthof.

Abb. 5.6 Robert Sennecke (1890): Probenverkehr.

Analysieren wir nun die Zahlen etwas genauer bzw. versuchen durch
sie hindurch die konkreten Arbeitspraktiken im Fleischschauamt zu
rekonstruieren. 1880 gibt es rund 90, 1890 rund 250, 1910 dann 370 sogenannte
Trichinenschauer. Oscar Schwarz führt an, dass »vermöge ihrer Fingerfertigkeit
und Gewissenhaftigkeit« Frauen deutlich besser für diese Tätigkeit geeignet
sind als Männer, jedoch »die Schauerinnen von ihren männlichen Kollegen
meistens mit scheelen Augen angesehen« werden.[37] Tatsächlich listet Schwarz
für Berlin in der dritten Ausgabe seines Handbuchs 144 männliche Trichinenschauer und 163 weibliche Trichinenschauerinnen auf. Diese erhielten pro
untersuchtem Schwein 60 Pfennig, entsprechend einem deutlich überdurch-
schnittlichen Jahreseinkommen von 1.650 Mark. Die Trichinenschauer wurden
ihrerseits durch einen Obertrichinenschauer kontrolliert, es wurde also eine
Kontrollinstanz der Kontrollinstanz eingezogen.[38]

Mithilfe der »Polizei-Verordnung betr. die Untersuchung der im städtischen
Schlachthofe geschlachteten Schweine (Wildschweine und Hunde) auf
Trichinen (Trichinenschau-Ordnung)« lässt sich die Praxis recht genau
rekonstruieren. Zunächst fällt auf, dass im krassen Gegensatz zu den Fleischern
die tägliche Arbeitszeit des Beschauers auf 5 bis 6 Stunden begrenzt ist. Dieser
erhält seine Proben von einem eigenen Probenehmer, seinerseits ein Beamter, mithilfe eines eigens hierfür vorgesehenen Messers – nämlich genau
vier Proben aus stark durchbluteten Bereichen des Tierkörpers.[39] Der Transport zur Trichinenschaustelle erfolgte in einem eigenen Probekästchen, wobei
die Adressierung über eine Nummer sichergestellt wurde, die einerseits fest
in jedes Kästchen eingraviert, andererseits mittels Tintenstift oder Nummern-
stempel am Hinterfußende des zwar in zwei Hälften zerlegten aber nicht
weiter verarbeiteten Schweins angebracht war.

> Die den Kadavern an den vier vorgeschriebenen Stellen durch vereidete Proben-
> nehmer entnommenen Fleischproben werden in numerirten Blechkapseln, mit
> deren Nummer das betreffende Schwein gezeichnet wird, ins Fleischschauamt
> gebracht, um dort mikroskopisch untersucht zu werden.[40]

---

37   Schwarz, 1903, S. 617.
38   Das Gehalt der Schauamts-Vorsteher betrug in Berlin zwischen 2.200 und 3.000 Mark
      (vgl. ebd., S. 624), während der durchschnittliche Bruttojahreslohn eines Arbeiters um
      die Jahrhundertwende bei 600 Mark lag (vgl. Sensch, 2004).
39   Vgl. Schwarz, 1903, S. 746.
40   Anonymus, 1902, S. 19.

Abb. 5.7   Haeckel-Archiv (1900): Fleischbeschauerinnen.

Zugleich wurde diese Nummer in einem eigenen Formular des Probenehmer-
buches verzeichnet. Mit Eintritt in die Trichinenschaustelle wurde die
Übermittlungskette durchbrochen, um die Kontrolle unabhängig vom Proben-
transport zu halten: Wiederum ein eigens hierfür vorgesehener Beamter
brachte, nachdem er diese im entsprechenden Formular vermerkt hatte, die
Probe zu einem Beschauer, womit jede physische Rückbindung an das Tier
durch eine rein symbolische Relation ersetzt war.

Anschließend wird jedes der vier Fleischstückchen in sechs Proben zerteilt und jedes davon »mit aller Sorgfalt und Gewissenhaftigkeit« untersucht.[41] Die 24 Proben werden zwischen zwei Glasplatten, das sogenannte
Kompressorium, gequetscht, so dass sie lichtdurchlässig werden und unter
einem Mikroskop bei etwa 100facher Vergrößerung exakt 15 Minuten lang betrachtet werden können:[42] »No. 1–6 Präparate aus dem Zwerchfell, No. 7–12
aus den Kehlkopfmuskeln, No. 13–18 aus den Bauchmuskeln, No. 19–24
aus den Zwischenrippenmuskeln.«[43] Nicht unwahrscheinlich ist, dass die

41   Schwarz, 1903, S. 749.
42   Vgl. Virchow und Guttstadt, 1886, S. 298.
43   Ebd., S. 300.

Trichinenschauer an der Landsberger Allee dabei durch ein Mikroskop der Firma F. W. Schieck blickten. Dieses geht auf ein Patent zurück, das der Optiker und Mechaniker Paul Waechter aus Berlin Friedenau am 23. November 1879 zugesprochen bekam. Darin geht es jedoch nicht um eine irgendwie geartete optische Verbesserung. Die Trichinen sind so groß, dass die Instrumente gar nicht besonders gut sein müssen, wie Rudolf Virchow erläutert:

> Im Gegentheil genügen dazu schon Instrumente mit mäßigen Vergrößerungen, wobei ich jedoch darauf aufmerksam mache, daß schlechte Mikroskope, welche eine starke Vergrößerung prätendiren, in der Regel weniger brauchbar sind, als gute Instrumente mit sehr mäßiger Vergrößerung. [...] Ebenfalls sehr empfehlenswerth sind die einfachen Mikroskope (Simplex) des berühmten Optikers Schiek in Berlin (Hallesche Straße 15), welche nicht so starke Vergrößerung liefern, aber um so genauer gearbeitet sind. Sie kosten 20 Thlr.[44]

Waechters Neuerungen lassen sich an schon vorhandene Mikroskope anbringen und sorgen dafür, dass

> am Objectträger [...] bei einiger Uebung kein Theil des zu untersuchenden Objectes übersehen [... wird], indem man dasselbe ganz systematisch absuchen kann.[45]

Um dies zu erreichen, wird ein rundes Kompressorium mittels einer Schraube zugleich gedreht und verschoben, so dass automatisch eine spiralförmige Abtastung des gesamten Präparats erfolgt. Durch diesen Transportmechanismus verwandelt sich das Bild, das der Trichinenbeschauer zuvor händisch und damit mehr oder minder unsystematisch abgetastet hat, in einen Film, der in einer festgelegten Sequenz abläuft. Die von der »Polizei-Verordnung« verlangte »Sorgfalt und Gewissenhaftigkeit« wird also technisch implementiert durch den Medienwechsel vom Bild in eine zeitbasierte Bildfolge, die zwar nicht kontinuierlich abläuft, aber Gesichtsfeld für Gesichtsfeld weiterrückt. Dieser Trichinenfilm hat zudem eine feste Länge und kann pro Tag nicht beliebig oft gezeigt werden, weil er die Aufmerksamkeit des Beobachters extrem beansprucht:

> Von einem Schauer dürfen im allgemeinen an einem Tage nicht mehr als 20 Schweine [...] untersucht werden. [...] Ausschließlich der Probenahme sind mindestens 18 Minuten auf die mikroskopische Untersuchung eines Schweins [...] zu verwenden.[46]

---

44   Virchow, 1866, S. 67 f.
45   Waechter, 1879.
46   Schwarz, 1903, S. 750.

In einigen Städten – nicht in Berlin – wurden sogar Prämien für erfolgreiche Trichinenentdeckungen gezahlt, um den *suspense* gewissermaßen künstlich zu erhöhen, was jedoch sehr umstritten war.

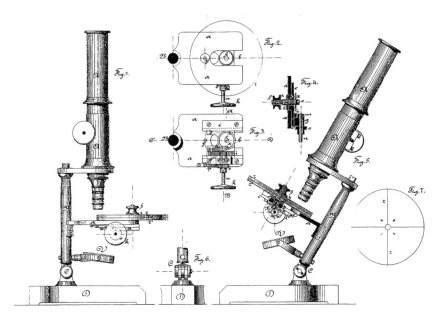

Abb. 5.8   Neuerungen an Mikroskopen (1879).

Das Ergebnis der Untersuchung tritt nun wieder den Weg zurück zum Schwein an, indem es zunächst dem Vorsteher mitgeteilt und von diesem protokolliert, sodann dem Probenehmer übermittelt und von diesem per Stempel am Fleisch angezeigt wird. Auf diese Weise wurden 1885/86 von etwa 110 Trichinenschauern knapp 300.000 Schweine inspiziert. Das macht gut 2.500 Schweine pro Beschauer oder bei 250 Arbeitstagen etwa 10 pro Tag.[47] Im gesamten Schauamt treten in diesem Jahr 143 Fälle von Trichinose auf. Oder anders gewendet: Nur jedes 2.000ste Schwein ist trichinös, und – statistische Gleichverteilung vorausgesetzt – ein Beschauer sieht 200 Tage lang keine einzige Trichine. Während andere Stimmen die eben noch als ideale Frauenberuf gepriesene Tätigkeit als schlichtweg »geisttötend« bezeichnen, handelt es sich doch eigentlich um das klassische Problem von Beamten, deren Arbeit im besten Fall überflüssig wird.[48] Jedenfalls: Übersieht der Fleischbeschauer

---

47   Vgl. Virchow und Guttstadt, 1886, S. 301.
48   Schwarz, 1903, S. 751.

etwas, droht ihm die sofortige Entlassung.[49] Bemerkt er hingegen etwas Auf-
fälliges, führt dies zum sofortigen Full-Stop der Produktionskette:

> Wird bei der Untersuchung ein Schwein trichinös befunden, so werden sofort
> sämmtliche Schweine, von welchen der Probenehmer gleichzeitig die Probe
> entnommen hatte, als verdächtig angehalten und erst freigegeben, wenn durch
> weitere Untersuchungen mit Sicherheit festgestellt ist, dass eine Verwechselung
> ausgeschlossen ist und dieselben zweifellos gesund sind.[50]

Dies ist zugleich der Punkt, an dem die Sozialhygiene in ein Disziplinarregime
umschlägt, weshalb der Präsident des Kaiserlichen Gesundheitsamts Franz
Bumm 1912 im Reichstag eine Kontrolle der Kontrolle einfordert:

> Ich will gegen diejenigen, die die Fleischbeschau ausüben, nicht die geringste
> Verdächtigung aussprechen, aber ich muß doch sagen, daß sich selbst in
> Deutschland die Notwendigkeit ergeben hat, die ausübenden Fleischbeschauer
> einer fortlaufenden Beaufsichtigung zu unterstellen.[51]

Die Fleischbeschau ist eine Maschinerie genau wie die anderen Funktionen
des Schlachthofs, nur dass hier der buchstäbliche Leerlauf aufrecht erhalten
werden muss. Ein Leerlauf, der nichts produziert mit Ausnahme seiner
eigenen Kontrolle. Jedenfalls fast nichts, denn die etwa 30 Gramm Fleisch pro
Schweineprobe werden nicht einfach weggeschmissen, da sie sich bei rund
einer Million aufgetriebener Schweine im Jahr 1900 auf 30 Tonnen Fleisch ad-
dieren. Ironischerweise wird dieses Fleisch für 13.300 Mark verkauft und der
Erlös in die Unterstützungskasse der Fleischergesellen gegeben.

---

49   Vgl. Virchow und Guttstadt, 1886, S. 298.
50   Ebd., S. 300.
51   Verhandlungen des Reichstags, 1913, S. 2395.

6

Der Totschläger

> Blutig ist ja dein Amt, o Schlächter,
> drum übe es menschlich;
> Schaffe nicht Leiden dem Tiere, das du
> zu töten bestimmt;
> Leit' es mit schonender Hand und töte
> es sicher und eilig;
> Wünschest du selber ja auch: »Käme
> doch sanft mir der Tod!«

(Schlachthofinschrift)

Jede Zubereitung von Fleisch beginnt mit der Tötung eines Lebewesens, eines Tieres:

> Der Mann ist flink, er hat sich legitimiert, das Beil ist heruntergesaust, getaucht in das Gedränge mit der stumpfen Seite auf einen Kopf, noch einen Kopf. Das war ein Augenblick. Das zappelt unten. Das strampelt. Das schleudert sich auf die Seite. Das weiß nichts mehr. Und liegt da. [...] So. Jetzt läßt das Zucken nach. Jetzt liegst du still. Wir sind am Ende von Physiologie und Theologie, die Physik beginnt.[1]

Was Alfred Döblin hier 1929 am Beispiel des Berliner Schlachthofs literarisch inszeniert, ist die unauflösliche Spannung zwischen Individuum und Masse, zwischen Tier und Fleisch, zwischen Schwein und Kotelett. Was hier stirbt, ist ein Schwein am Ende seines Transportweges über Viehrampe, Höfe, Hallen, Gänge und Buchten. Aus der Menge des »wirtschaftlichen Ganzen«, von an diesem Tag 18.864 geschlachteten Schweinen greift der Autor eines heraus, folgt seinem Weg in den individuellen Tod hinein, auf dem es sich unmerklich in ein »du« und später sogar in ein »Kind« verwandelt: Tiere und Menschen werden im Medium des Romans sukzessive ineinander überblendet.[2]

---

1 Döblin, 1995, S. 121.
2 Ebd., S. 117 und 121. Döblins Montagetechnik und seine möglichen Quellen sind intensiv diskutiert worden. So gilt die Schlachthofsequenz in Sergei Eisensteins Film »Streik« von 1925

© VERLAG FERDINAND SCHÖNINGH, 2021 | DOI:10.30965/9783657704460_007

So unerbittlich die Spannung damit hochgeschraubt wird, so offensichtlich ist doch die dahinterliegende literarische Strategie bzw. jener zentrale Widerspruch der Moderne, dass ein solcher bürgerlicher Ausflug in die proletarische Fleischfabrik einer Metropole deren soziale Ausdifferenzierung voraussetzt: Weil das Schlachthaus, das Töten der Tiere ausgelagert wurde, kann es künstlerisch verarbeitet werden. Tiere werden ›seit jeher‹ vor dem Verzehr getötet. Aber die massenhafte, organisierte und rationalisierte Tötung erzeugt einen Schrecken, der medial vermittelt und mental verarbeitet werden muss. Unheimlich ist nicht der Tod, sondern dessen Unsichtbarwerden in der Fabrik. Und ist damit zugleich die Voraussetzung für jene »Neue Sichtbarkeit des Todes«, die Thomas Macho und Kristin Marek für unsere heutige, medial zugerichtete Wirklichkeit untersucht haben.[3]

Abb. 6.1   Nakhon Pathom, Thailand (2016).

---

als einer der wesentlichen Vorläufer, vgl. Paech, 1978, S. 21–23. Des Weiteren vermutet Gabriele Sander, dass Döblin von Szenen des Berliner Schlachthofs in Walter Ruttmanns Film »Berlin – Sinfonie einer Großstadt« von 1927 und von Aufnahmen in Mario von Bucovichs Photoband »Berlin« (1928, mit einem »Geleitwort« von Döblin) beeinflusst worden sei, vgl. Sander, 1998, S. 105. Weitere Schlachthofszenen finden sich in der UFA-Produktion »Die Stadt der Millionen. Ein Lebensbild Berlins« von 1925 sowie in dem nachfolgend intensiver besprochenen Dokumentarfilm »Das Blut der Tiere« (1949) von Georges Franju, vgl. S. 141.

3   Vgl. Macho und Marek, 2007.

Andererseits, und das wird vielleicht besonders deutlich im vergleichenden Blick auf ›fremde‹ Schlachtpraktiken, ist unser Schrecken vor dem massenhaften Töten immer auch einer Faszination für dessen industrialisierte Reibungslosigkeit verbunden. Schon die Besucher der Stock Yards von Chicago sind bei Upton Sinclair beeindruckt von der »wonderfull efficiency of it all.«[4] Noch stärker überwiegt die Faszination der industriellen Moderne bei dem Westberliner Flaneur Franz Hessel, der sich genau wie Alfred Döblin 1929 aufmacht, um den proletarischen Osten zu erkunden. Doch anstatt in den Eingeweiden der Schlachttröge zu landen, ›sieht‹ Hessel nur blitzblanke Industrie:

> Es geht überhaupt sehr säuberlich zu auf diesem Massenmordhof. Blut und Entsetzen wird rasch fortgewaschen, Geschlinge, Kuttel und ›Kram‹ werden beiseitegeschafft. Bald ist der Boden wieder blank wie spiegelndes Parkett.[5]

Diese Sauberkeit lässt auch keinen Raum für Leid; das Tier stirbt den besten aller möglichen Tode, der eben noch bei Alfred Döblin so unerträglich schrecklich gewesen ist:

> Da aus dem kleinen Holzverschlag kommt das erste Schweinchen herausgeschlüpft, lautlos und vertrauensvoll seinem Mörder entgegen. Das ist ein hübscher junger Bursche in Hemdsärmeln. Er holt gelassen aus mit dem Beil und schlägt dem Tier vor den Kopf. Es legt sich sanft auf die Seite. Und während ein andrer auch sehr sympathisch aussehender junger Mann ihm den Halsstich versetzt, zucken nur noch die Beinchen. Da wartet ja schon das nächste und ein drittes drängt sich hinterdrein.[6]

Unterschiedlicher könnten diese beiden literarischen Inszenierungen kaum sein. Laufen die Schweine bei Hessel geradezu friedlich ihrem sanften Tod entgegen, werden sie bei Döblin traumatisiert. Die Rhetoriken beider Passagen folgen unvereinbaren Agenden, bzw. die narrativen Strategien überdecken das zeitgenössische Wissen nahezu vollständig.[7] Innerhalb dieses Spannungsfeldes ist es sinnvoll, sich intensiver mit der Wissensebene zu beschäftigen, also zu klären, wie genau und konkret die Schweine in Berlin getötet wurden. Hierzu ist allerdings zuvor ein kurzer Abstecher nach Leipzig notwendig.

Am 19. und 20. März des Jahres 1902 fand auf dem Gelände des Leipziger Schlachthofs das Preisgericht für einen Wettbewerb zur »Konstruktion des besten Betäubungsapparates für Kleinvieh« statt. Ziel dieses privat geförderten

---

4 Sinclair, 2005, S. 38.
5 Hessel, 2013, S. 175.
6 Ebd., S. 174.
7 Vgl. Young Lee, 2008, S. 7.

Wettbewerbs – eine »edelgesinnte Dame« namens Luise Bolza stellte hierfür 12.000 Mark zur Verfügung – war es, eine Methode zu finden, die folgenden Kriterien genügte:[8]

> Die Vorbereitungen dürfen nicht tierquälerisch sein, es muss eine blitzartige Betäubung erzielt, das Leben von Menschen nicht gefährdet werden, die Apparate müssen im Grossbetrieb verwendbar, die Materialien solide und dauerhaft, der Herstellungspreis und die Verwendungskosten niedrig sein«.[9]

Kurz: Es ging darum, Tiere möglichst effektiv zu töten, ohne dabei die »modernen Anschauungen von Humanität und Kultur« zu verletzen.[10]

Die Durchführung eines solchen Wettbewerbs und dessen ebenso intensive wie breite Diskussion in Zeitungen, Zeitschriften und Büchern macht zweierlei sichtbar. Erstens findet um die Jahrhundertwende eine öffentliche Debatte um das richtige und beste Töten von Schlachtvieh statt, an der Tierärzte genauso wie Schlachter, Politiker oder Privatleute beteiligt sind. Gravitationszentrum dieser Auseinandersetzungen ist, manchmal explizit und manchmal weniger sichtbar und eher subtil, die Vorstellung des perfekten »Schlägers«: also jener Fleischer, dessen Schlag mit einer schweren Keule so unfehlbar ist, dass das Tier »wie vom Blitze getroffen« in sich zusammenbricht.[11] Der todbringende, in anderen Kontexten dagegen lebensspendende Blitz wird zur zentralen Metapher, überbracht durch den Fleischer Elicius: »Bis der Schmerz zum Bewusstwerden gelangen könnte, habe das Bewusstsein schon aufgehört«.[12] In diesem finalen Konjunktiv ruft das Bild des Blitzes nicht nur seine hoch ambivalente Bewertung v. a. in den Religionen auf, sondern auch das aktuelle physiologische Wissen. Nachdem Hermann von Helmholtz 1851 nachgewiesen hatte, dass die Nervenleitgeschwindigkeit keinesfalls blitzartig, sondern sogar vergleichsweise niedrig ist,[13] kann der Schläger schneller als sein todbringender Schatten agieren: Wo unterschiedliche Nachrichtenkanäle am Werke sind, lassen sich diese gegeneinander ausspielen.[14]

---

8   Heiß, 1904, S. VIII.
9   Schwarz, 1903, S. 343.
10   Ebd., S. 342.
11   Ebd., S. 343.
12   Mandel, 1895, S. 144.
13   Vgl. Helmholtz, 1851.
14   Fast genau einhundert Jahre zuvor begründete Joseph-Ignace Guillotin die Wirksamkeit seiner Tötungsmaschine innerhalb der gleichen Bildlichkeit: »Der Mechanismus fällt wie ein Blitz, der Kopf rollt, das Blut spritzt heraus, der Mensch ist nicht mehr.« (Journal des Etats Généraux, 1789, S. 237, Übers. von mir.) Seit Einführung der Guillotine wurde

Allerdings ist diese lang tradierte Körperpraxis des freien Keulenschlags gerade deshalb fehlbar, weil geübte Schläger selten sind. Mit anderen Worten: Im Prinzip ist die Schlachtung eine unproblematische weil über Jahrhunderte eingeübte Körperpraxis. Aufgrund der in den Großstädten notwendigen hohen Schlachtzahlen allerdings muss diese subtile Körperpraxis technisch supplementiert werden, womit ein zweiter, wichtiger Punkt, besser eine Leerstelle sichtbar wird. Die im Folgenden ausführlich rekonstruierten Debatten um das Verhältnis von Techniken/Maschinen und Praktiken/Körpern des industriellen Schlachtens arbeiten mit am physiologisch-medizinischen Wissen um den besten aller Tode. Das Wissen um den Tod entsteht also weniger im Labor der Mediziner und Physiologen, als in der Wechselwirkung einer körperlich-handwerklichen Tradition, die allenfalls mit Apparaten unterstützt, keinesfalls aber durch Technik ersetzt werden kann, mit dem imaginären Bild eines wie auch immer gearteten humanen Todes, dem eine »wohltätige Ohnmacht« vorausgeht.[15] Das Tier muss in Fleisch transformiert werden, bevor es diese Verwandlung selbst bemerkt.

Besonders gut lässt sich dieses Ineinandergreifen von Diskursen und Praktiken nun anhand der Argumente nachvollziehen, die von den Protagonisten rund um das Leipziger Preisgericht vorgebracht werden. Eine der wichtigsten Figuren ist der Straubinger Tierarzt und Schlachthofdirektor Hugo Heiß. Laut eigenen Aussagen ist Heiß ein Mann der Praxis, geleitet von »reinster, humaner Gesinnung« und nicht fehlgeleitet von »unnötigen theoretischen Erörterungen«.[16] Konkret in Gang gesetzt werden die Debatten im Sommer 1899 anlässlich der ersten Bundesversammlung der thüringischen Tierschutzvereine.[17] Der Vortrag »Tierschutz im Schlachthause« des Gewerberats Dr. von Schwartz hatte zur Folge, dass die bereits eingangs genannte Luise Bolza aus Freiburg etwa einhundert Fragebögen an die größeren Schlachthäuser versenden lässt, um die realen Tötungspraktiken zu erheben. 1901 werden die Ergebnisse dann im »Deutschen Tierfreund« veröffentlicht, woraufhin Luise

---

darüber gestritten, nach welcher Zeit bzw. ob der abgetrennte Kopf sofort das Bewusstsein verliert, vgl. Arasse, 1988, S. 50–62.

15   Schwartz, 1899, S. 101.

16   Heiß, 1904, S. VII.

17   Tatsächlich lässt sich das Ringen der Tierschutzvereine um die Schlachtpraktiken noch weiter zurückverfolgen, vgl. beispielsweise die gescheiterte Anfrage von H. Beringer aus Berlin auf der Versammlung des Verbands der Tierschutz-Vereine des Deutschen Reichs im Juni 1889, die Aufnahme des Nichtbetäubens von Schlachttieren als Tatbestand ins Strafgesetzbuch, § 360, 13 zu fordern in Hartmann, 1897, S. 166. Der erste deutsche Tierschutzverein wurde 1837 von dem Pfarrer Albert Knapp in Stuttgart gegründet.

Bolza kurzentschlossen jene 12.000 Mark zur Auslobung eines Preises für den besten Betäubungsapparat für Kleinvieh stiftet.

Denn die Ergebnisse dieser Umfrage waren, zumindest für das Schwein, überaus deutlich.[18] Rücklauf kommt von 81 Schlachthäusern und kann somit als sehr repräsentativ bezeichnet werden. Schweine werden in der überwiegenden Mehrzahl der Standorte, nämlich in 72 Schlachthäusern, ohne technische Hilfsmittel, also ohne Schussapparat oder andere Instrumente als die Keule, betäubt und getötet. Das Verhältnis zwischen Körperpraktiken und Technisierung ist dabei – wie so oft – höchst ambivalent. Einerseits gibt es eine Vielzahl von Rückmeldungen, die von unterschiedlichsten Gefahren berichten: Das Vieh wird in Gegenwart ungewohnter Apparate unruhig, die Kugeln haben eine zu hohe Durchschlagskraft, die Vorbereitungen sind zu langwierig und damit tierquälerisch usf. Andererseits geben sich die Schlachthausdirektoren äußerst zukunftsorientiert und technikaffin: Schussapparate werden prinzipiell begrüßt, nur sind sie zum gegebenen Zeitpunkt technisch noch eher unvollkommen und deshalb allenfalls bedingt einsetzbar.

So verwundert es kaum, dass vom Leipziger Preisgericht keinem der 183 eingereichten Apparate der Höchstpreis zuerkannt wird. Im Direktionszimmer des dortigen Schlachthofs tritt am 18. März 1902 eine fünfzehnköpfige Prüfungskommission zusammen.[19] Der Wettbewerb ist auf so große Resonanz gestoßen, dass die Apparate auf langen Tafeln im Restaurant des Schlachtshofs ausgebreitet werden müssen, um sie dort nacheinander begutachten zu können. Was nicht neu ist oder den Regularien widerspricht, fällt dabei sofort heraus. Übrig bleiben lediglich 28 Apparate, die am folgenden Vormittag einer weitergehenden und dann selbstverständlich öffentlichen Prüfung unterzogen werden. Nach den üblichen Ehres- und Dankesbezeugungen sowie einer flammenden Rede auf den Beitrag von Technik und Wissenschaft zur Sittenveredelung folgt der eigentliche Teil des Wettbewerbs. Was zu Jahresbeginn 2014 bei dem gesunden, aber für weiteren Nachwuchs inzuchtverdächtigen Giraffenbullen Marius im Kopenhagener Zoo zu einer einzigartigen Protestwelle geführt hat, geschieht in Leipzig an diesem Tag in Serie – das öffentliche Töten von Tieren, allen voran die Schweine zu einem sehr bestimmten Zweck:

> Die Schlachtungen wurden in zwei Totschlagbuchten vorgenommen, rechts und links vor der in der Mitte stehenden Prüfungskommission. Zu drei und drei wurden die Schweine von außen hineingeführt. Jeder Apparat wurde der Reihe nach, mit dem ersten anfangend, praktisch geprüft, vorgezeigt, aber nur mit dieser seiner Nummer nicht nach dem Namen des Erfinders bezeichnet, der aber

---

18   Vgl. Bolza, 1901.
19   Vgl. Rabe, 1902b.

etwa anwesende Erfinder aufgefordert, die erste Schlachtung zur Erläuterung der Handhabung seines Apparates vorzunehmen, was bei deren zahlreichen Erscheinen oft vorkam. Darauf wurden jedesmal noch zwei Schlachtungen durch die sonst dazu Berufenen vorgenommen.[20]

Auf diese Weise starben bis zum Mittag etwa 80 Schweine aus ›humanitären‹ Gründen, wobei lediglich zwei Apparate total versagten, so dass hier umgehend zu einem vorsorglich bereitstehenden Ersatzmittel gegriffen werden musste. Andererseits berichtet der Mannheimer Veterinärarzt Fuchs, dass »sogar reine Marterwerkzeuge zur Anmeldung gelangt« seien.[21] Jedenfalls schritt die Kommission nach getaner Arbeit erst einmal zum gemeinsamen Mittagessen, wiederum unter zahlreichen Ehren- und Dankesbezeugungen. Danach begann alles wieder von vorn, mit anderen Tieren und anderen Apparaten.

Das schlussendliche Ergebnis des mehrtägigen Wettbewerbs fällt gut, aber nicht sehr gut aus. Von den Apparaten der Gruppe 1, die sich für alle Tierarten eignen, erhält Nr. 28 von Max Hermsdorff eine 1,26 und Nr. 10 von Richard Flessa eine 1,44. Eine glatte Eins ist also nicht dabei, weshalb kein Apparat den ersten Preis erhält: Ein sehr gutes Töten bzw. Betäuben kann mit den gegebenen technischen Mitteln und unter den Bedingungen industrieller Fleischproduktion nicht erreicht werden – vielleicht auch niemals. Auf Antrag von Gewerberat Dr. von Schwartz erhält die Preisstifterin 1.000 Mark zurückerstattet – zur Verwirklichung anderer Pläne, auf die gleich zurückzukommen sein wird. Damit lässt der Wettbewerb und die ihn umkreisenden Debatten folgende Frage offen: Wenn Nr. 28, der mit 1,26 bewertete Bolzenschussapparat der Adlerwaffenwerke in Zella-St. Blasii, blitzartig betäubt, unbedingt sicher ist, vollkommen geräuschlos, absolut ungefährlich und zudem mit geringen Kosten verbunden ist – warum ist ihm dann trotzdem die Körperpraxis des Keulenschlags, sei es real oder imaginär, überlegen?[22] Wie ist das Versprechen zu interpretieren, dass es ›prinzipiell‹ möglich ist, »Apparate herzustellen, die allen von Fachleuten geforderten Eigenschaften entsprechen« und dass die Industrie über kurz oder lang »noch vollkommenere Betäubungsapparate liefern wird«?[23] Um diese zentralen Fragen, die letztlich auf das Verhältnis von Technik und Natur abzielen, beantworten zu können, werde ich im weiteren Verlauf dieses Kapitels erstens die Wissensebene anhand der teilweise erbittert geführten Debatten weiter aufarbeiten und zweitens die

---

20   Rabe, 1902b, S. 116.
21   Fuchs, 1902, S. 66.
22   Vgl. Rabe, 1902a, S. 166 f.
23   Ebd., S. 196.

zeitgenössische Praxis des Tötens zwischen den beiden Polen Körper und
Apparat genauer analysieren.

Dabei scheint folgender Querstand wesentlich: Je technisch ausgefeilter
sich die Apparate präsentieren, umso stärker verdecken sie, dass es kein
stabiles Wissen darüber gibt, was die »humanste Tötung der Schlachttiere« ist
und wie diese am besten erreicht werden kann – bzw. dass dieses Wissen im
ständigen Vollzug generiert wird.[24] Angesichts immer neuer Techniken und
Apparate wird vergessen, verdrängt oder ignoriert, dass das Wissen über den
Tod in fundamentaler Weise fragil ist.[25] Womit sich möglicherweise sogar der
Verdacht aufdrängt, dass gar nicht Humanität die Triebfeder für die Schlacht-
tierbetäubung ist, sondern schlichtweg der Schutz des Schlächters vor Ver-
letzungen durch hypoxische Krämpfe – gerade unter dem gnadenlosen Diktat
des taktweisen Schlachtens.[26]

Möglicherweise genau aus diesem Querstand heraus folgte dem ersten ein
zweites Preisausschreiben mit dem Ziel, die beste Publikation zum Thema
»Blitzartige Betäubung von Schlachtthieren« zu finden, um diese dann »im
ganzen Vaterlande« zu verteilen und so »zur Verbreitung wahrer Humanität« beizutragen.[27] Finanziert wurde die Preisschrift von den 1.000 Mark, die
aus dem ersten Concours an Luise Bolza zurückgeflossen waren, womit das
Reale wieder ins Imaginäre zurückwandert: Den idealen Tod gibt es nur als
Fiktion. Das Wissen hinkt dem Tod grundsätzlich hinterher. Entsprechend
muss der Stand der Schlachtdinge um 1900 – genau wie heute – als eine sehr
fragile Mischung aus Tradition und Modernität, aus körperlichen Praktiken
und technischen Apparaten, und damit letztlich aus Individuum und Masse
verstanden werden.[28] Nähern wir uns vor diesem Hintergrund nun sukzessive
dem konkreten Geschehen innerhalb der Berliner Schlachtkammern, und
zwar zunächst von der gebauten Infrastruktur der Schlachthallen her.

---

24   Vgl. Kehrer, 1899, S. 27.
25   Es wird weiter unten auf S. 140 kurz zu erläutern sein, dass in aktuellen Bewertungen von
     Betäubungstechnologien v. a. EEG-Kurven in Analogie mit Epilepsie-Erkrankungen aus-
     gewertet werden, was ebenfalls nicht unumstritten ist.
26   Vgl. Briese, 1996, S. 9.
27   Heiß, 1904, S. XI.
28   Einen sehr guten, vergleichsweise objektiven Überblick über sämtliche Betäubungs-
     techniken gibt Nörner, 1907, S. 89–95.

Von Mauern ...

> Der Schweineübergang befindet sich im Norden des Schlachthofs und des von
> uns überschrittenen Eisenbahngeleises, welches ausschließlich zum Ausladen
> und Verladen von Schweinen dient. Für jedes überzuführende Thier ist beim
> Betreten des Schlachthofs eine Quittung über die an der Schlachthofkasse
> bereits erlegte Schlacht- und Fleischschaugebühr [...] an den Zettelkontrolleur
> abzugeben.[29]

Oder anders formuliert: Finanziell und medizinisch besehen ist das Schwein
bereits gestorben. Es ist bereits zu einer Ware innerhalb der Transformations-
logistik des Schlachthofs geworden. An keiner anderen Schnittstelle des Geländes wird so deutlich, wie stark die Prozesse ineinandergreifen und wie
unauflösbar Daten und Dinge miteinander verzahnt sind. Es gibt keine klare
Zäsur, jenseits derer man nicht mehr vom Tier, sondern vom Fleisch sprechen
muss. Vielmehr schafft die Datenverarbeitung bereits Synchronizitäten, wo die
realen Prozesse noch linear hintereinander geschaltet sind: Auf dem Papier ist
das Schwein bereits vor seinem Eintritt in das Schlachthofgelände gestorben.
Sollte es hygienisch bedenklich (gewesen) sein, führt diese Information nicht
zu einem Stillstand oder einer Unterbrechung der Tötungsmaschine.

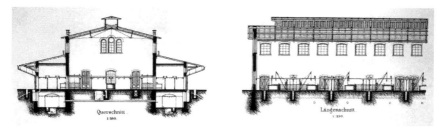

Abb. 6.2   Schweineschlachthaus B, Quer- und Längsschnitt (um 1885).

Die Schlachthalle steht oftmals *pars pro toto* für den Schlachthof, weil das
Sterben hier seine maximale Bedeutungsdichte erhält, es punktuell aufscheint,
obwohl der Prozess über das gesamte Netzwerk zerdehnt ist. Die Tötung durch
den Schlachter ist der zentrale Akt im langen Drama der Verwandlung vom
lebendigen, sich selbst transportierenden, erhaltenden und konservierenden
Tier in totes, hoch verderbliches und möglichst schnell vom Kunden zu ver-
zehrendes Fleisch. Aus dem geduldigen Tier wird ein fragiles Produkt, und
es ist diese komplexe, irreversible Verwandlung, die sämtliche Abläufe des

---

29   Anonymus, 1902, S. 8.

Schlachthofs definiert und determiniert. Das zeitkritische Moment, die Erfordernis der größtmöglichen Synchronisation aller ineinandergreifenden Prozesse hat hier ihren Ursprung.

Dabei haben sich für das massenhafte Töten im Verlauf der Geschichte zwei grundsätzlich verschiedene Systeme herausgebildet: das französische und das deutsche.[30] Der romanischen Tradition entsprechend hat jeder Schlachter seine eigene Kammer, in der er seine Arbeit verrichtet, was auch mit einer kulturell eigenen Teilungsmethode verbunden ist. Die Schlachtkammern liegen rechts und links von einem breiten Mittelgang, haben aber auch ein Tor nach außen, durch welches das Schlachtvieh hineingeführt wird. Das deutsche System dagegen ist deutlich stärker rationalisiert: große, gemeinsame Schlachthallen mit spezialisierten Arbeitsabläufen und demzufolge einfacherer Teilung, also weniger starke Differenzierung unterschiedlicher Fleischqualitäten.

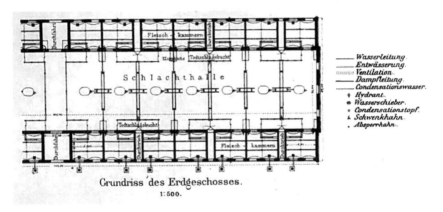

Abb. 6.3   Schweineschlachthaus B, Grundriss (um 1885).

Buchstäblich im Vordergrund der Debatten um das bessere Schlachtsystem steht dabei oftmals das Überwachungsargument:

> Auch sind die Kammern schlecht zu lüften und zu reinigen. Die Reinigung bedarf infolge der vielen Querwände mehr Zeit. Die Aufsicht wird erschwert und die Neigung zu Tierquälerei und unsauberer Behandlung des Fleisches begünstigt.[31]

---

30   Vgl. Schwarz, 1903, S. 122 und Tholl, 1995, S. 49–54.
31   Schwarz, 1903, S. 122.

Ohne größere Umschweife führt das Handbuch von Oscar Schwarz in dieser
Passage Fleischhygiene und Sozialhygiene eng: Kammern, die sich dem panoptischen Blick des Hallenmeisters entziehen und damit die »Aufrecht-
erhaltung der Ordnung und die Befolgung der bestehenden Vorschriften«
gefährden, sind gerade vor dem Hintergrund der geschilderten Tötungs-
debatten in Deutschland kaum legitimierbar.[32] Umso mehr verwundert es,
dass das Töten der Schweine im Berliner Zentralvieh- und Schlachthof in
Schlachtkammern nach dem romanischen System stattfindet.[33] Offensichtlich
sollte den Berliner Schlachtern mit dieser vertrauten räumlichen Ordnung der
Übergang vom dezentralen Schlachten in den zentralen Schlachthof erleichtert
werden. Was dann aber auf der anderen Seite auch bedeutet, dass dem Zusammenspiel von Disziplin und Hygiene besondere Aufmerksamkeit zukam:
Schlachter wie Parasiten können sich gleichermaßen in sämtlichen Winkeln
und Ecken verbergen.[34]

Allerdings sind die Fleischkammern nicht der eigentliche Ort der Tötung,
weil die Schweine zur Enthaarung gebrüht werden müssen und »die dem
Brühbottich entsteigenden Wasserdämpfe [...] sich nicht dem Ausschlachte-
raum mitteilen« sollen.[35] Der Schlachtraum für Schweine ist deshalb in einen
Brühraum und den eigentlichen Schlachtraum geteilt:

> Die Schweine gelangen aus den Ställen zunächst in die Todtschlagebucht im
> *Brühraum*, werden dort getödtet, gebrüht – man wolle die Ventilation für den
> Abzug der Dämpfe beachten – enthaart und zum Aufbrechen in den zweiten
> hallenartigen Schlachtraum geschafft.[36]

Architektonisch wird, wie in Abbildung 6.2 gut zu erkennen ist, die Raum-
und damit Funktionsteilung durch eine für Fabrikhallen des 19. Jahrhunderts
typische, dreigliedrige Eisenkonstruktion gelöst. Die höher geführte Mittelhalle dient als Schlachtraum, die nebenliegenden tieferen Seitenhallen sind
in jeweils 5,8 m mal 4,98 m große, unterkellerte Doppelkammern unterteilt,
in denen »nur das Zerkleinern, Sortiren u. s. w. des Fleisches stattfindet.«[37]
Zwischen jeweils zwei dieser Doppelkammern führt ein 1,2 m breiter Gang

---

32 Schwarz, 1903, S. 595.

33 Vgl. zum panoptischen Blick Foucault, 2010.

34 Vgl. Serres, 1987, S. 65.

35 Schwarz, 1903, S. 215.

36 Führer durch den städtischen Vieh- und Schlachthof von Berlin (nach amtlichen
    Quellen), 1902, S. 12.

37 Virchow und Guttstadt, 1886, S. 284.

Abb. 6.4   Innenansicht des Schweineschlachthauses B I g (um 1900).

zu den Totschlagebuchten, die an die Schlachtkammern angrenzen.[38] Diese
Buchten haben eine 1 m hohe Einfriedung aus schmiedeeisernen Stäben, die
unüberwindlich für die Schweine, aber durchlässig für das Auge des Hallenmeisters ist. Sie befinden sich damit in einer bezeichnenden Zwischenposition
zwischen der abgeschlossenen romanischen Schlachtkammer und der offenen
deutschen Schlachthalle, d. h. sie verbinden Effektivität und Kontrolle in einer
Art halbdurchlässigem System.

Jeweils zwei Schlachtkammern ist ein Brühbottich in der Mittelhalle zu-
geordnet. Hier findet das Abbrühen und Reinigen statt. Den Transport der
nunmehr toten Schweine in die Bottiche und von dort in die Schlachtkammern übernehmen Kransysteme, oder er erfolgt, wie in Abbildung 6.4 gut
zu erkennen ist, mit Hilfe spezieller Karren, auf denen auch das Entborsten
stattfindet.[39] Die Abbildung betrachtet die Schweinehalle mit dem Auge eines

---

38   Diese Beschreibung gilt, vgl. Blankenstein und Lindemann, 1885, S. 31, für die östliche
     Schlachthalle b, die für die Großschlachtung optimiert ist. In Halle a erfolgt das Töten der
     Schweine in den Schlachtkammern selbst und kann somit nicht von der Mittelhalle aus
     überwacht werden.

39   Zur vollständigen Beschreibung der Schlachthausinfrastruktur müssen auch die Keller
     unter den Schlachtkammern gezählt werden. Hierzu sei lediglich angemerkt, dass die

Ingenieurs; sie vermittelt die Utopie einer Effizienz, in welcher der Arbeiter-
körper keinen Ort hat:[40]

> Mit Hilfe einer dieser Vorrichtungen werden die gebrühten Schweine also aus
> dem Bottich heraus und auf Enthaarungstische oder Schragen gehoben. Diese
> können entweder fahrbar [...] sein, und es erfolgt alsdann der Transport der ge-
> reinigten Schweine zu den Hakenrahmen mittels derselben, oder feststehend,
> wenn Vorkehrungen für den Weitertransport (Laufkatzen u. s. w.) bis zu den
> Haken vorhanden sind.[41]

Die Schragen, auf denen die einzelnen Tierkörper transportiert werden, also
viele Tiere zur gleichen Zeit verarbeitet werden, stehen damit symbolisch für
den im Zusammenhang mit der Rampe hervorgehobenen Paradigmenwechsel
zwischen der seriellen Logik des Eisenbahntransports und der parallelen Logik
der Schlachtung. Zwischen Rampe und Schragen vermitteln die Schweineställe
als ein Relais im Sinne von Bernhard Siegert, als »ein Halt, der notwendig ist,
damit etwas ankommt«:[42] So befinden sich in jeder Stallabteilung 80 Schweine,
aufgeteilt in 4 Buchten entsprechend den 4 Schlachtkammern. Dies entspricht
»dem Tagesbedarf des Schlachthauses«:[43] Jede Schlachtkammer prozessiert
täglich 20 Schweine, d. h. bei einem zehnstündigen Arbeitstag verbleibt pro
Schwein eine halbe Stunde. Bei 25 Doppelkammern sterben in Schlachthalle b
also 200 Schweine pro Stunde oder gut 3 pro Minute.

Menschen ...

Versuchen wir nun, uns diesen Zahlen von ihrer Kehrseite, also vom Konsum
her anzunähern, denn selbstverständlich muss sich die Kapazität der Schlachtkammern auch aus dem maximalen Tagesbedarf an Schweinefleisch heraus
ergeben. So

> ist bei der gegenwärtigen Bevölkerungszahl auf eine Maximalschlachtung von
> 1200 Stück Schweinen pro Tag zu rechnen und würde sich danach unter Zu-
> grundelegung einer 10 stündigen Arbeitszeit und pro Schwein 1/2 Stunde für das

---

Gullies der Schlachtkammern außerhalb des Gebäudes liegen, um auch während des
Schlachtbetriebs gereinigt werden zu können, d. h. die Reste, Abfälle und Schmutzeffekte
dürfen die Prozesse selbst nicht stören, vgl. Virchow und Guttstadt, 1886, S. 285.

40   Und erinnert damit an Frederick Olmsteds Beschreibung der Arbeiter in Cincinnati: »No
      iron cogwheels could work with more regular motion.« (Olmsted, 1857, S. 9).

41   Schwarz, 1903, S. 234 f.

42   Siegert, 1993, S. 15.

43   Blankenstein und Lindemann, 1885, S. 34.

Schlachten und Verarbeiten angenommen, der Bedarf auf in max. 60 Schlachtkammern stellen.[44]

Blankenstein und Lindemann gehen also von der Einwohnerzahl Berlins
aus, die 1875, zum Zeitpunkt der Kapazitätsplanungen, 968.000 betrug. Bei
einem zugrundegelegten Schlachtgewicht von 100 Kilogramm und 257.000 geschlachteten Schweinen würde dies einem Fleischkonsum von rund 27 Kilogramm pro Kopf und Jahr entsprechen, oder 70 Gramm pro Tag.[45] Des Weiteren
gehen Blankenstein und Lindemann von 300 Schlachttagen pro Jahr aus, wobei
die täglichen Schlachtzahlen allerdings saisonal stark variieren, weil im Winter
aufgrund der tieferen Temperaturen stärker auf Vorrat geschlachtet werden
kann.[46] Jedenfalls ergibt sich hieraus ein Bedarf von rund 830 Schlachtungen,
die, um einen gleichmäßigen Betrieb zu sichern, nochmals um 50 % erhöht
werden, so dass die Planungen der Schlachthäuser von 1.200 Schlachtungen
pro Tag ausgehen. Einen brutalen zehnstündigen Arbeitstag und 30 Minuten pro Schwein zugrundegelegt, ergibt sich so ein Bedarf von maximal
60 Schlachtkammern, in denen pro Minute zwei Schweine sterben. Oder
anders formuliert: Geschlachtet wird im Sekundenrhythmus.

Doch die geplanten Kapazitäten reichten schon sehr schnell nicht mehr aus.
Der »Führer durch den städtischen Central-Vieh- und Schlachthof von Berlin«
von 1886 nennt 290.000 Schlachtungen pro Jahr, Virchow und Guttstadt führen
für das gleiche Jahr 286.000 geschlachtete Schweine an.[47] Das ergibt bei
1,25 Millionen Einwohnern einen Jahresverbrauch pro Kopf von 25,2 Kilogramm, also eine mit den Berechnungen von Blankenstein und Lindemann
durchaus vergleichbare Zahl.[48] Dabei gehen Virchow und Guttstadt von
durchschnittlich 6.000 Schlachtungen pro Woche aus, wobei an einem Tag
maximal 2.300 bewältigt werden können, weshalb dann recht schnell eine
zweite Schlachthalle b errichtet wurde, in der die Tiere zudem in größeren

---

44   Blankenstein und Lindemann, 1885, S. 31.

45   Vgl. hierzu auch die Zahlen in Tabelle 13.3, S. 267, wobei hier die anderen Fleischsorten
     und die von auswärts eingeführten Mengen hinzugerechnet werden.

46   Vgl. ebd., S. 26.

47   Vgl. Anonymus, 1886, S. 6 und Virchow und Guttstadt, 1886, S. 286. Zum Vergleich: Laut
     Giedion werden 1883 in Paris 170.465, in Chicago aber 5.640.625 Schweine geschlachtet.
     Vgl. Giedion, 1970, S. 242.

48   Exakte Berechnungen des Fleischkonsums lassen sich kaum durchführen, weil zwar
     genaue Zahlen für die in Berlin geschlachteten und exportierten Schweine vorliegen,
     jedoch unklar ist, welcher Anteil der exportierten Tiere auf dem Umweg über das Umland
     wieder auf Berliner Tischen landet. Insofern dürfte der reale Konsum noch um einiges
     höher liegen, Virchow und Guttstadt setzen hierfür 75 Kilogramm, also 200 Gramm pro
     Tag an. Vgl. Virchow und Guttstadt, 1886, S. 287.

Doppelkammern in der Mittelhalle sterben, wie in Abbildung 6.4 gut zu erkennen ist.[49] Dagegen ist in »Berlin und seine Eisenbahnen 1846–1896«, herausgegeben vom Minister für öffentliches Arbeiten, die Rede von 7.341 (1888) bzw. 8.607 (1889) Tieren aller Gattungen am stärksten Schlachttag.[50] Gehen wir davon aus, dass rund 40 % hiervon Schweine sind, so ergeben sich zwischen 2.900 und 3.400 Schweine, die an einem Tag zur Strecke gebracht werden müssen: fünf pro Minute.

Und die Menschen ...? Laut Virchow und Guttstadt wird die gesamte Schlachtarbeit von 876 selbständigen Schlächtern erledigt, womit auf die rund 40 % Schweine etwa 350 Personen entfallen würden, um das maximale Tagesvolumen von 2.300 Schweinen zu bewältigen.[51] Der »Führer durch den städtischen Central-Vieh- und Schlachthof von Berlin« zählt dagegen insgesamt 160 Meister mit Gesellen plus 89 Engros- und 71 Lohnschlächter für 1902, die täglich etwa 6.000 Schweine zu Fleisch verarbeiten, also gut 18 Schweine pro Mann und Tag.[52] Damit haben wir das Geschehen im Berliner Schlachthof auf seinen kritischsten Punkt heruntergebrochen, den symbolischen Akt des Tötens in der Schlachthalle, der sich mehrmals pro Minute ereignen muss, damit der eingehende Tier- und der ausgehende Warenstrom nicht aus ihrer fragilen Balance geraten. Und noch einmal drängt sich der Verdacht und die These auf, dass es genau diese extrem hohe Tötungsfrequenz ist, die das wichtigste Argument *gegen* die Einführung von Technologien darstellt, weil Technik *kat exochen* die Möglichkeit der Störung birgt. Es steht also, mit anderen Worten, die Frage nach dem Technischen selbst zur Disposition.

Die tägliche Schlachtung von mehreren tausend Tieren, das Töten im Sekundentakt, ist nur innerhalb einer absolut verlässlichen Praxis möglich. Geschlachtet wird täglich neun bis zwölf Stunden, so dass die Gesellen auf eine durchschnittliche Wochenarbeitszeit von etwa 100 Stunden kommen.[53] Dies generiert zwangsläufig stabilste Praktiken mit Werkzeugen, die kaum noch vom *eigenen* Körper unterscheidbar sind. Nur wenn Töten zu einem normalen Vorgang wird, zu einer vollkommen selbstverständlichen und störungsfreien Handlung, lassen sich derartige Zahlen erreichen. Die Herausforderung der Normalisierung des Tötens wird also, wie eingangs bereits gesagt, erstens innerhalb einer ebenso breiten wie engagierten öffentlichen Debatte verhandelt, in die Tierschutzorganisationen, Tierärzte, Schlachthofverwaltungen,

---

49 Vgl. Blankenstein und Lindemann, 1885, S. 34.
50 Vgl. Berlin und seine Eisenbahnen 1846–1896, 1982, Bd. 2, S. 329.
51 Vgl. Virchow und Guttstadt, 1886, S. 292.
52 Vgl. Anonymus, 1902, S. 12.
53 Vgl. hierzu genauer Schwarz, 1903, S. 713–723.

Politiker und Erfinder eingebunden sind. Zweitens aber betrifft sie zentral das Verhältnis von Körper und Apparat, ruft die Frage nach dem Heideggerschen Hammer als der stets zuhandenen, störungsfreien Technologie auf.[54] Schauen wir uns nun die Praxis massenhaften Tötens im Spannungsfeld von Körper und Apparat genauer an.

Im »Preussischen Gesetz betr. die Errichtung öffentlicher, ausschliesslich zu benutzender Schlachthäuser« von 1868 wurde der zentrale Tötungsakt nicht geregelt, vielmehr zählte er zu den »allgemein vorgeschriebenen Bedingungen«, die dann im Detail durch entsprechende Gemeindebeschlüsse festgelegt wurden. Damit aber wurden die »modernen Anschauungen von Humanität und Kultur« ihrerseits zu einer regional ausdifferenzierten Angelegenheit.[55] Für Berlin wird 1887 eine entsprechende »Polizei-Verordnung betr. die Benutzung des Schlachthofes« erlassen, deren §§ 11 und 12 das »Töten der Schlachttiere« wie folgt kodifizieren:

> Die Schlachtung hat regelrecht, mit Vorsicht und auf die schnellste Weise zu geschehen.
>
> Alle Tiere, welche nicht zur Schächtung nach jüdischem Ritus bestimmt sind, müssen vor der Blutentziehung völlig betäubt werden, wozu bei Grossvieh mindestens zwei Personen tätig sein müssen. Junge Leute und schwächliche Personen dürfen zum Betäuben (Schlagen) von Grossvieh und Schweinen nicht verwendet werden oder sich verwenden lassen.
>
> Die Tötung bezw. Betäubung des Grossviehes (Rinder, Pferde) erfolgt je nach Anweisung des Aufsichtspersonals mittels der Schlacht- oder Schussmaske, die der Schweine, Kälber, Schafe und Ziegen durch Keulen, oder sie ist bei Schweinen mit dem Schweinetöter, bei Kleinvieh mit dem Schlagbolzenhammer auszuführen.[56]

Sehr genau lässt sich an diesem Gesetzestext beobachten, wie wenig sich die regional, kulturell, aber eben auch individuell höchst unterschiedliche Praxis des Tötens in eine allgemeine Vorschrift giessen lässt. So muss zunächst das Schächten, damit es von rechts Wegen nicht zur Tierquälerei wird, explizit aus dem Gesetz ausgeklammert werden, eben als besondere, religiöse Praxis.[57] Ähnlich machtlos ist der Gesetzgeber, sobald der abstrakte und als solcher »vorsichtige«, »regelrechte« und »schnellste« Schlachtvorgang zu einer individuellen Praxis wird, an der eine »schwächliche Person« scheitern

---

54   Vgl. Kassung, 2019.
55   Schwarz, 1903, S. 645, 663 und 342.
56   Zit. n. ebd., S. 734 f.
57   Vgl. hierzu ausführlich und mit sehr guter Literaturübersicht Mittermaier, 1902. Exemplarisch für die Intensität der geführten Debatten etwa Mandel, 1895.

kann, die aber andererseits nicht gänzlich einer Maschine überantwortet werden soll, so wie seinerzeit die Guillotine als Instrument der Vernunft gefeiert wurde.[58] Aber was geschieht nun ganz konkret und welches Wissen ist mit den Praktiken verbunden bzw. wird hierdurch generiert?

Das Schwein wird von den außenliegenden Ställen auf kürzestem Wege – hierfür ist, wie bereits gesagt, der Durchtrieb zwischen den beiden Doppelkammern vorgesehen – direkt in die »Todtschlagebucht« geführt. Diese Überführung ist, so paradox dies zunächst klingen mag, schwierig, aber nicht wirklich problematisch. Zum einen schreien die Schweine grundsätzlich, »auch wenn sie gar keine Schmerzen empfinden.«[59] Zum anderen lassen sie sich kaum führen, vielmehr müssen sie mit einer Schlinge über das Maul eingefangen, dann mit einem Strick um ein Hinterbein aus dem Stall gezogen und anschließend an einem Ring in der »Todtschlagebucht« fixiert werden. Überlässt man sie dort wieder sich selbst, suchen sie rasch auf dem Boden nach Futter. Der zeitgenössische Beobachter urteilt folgerichtig, dass sich das Tier im Grunde wie immer verhält. Was zu der beruhigenden Schlussfolgerung führt:

> Es würde aber diese Ruhe wohl nicht bewahren, wenn es von dem unmittelbar bevorstehenden Tode auch nur die geringste Ahnung hätte.[60]

Und es ist diese gerade Ahnungslosigkeit, die den Tierschützer zum Anwalt des Schweins werden lässt: Weil der Mensch, mutmaßlich im Gegensatz zum Schwein, Angst vor dem eigenen Tod hat, soll dieser das Tier möglichst unbemerkt ereilen.

Das Stichwort unbemerkt – der Tod soll sich auf leisen Sohlen anschleichen – führt unmittelbar zum Modell der Sabotage: Ein komplexes System wird dadurch stillgelegt, dass an einer bestimmten Stelle eine lokale Störung hervorgerufen wird.[61] Wer einen Holzschuh in die Zahnräder einer Maschine wirft, der blockiert damit möglicherweise einen ganzen Industriekomplex. Man muss also, um eine Maschine lahmzulegen, zunächst deren Schaltstellen ausfindig machen. Nur dort führt eine lokale Blockierung zur Stillstellung des gesamten Apparats. Anders formuliert: Dieses Handlungsmodell impliziert, dass der Sitz des Lebens auf mehrere Orte im Körper verteilt ist. Das Tier ist eine komplexe Maschine, deren Antriebsmechanismus unabhängig vom Rest des Organismus' manipuliert werden kann. Und weil das Gehirn im

---

58 Vgl. hierzu auch S. 126 f., Fußnote 14.
59 Heiß, 1904, S. 47.
60 Ebd., S. 29.
61 Vgl. beispielsweise Flynn, 1917, S. 20 f.

zeitgenössischen Wissen »der Sitz der Sinne, der Wahrnehmung und Vorstellung« ist, kann der Antriebsmechanismus unbemerkt sabotiert werden, wenn das Gehirn zuvor blockiert wurde – die Maschine Tier wird sequentiell stillgelegt.[62]

Von der Maschine auf den Organismus übertragen, heißt Blockierung nichts anderes als Betäubung. Diese wird als ein Zustand der Empfindungs- und Wahrnehmungslosigkeit definiert, der innerhalb der neueren Forschung analog zum epileptischen *Grandmal*-Anfall gesehen wird.[63] Weil der Informationsfluss im Nervensystem blockiert ist, äußert sich die Betäubung als totale Bewegungslosigkeit:

> Es bleiben bei Berührung der Hornhaut mit dem Finger die Augenlider regungslos.[64]

Der Corneal- oder Lidschlussreflex dient als Test der Bewusstlosigkeit der Tiere. Insofern ist die Betäubung erst einmal leicht festzustellen, wobei allerdings immer wieder massiv irritierende reflektorische Bewegungen auftreten können.

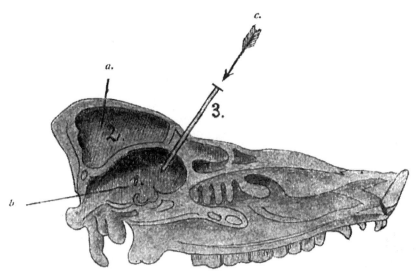

Bild 12. Querschnitt durch den Schädel des Schweines.
a) Stirnhöhle. b) Gehirnhöhle. c) Richtung der Betäubungswirkung.

Abb. 6.5 Querschnitt durch den Schädel des Schweines.

---

62 Heiß, 1904, S. 30.
63 Vgl. Briese, 1996, S. 17 und 28.
64 Mittermaier, 1902, S. 10.

Dringt man nun jedoch tiefer in das zeitgenössische medizinisch-physio-
logische Wissen vor, versagt die Metapher der Blockierung mittels Holzschuh
oder des Durchtrennens einer lebenswichtigen Achillessehne durch den ge-
zielten Eingriff des Schlächters. Erfährt der Körper nämlich eine plötzliche
Arretierung von außen, wird im Organismus ein komplexer Prozess ausgelöst.
So kommt es, übt man auf das Gehirn eine starke Erschütterung aus oder führt
ihm eine innere Verletzung zu, zunächst zu Blutungen. Weil sich das Gewebe
innerhalb des Hirnschädels nicht ausdehnen kann, entsteht ein innerer Druck
auf die Gehirnmasse, der dann seinerseits die Betäubung verursacht. Damit
handelt es sich bei der Betäubung um einen Prozess, der schlichtweg Zeit
benötigt: Die vollständige Empfindungslosigkeit ist erst erreicht, wenn das
austretende Blut einen hinreichend starken Druck erzeugt hat. Daraus folgt,
im zeitgenössischen Diskurs, eine klare Handlungsanweisung: Sobald der
Schlächter bemerkt, dass das Tier noch nicht vollständig betäubt ist, »warte
man geduldig einige Minuten«.[65] Genau dies aber, Abwarten, ist eine Tätigkeit, die im Schlachthof buchstäblich keinen Ort mehr hat, was die zuvor
diskutierten Schlachtfrequenzen eindeutig belegen. Und mehr noch: Der Betäubungsschlag, der ebenso kräftig und zielgerichtet wie schnell ausgeführt
werden soll, impliziert als Körperpraxis ja gerade eine sofortige Wirkung
und nicht die Ursache für einen mehr oder minder zeitintensiven Vorgang.
Schneller Schlag nicht gleich schnelle Betäubung. Geschlachtet wird im
strikten Takt, synkopiert vom swingenden Rhythmus der Bewusstlosigkeit.

In dem Dokumentarfilm von Georges Franju »Le Sang des bêtes« (1949) wird
in der offensichtlichen Ruhe und Gelassenheit der Schlächter von La Vilette
die Normalität und Effektivität einer derart standardisierten Praxis greifbar,
in der nichts Unnötiges getan wird. So wird Kleinvieh nicht betäubt, sondern
zum Ausbluten und Dahinsterben aufgereiht.[66] Wir sehen eine komplexe
Partitur verschiedenster Todesrhythmen. Vor diesem Hintergrund sind die
Debatten um die beste Betäubungsmethode immer auch als Debatten um
Körpertechniken zu verstehen, d. h. dass sich die rezenten Tötungspraktiken
in der kritischen Diskussion neuer Technologien zugleich legitimieren und
kontinuieren.

Fassen wir den zeitgenössischen Wissensstand bis hierher zusammen: Mit
seinem Keulenschlag durchtrennt der Schlächter also gerade keine das Tier in
unmittelbare Leblosigkeit versetzende Achillessehne. Vielmehr fügt er, wenn

---

65   Heiß, 1904, S. 36.
66   Tatsächlich sind die französischen Schlachtpraktiken besonders traditionell, weshalb
     sich Anfang der 1960er Jahre Brigit Bardot selbst zur Heiligen Johanna der Schlachthöfe
     stilisiert und dem zuständigen Innenminister mit einem Bolzenschussapparat in der
     Handtasche einen Besuch abstattet. Vgl. Der Spiegel, 3 (1962), S. 46 f.

denn Stelle, Winkel und Kraft stimmen, der Gehirnhöhle des Schweins eine derartige Verletzung zu, dass in der Folge eine vollständige und längeranhaltende
Empfindungslosigkeit eintritt.

> Das getroffene Tier wird, weil dadurch die Tätigkeit des Gehirns momentan
> unterbrochen wurde, schnell zu Boden stürzen, es wird, je nach Stärke des
> Schlages eine leichte oder eine tiefe Ohnmacht eintreten.[67]

Allerdings gibt es auch ein zeitgenössisches anatomisches Wissen darüber,
dass beim Schwein die Gehirnhöhle sehr weit im Inneren des Kopfes und ge-
schützt durch die Stirnhöhle liegt, so dass die Gefahr einer bloß Schmerzen
verursachenden und keineswegs betäubenden Verletzung groß ist:

> Besonders beim Schweineschädel fallen uns die mächtig entwickelten Stirn-
> höhlen auf und wir können aus dem Durchschnitte dieser Schädel ersehen, daß
> die Gehirnhöhle nur an einer ganz schmalen Stelle sicher durch einen kräftigen
> Schlag erreicht werden kann.[68]

Es muss also, mit anderen Worten, die Gehirnhöhle und nicht die Stirnhöhle
getroffen oder durch Eindringen eines harten Gegenstands nachhaltig verletzt
werden, was eine nicht unerhebliche Zielgenauigkeit des Schlages voraussetzt. Folglich muss im Schlachthof eine stabile und verlässlichen Körperpraxis oder aber eine störungsfreie und sichere Technologie implementiert
werden, und genau in diesem Punkt laufen die Diskussionen um eine mögliche Technisierung des Schlachtens zusammen.

Wann nun aber – diese Frage blieb bisher außen vor – ist ein Schwein
wirklich tot? Und wie genau stirbt es durch Entblutung? Hierzu finden sich
in den zeitgenössischen Quellen nur spärlichste Aussagen; es gibt hier – im
Gegenteil – eine vielsagende Leerstelle.

> Der Tod erfolgt durch *Blutentziehung*. Dies geschieht entweder durch Durch-
> schneiden des Halses mit seinen großen Blutgefäßen oder durch Anschneiden
> der am Brusteingange gelegenen Blutgefäße (Bruststich).[69]

Anders formuliert: Der Tod ist für den Schlachter mit der vollständigen Betäubung eingetreten, und nur dieser gilt – wenn, dann – seine gesamte Aufmerksamkeit. Das betäubte Schwein ist für ihn, obwohl noch lebendig, bereits
zu Fleisch geworden. Was danach zählt, ist ausschließlich die Qualität dieses

---

67   Heiß, 1904, S. 37.
68   Ebd., S. 19.
69   Nörner, 1907, S. 89.

Produkts oder die Frage, wie eine möglichst effektive Entblutung herbeigeführt werden kann. Im Ablauf dieser finalen Sequenz tritt irgendwann, von
allen Beteiligten unbemerkt, der Tod als Nebensache ein:

> Bei geschickter Durchführung desselben wird der verursachten Wunde das Blut
> in großen Mengen und rasch dem Körper entströmen und je rascher eine der-
> artige Ausblutung erfolgt, umso vollkommener wird die durch diese Schlacht-
> methode erzielte Qualität des Fleisches hinsichtlich seiner Farbe sein.[70]

Neben der Farbe als ästhetischer Qualität geht es aber vor allem um die Halt-
barkeit des Fleisches. In diesem Punkt tritt das Verschwinden des Todes im
Schlachtverlauf besonders klar hervor. Es gibt gut, und es gibt schlecht ausgeblutetes Fleisch, nicht aber ein richtig oder falsch ausgeblutetes Tier. Weil »die
Mittelpunkte für Lungen- und Herztätigkeit im verlängerten Mark liegen«,[71] ist
deren Funktion von der Betäubung unabhängig: Das Schwein ist so sabotiert
worden, dass es sich selbst entleert, quasi wie eine Maschine noch einige Zeit
antriebslos weiterfährt, bis sie zum endgültigen Stillstand gekommen sein
wird. Die Ausblutung erfolgt am vollständigsten, wenn das Tier nicht instantan
getötet wird, sondern der Organismus gerade so manipuliert wird, dass die
Atmung noch eine gewisse Zeit funktioniert. Was bei der Guillotine zu den
nachdrücklichsten Schreckensbildern führte – das Nachleben des geköpften
Körpers –, ist beim Schlachten essentieller Teil des Verarbeitungsprozesses.

Über alles andere lässt sich allenfalls spekulieren. So tritt der Tod einerseits »bei anhaltendem Herzstillstand« ein, andererseits erst dann, wenn »der
Körper vollkommen erkaltet ist«.[72] Diese Definition macht im Schlachtbetrieb
keinen Sinn, weil sie ihn aufhalten, wenn nicht unmöglich machen würde. Der
Herzstillstand aber ist seinerseits nur ein Symptom dafür, dass die Blutungen im
Hirnschädel so weit fortgeschritten sind, dass der von dem französischen Anatom Xavier Bichat bereits einhundert Jahre zuvor angedachte, jedoch erst 1968
juristisch umgesetzte Hirntod eingetreten ist.[73] Doch viel entscheidender als
diese fundamentale Unsicherheit über den Tod ist die Tatsache, dass diese
Fragen für das Schlachten schlichtweg irrelevant sind, weil das vollständig betäubte Tier bereits zur sich selbst entleerenden Maschine, zu einer Art von
Protofleischfabrik geworden ist:

---

70   Heiß, 1904, S. 40.
71   Ebd., S. 42.
72   Ebd., S. 44.
73   In seinen »Recherches physiologiques sur la vie et la mort« von 1800 führt Bichat erstmals
     das Sterben von Organen ein, wodurch dann der Tod eintritt, vgl. Bichat, 1805.

Die Tiere werden, betäubt, den schmerzvollen Stich nicht fühlen, werden schmerzlos ihr Blut vergießen.[74]

Der apotheotische Ton dieses Zitats ist, neben der mythisch-religiösen Dimension des Fleisches, ein weiterer Hinweis darauf, dass sich der Tod immer schon ereignet hat und deshalb eigentlich auch nicht herbeigeführt werden kann.

... Und Maschinen

Damit nun zurück zur konkreten Praxis des Schlachtens im Spannungsfeld von unmittelbarer Körperpraxis und vermittelnder Technologie. Zwei grundsätzliche, einmal stärker die Apparate und einmal die Schlächter selbst betreffende Debatten lassen sich dabei an der Landsberger Allee beobachten. Beginnen wir mit den Apparaten. So werden zunächst vorrangig solche Werkzeuge verwendet, mit deren Hilfe sich der Betäubungsschlag effektiver ausführen lässt, die diesen aber nicht vollständig ersetzen. Es wird also die traditionelle Betäubung durch den freien Schlag mit der Keule in keiner Weise in Frage gestellt. Die Kraft und Geschicklichkeit des »Totschlägers« ist jeder Maschine überlegen, d. h. die verwendeten Schlaginstrumente halten eine körperzentrierte Schwebe zwischen Mensch und Maschine, sind eine Verlängerung der Hand.[75] So ist denn der vorherrschende Betäubungsapparat für Schweine nichts anderes als ein eiserner Hammer oder eine Holzkeule, die mit Eisen beschlagen ist. Um die Genauigkeit und Effektivität des Schlags zu erhöhen, werden vielfältige Vorschläge gemacht und auch patentiert, v. a. von der Firma Arthur Stoff, die auf dem Erfurter Schlachthof ansässig ist. Die Genauigkeit soll verbessert werden, indem der Hammer nicht direkt auf die Stirn, sondern auf einen parallel von einem Gehilfen vorgehaltenen, die Kraft weiterleitenden Bolzen trifft. Durch die Verringerung des Schlagquerschnitts wird zugleich die Effektivität deutlich erhöht, wobei die Bolzen zum Teil auch direkt ins Gehirn eindringen. Oder es wird zuvor eine Maske auf dem Kopf des Tiers angebracht, die an der richtigen Stelle eine Führung für einen Bolzen vorsieht, der dann mit ebenfalls geringerer Kraft geradewegs ins Gehirn eingetrieben werden kann. Weshalb diese Maske auch geeignet ist »für solche, die sich im Schlachten üben wollen«.[76]

---

74   Heiß, 1904, S. 78.
75   W. Meyer, 1908, S. 351.
76   Heiß, 1904, S. 14.

Doch schon bei diesen *low tech*-Hilfsmitteln fangen die Probleme an, von den komplizierten Geräten einmal ganz abgesehen: Mal kommt es zu »Verwundungen von Personen«, mal ist »der Apparat ziemlich schwer [zu] handhaben«, mal wird »der Bolzen in den Schädelknochen eingeklemmt« oder Knochensplitter und »Verschleimungen« setzen dem Apparat zu.[77] Oder es nimmt das Schwein das Instrument wahr, weshalb es »erfahrungsgemäß ausweicht und damit jede Sicherheit beim Losdrücken unmöglich macht.«[78] Überhaupt ist das Schwein nur mit sehr hohem Aufwand fixierbar:

> Man binde sie nunmehr an einem Ring im Boden oder an einer in die Wand eingelassenen Stange fest und drückt sie mit Hilfe von 2–3 kräftigen Burschen an die Wand. In dieser Stellung kann man sie leicht mit dem Eisenhammer oder mit einem anderen Betäubungsinstrument sicher töten. Es ist hierzu ein rascher Blick und ruhige Überlegung notwendig.[79]

Für die Bolzenschussapparate, in denen die menschliche Kraft durch eine Pulverladung ersetzt wird, gibt es Berichte, dass die Tiere gar nicht ernsthaft verletzt, geschweige denn betäubt wurden.[80] Was nicht selten zur Folge hatte, dass ungenügend betäubte und ausgeblutete Tiere in einem Zustand zwischen Tod und Leben in den Brühkessel geworfen wurden und dort entsprechend heftige Reaktionen zeigten.[81] Auch wird berichtet, dass die Instrumente unter den enormen Schlägen selbst Schaden nehmen, dass »der im Schädel befindliche Bolzenteil *abgebrochen* wird« oder die Fixierung des Schweins so aufwendig ist, dass »ein solcher Apparat zu einer Marter für das Tier« wird.[82] Störungen also allerorten.

Schaut man sich nun die Rhetorik der zugehörigen technischen Abbildungen etwas genauer an, so spricht diese eine ganz andere Sprache: Der

---

77   Lemmens, 1907, S. 60, Schwarz, 1903, S. 349 und Fuchs, 1902, S. 68.

78   Flessa, 1902, S. 142.

79   Heiß, 1904, S. 48. Weshalb es dann auch einige Vorrichtungen wie die Gothenburger »Schweinefalle« gibt, in der die Tiere vor der Betäubung fixiert werden, vgl. Sandeberg, 1908. Bezeichnend an dem Zitat von Hugo Heiß ist, dass die Rede nicht von Betäuben, sondern von Töten ist, ähnlich auch S. 56.

80   Selbstverständlich gibt es auch besonders eindrückliche Ausnahmen dieser technikdefensiven Haltung wie den Böhmischen Stadttierarzt Arthur Ottenfeld, der die Handhabung des verbesserten Schraderschen Schussbolzenapparats als »eine so einfache [anpreist], dass sie auch von einem Kinde ausgeführt werden kann.« (Ottenfeld, 1903, S. 391).

81   Vgl. Heiß, 1904, S. 80.

82   Messner, 1903, S. 145 und Schwarz, 1903, S. 349. Von einem tödlichen Unfall beim Gebrauch der Schussmaske in Wasserbillig berichtet die Zeitschrift für Fleisch- und Milchhygiene, Bd. 17/5 (1907), S. 195.

Imaginationsraum zwischen Sabotage und Störung schrumpft auf die blitzartige Betäugung zurück. Es hat fast den Anschein, als ob deren Ästhetik den
Imaginationsraum der nicht blitzartigen Betäubung geradezu neutralisieren
soll. Da sind beispielsweise die beiden Kupferstiche in Abbildung 6.6 aus dem
Handbuch von Oscar Schwarz, die Betäubungsapparate für Schweine darstellen.[83] Wir sehen einen Schweinekopf in Profilansicht, wobei einmal ein
Federbolzen-Apparat und einmal ein Schussapparat aufgesetzt ist. Würde es
sich nicht um einen Kupferstich, sondern um einen *film still* handeln, blieben
wenige Millisekunden bis zum Schlag: Das Schwein steht unmittelbar vor
der Betäubung. Aber gerade diese Unmittelbarkeit wird in keiner Weise erkennbar. Es gibt keine Spannung, keine Dynamik, keine Bewegung im Bild.
Selbst die den Hammer haltende Hand wirkt statisch und ruhig. Und auch
in der Physiognomie des Schweins ist keinerlei Anspannung erkennbar. Die
Augen sind halb geöffnet und blicken treu nach vorn, also nicht in Richtung
todbringendes Instrument. Die gesamte Kopfhaltung wirkt entspannt, und
die Schnauze ist zu einem zufriedenen Lächeln hochgezogen. Es sind zwei
unterschiedliche Schweine dargestellt – was womöglich sogar der Logik der
Situation geschuldet ist –, aber beider Gesichtsausdruck ist identisch. Erst auf
den zweiten Blick erkennt der Leser, dass es sich um unterschiedliche Tiere
handelt, weil die Mimik so verräterisch gleich ist.

Ein letztes Beispiel zeigt das Schwein in einer ganz anderen Situation,
aber – und das ist das Entscheidende – mit identischem, lächelndem Gesichtsausdruck. Im »Deutschen Tierfreund« vom 1. April 1899, und es dürfte
sich keinesfalls um einen Aprilscherz gehandelt haben, macht der Stolper
Schlachthofdirektor Schwartz intensiv Werbung für die Transportkarre seines
Kollegen Koch-Barmen. Wenn nämlich ein verletztes Schwein nicht zum Stall
getrieben werden kann, muss der Transport trotzdem möglichst schmerz-
frei geschehen.[84] In der zugehörigen Illustration wird das Schwein mit offensichtlich glückselig-erlöstem Gesichtsausdruck dargestellt. Die beiden den
Transport durchführenden Schlachthofangestellten wirken so freundlich
wie hilfsbereit. Da zudem der linke Angestellte eine Art von Livree trägt, hat
die ganze Szene etwas Surreales und ist von der historischen Situation eines
Schlachthofgeschehens denkbar weit entfernt. Was wir sehen, ist Politik, nämlich Tierschutzpolitik.

So fröhlich also die Schweine in den Kupferstichen des großen Handbuchs
von Oskar Schwarz unter dem Federbolzen-Apparat oder dem Schussapparat

---

83   Vgl. Schwarz, 1903, S. 348 f.
84   Vgl. Schwartz, 1899, S. 106.

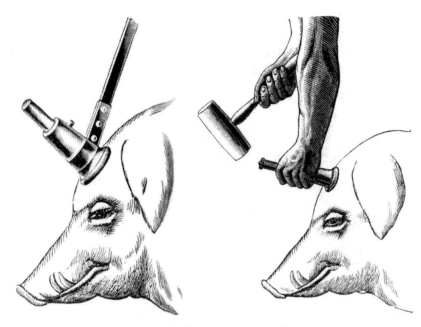

Abb. 6.6   Federbolzen-Apparat und Schussapparat von Stoff.

dreinschauen, so abrupt und offen endet das Kapitel, in dem die verschiedenen Betäubungsapparate vorgestellt und diskutiert werden.[85] Und selbst in der extrem technikbegeisterten und euphorisch auftretenden Preisschrift von Hugo Heiß finden sich immer wieder Passagen, in denen jede apparative Ersetzung der betäubenden Keule zu neuen Problemen führt: Beim Schlachthaken sind oft mehrere Schläge notwendig, bei der Schlachtmaske verfehlen Ungeübte leicht den Bolzen, Pistolenapparate stiften massive Unruhe im Schlachthofbetrieb (und Kugeln können auch einmal fehllaufen), und die Elektrizität spornt allenfalls den Ergeiz der Erfinder an.[86]

---

85   Etwas besser kommen bei Schwarz die Schussapparate weg, jedoch rät er von deren Gebrauch aus Sicherheitsgründen ab, ähnlich wie auch W. Meyer, 1908, dagegen sehr positiv Mittermaier, 1902, S. 26. In anderen Berichten schneidet diese Apparategattung als sicher, aber unzuverlässig ab, vgl. beispielsweise Messner, 1903.

86   Im Bolzaschen Wettbewerb von 1902 basiert nur eine einzige Eingabe auf der Wirkung des elektrischen Stroms, vgl. Rabe, 1902a, S. 195 f. und dessen überschwenglich positive Bewertung bei Fuchs, 1902, S. 69–72. Erst Ende der 1920er Jahre ersetzt die Elektrobetäubung zunehmend die mechanischen Verfahren, wobei die Forschungen ursprünglich aus der Prävention und so genannten Elektrohygiene stammen, vgl. Kassung, 2011.

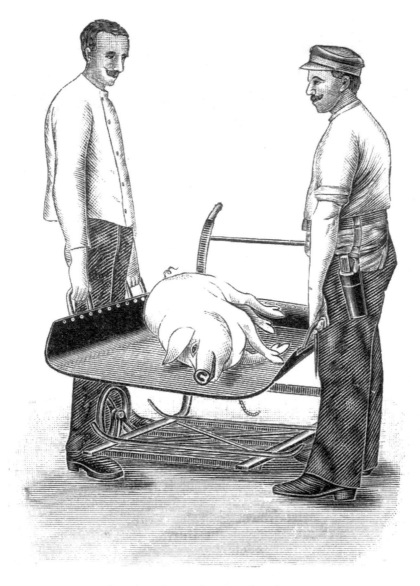

Abb. 6.7   Transportkarre für verletzte Schweine nach Koch-Barmen.

Was also bleibt, ist ein großes Imaginarium von Apparaten, die zu immer
»weiteren Verbesserungen und Vervollkommnungen anspornen« und wenn
sie optimal eingesetzt werden, dann genauso rasch betäuben »wie ein gut
ausgeführter Stirnschlag«.[87] Inmitten dieser mit ihrer eigenen technischen

---

87   Heiß, 1904, S. 16 und 37.

Zukunft flirtenden Fleischfabrik, direkt am Schwein, steht allerdings wie eh und je der Schlächter mit seiner Keule und seiner »Vorliebe für das Todtschlagen«.[88] Die Körpertechnik des Schlachtens behauptet sich gegen eine ganze Armada von Apparaten.

Damit steht genau im Spannungsfeld zwischen unmittelbarer Körperpraxis und vermittelnder Technologie das Individuum des Schlachters. So beobachten die Tierärzte und Behörden immer wieder, dass das Schlagen »ungeschickt vorgenommen wird«, dass »durch Ungeschicklichkeit oder Zufall der erste Betäubungsversuch misslingt« oder »die jungen Leute einen Kopf« eben noch nicht sicher treffen.[89] Manchmal sind mehrere Schläge auf das möglicherweise bereits am Boden liegende und unwillkürlich zuckende Tier notwendig, »was dem Zuschauer einen widerlichen Anblick bot«.[90]

> Damit nun die jungen Leute sich möglichst früh im sachgemässen Schlagen der Tiere üben und dadurch eine gewisse Treffsicherheit erlangen, ohne ein lebendes Tier als Zielpunkt ihrer Kraft- und Geschicklichkeitsproben benutzen zu müssen, hat man Übungsapparate konstruiert.[91]

Das Erstaunliche ist nun, dass es diese Apparate im Prinzip schon länger gegeben hat, nämlich auf dem Jahrmarkt oder auch im heimischen Garten.[92] Entsprechend sind diese Trainingsgeräte

> nach dem Prinzip der bekannten »Kraftmesser« konstruiert, bei denen es gilt, mittels eines hölzernen Schlägels einen eisernen, auf einer starken Feder befindlichen Knopf so zu treffen, dass die Feder bis auf ein bestimmtes Mass zusammengedrückt und die Verkürzung derselben selbsttätig an einer Skala angezeigt wird.[93]

Das von der Firma Arthur Stoff konstruierte Gerät hat überdies den Vorteil, dass »der zu treffende Knopf nur die Größe des Bolzenkopfes einer Schlagmaske hat und dieser sich in derjenigen Höhe befindet, die er an dem zu betäubenden Tiere hat.«[94] Der Stoffsche Apparat, auf dem man maximal 10 Kraftpunkte erschlagen kann, ist also deshalb ideal, weil er das Schwein

---

88   Rabe, 1903, S. 4.
89   Schwarz, 1903, S. 736, 735 und 352.
90   Heiß, 1904, S. 11.
91   Schwarz, 1903, S. 352.
92   Vgl. beispielsweise die 1933 von George S. Greene im »Popular Science Monthly« veröffentlichte Bauanleitung »High Striker« (Greene, 1933). Auch Hugo Heiß verweist auf Schlagapparate auf Jahrmärkten, vgl. Heiß, 1904, S. 70.
93   Schwarz, 1903, S. 352.
94   Schwartz, 1899, S. 137.

ersetzt. Anders, und etwas pointierter formuliert: Klingelt die Glocke beim
Lukas, ist das Schwein sicher betäubt. Wer auf dem Schlachthof gut sein
will, muss sich erst auf dem Jahrmarkt behaupten können und am besten
zuvor im elterlichen Garten geübt haben. Hierfür gibt es dann gleich auch
eine Anleitung, wenn die Anschaffung eines Übungsapparates zu kost-
spielig ist. Ein einfacher Holzpflock, tief in die Erde gerammt, mit einer
Eisenmanschette gesichert und einem Eisenzapfen als Ziel versehen, reicht
vollkommen aus:

> Man übe sich an dem eingetriebenen Zapfen täglich eine Viertelstunde, erst
> langsam, dann schnell schlagend und sich im Zielen übend, bis derselbe bei
> jedem Schlage mit dem Hammer genau in der Mitte getroffen wird.[95]

Abb. 6.8   Apparat zum Üben im Schlagen nach Arthur Stoff.

---

95   Heiß, 1904, S. 70.

Kommen dazu dann noch ein paar Kraftübungen, welche »die Armmuskeln schwellen und erhärten«, wird aus dem Menschen die beste Maschine.[96] Das Schlachten beginnt, zumindest auf der Ebene der Körperpraxis, im elterlichen Garten. Es entbehrt nicht einer gewissen Ironie, dass die Heißsche Preisschrift, nachdem sie zunächst minutiös das anatomische, medizinische, neurologische und technologische Wissen der Zeit referiert hat, am Schluss explizit zur Körperpraxis des Schlachtens zurückkehrt. Die Maschine ersetzt nicht den Schlächter, sondern das Schwein, bis der Mensch selbst zur Maschine geworden ist.

Schlagen wir den Bogen zurück zum Wettbewerb zur »Konstruktion des besten Betäubungsapparates für Kleinvieh«. Konnte überhaupt jemand diesen Preis gewinnen? War ein mechanisiertes Töten zu dieser Zeit bereits denkbar? Zumindest für den Berliner Schlachthof ließ sich eine relativ eindeutige Antwort geben: Die Schlachtkammer blieb eine weitestgehend maschinenfreie Zone. Es fand keine Ersetzung der körperlichen Praktiken durch Maschinentechnik statt, wohl aber eine Disziplinierung derselben durch Apparate. Und es wurde nicht der Prozess selbst mechanisiert, sondern der Schlachter. Oder anders formliert: Gerade weil in Berlin so viele Schweine geschlachtet wurden, weil das Töten dort massenweise geschah, konnten gewerbsmäßige Totschläger angestellt werden, die jeder Maschine überlegen waren. Die Massenschlachtung löste das Problem des Tötens, indem sie den Menschen zur besten aller Maschinen machte.

Wird dagegen zu wenig getötet, wird die Praxis paradoxerweise fragil und ein technischer Ersatz des Menschen sinnvoll:[97]

> Sowohl derjenige, der den Apparat auf die Stirn des Tieres setzt, wie auch derjenige der den Schlag ausübt, müssen in ihren Bewegungen konform mit denen des zu betäubenden Schweins sein, sonst gibt's einen Fehlschlag! Und Fehlschläge kommen auch bei Leuten vor, die den Apparat jahrelang zusammen gehandhabt haben.[98]

Dass die hierfür verwendeten Übungsapparate bereits in der Alltagskultur jahrmarktstrunkener Männlichkeitsideale verankert waren, zeigt, wie unproblematisch die Disziplinierung des Körpers auch und gerade im

---

96   Heiß, 1904, S. 70.

97   Wobei Hugo Heiß in seiner Preisschrift genau anders herum argumentiert: Es muss Ziel sein, bei Haus- und Privatschlachtungen erst einmal Beil und Keule durchgängig einzuführen, wohingegen in Schlachthöfen aufgrund ihrer Vorbildfunktion stets mit dem neusten Stand der Technik gearbeitet werden sollte, vgl. ebd., S. 69 und 73.

98   W. Meyer, 1908, S. 353.

Zusammenspiel mit der Maschine zu jener Zeit ist. So gibt der Verwaltungs-
direktor Otto Hausburg am 9. März 1888 bekannt:

> Eine vom Curatorium ernannte Commission [...] hat daher am hiesigen
> Schlachthofe eine Einrichtung getroffen, durch welche die Uebung und Kraft
> zum unfehlbaren Schlagen von Rindern und Schweinen an einem leblosen
> Geräth erworben und bewiesen werden kann [...] In einem Polizeischlachtstall
> hierselbst [...] *wird in unserm Auftrage der jetzige städtische Schlachthofaufseher,*
> *frühere Fleischermeister Gloeckner die Lehrlinge an dem dort aufgestellten Kraft-*
> *messer im Schlage unterweisen* [...] Kein Lehrling sollte den Betäubungsschlag
> an einem lebenden Thiere versuchen, der sich nicht der vollen Kraft und unfehl-
> baren Treffsicherheit bewußt ist und hierfür auch den Beweis am Kraftmesser
> abgelegt hat.[99]

Dieser Trainingskontext zeigt aber auch, dass der Schläger genau dann perfekt
arbeitet, wenn die Schlachtzahlen möglichst hoch sind.

In der Tabelle, die der städtische Schlachthof-Direktor von Weimar, Dr.
Werner Meyer, seinem »Beitrag zur Frage der Betäubung auf Schlachthöfen«
hintenanstellt, tötet man Schweine in kleinen Schlachthöfen am besten mit
Schussapparaten, in mittleren Schlachthöfen per Schlagbolzenapparat und in
großen Schlachthöfen per Hand, sprich mit Hammer und Keule.[100] So ist der
Mensch die effektivste Schlachtmaschine, wenn er nichts anderes als genau
dies tut: töten bzw. besser formuliert: betäuben. In der Zeit, in der Flessas
mit 2.000 Mark prämierte Bolzenschussapparat geladen, verschlossen, ge-
spannt, aufgesetzt und in einem Augenblick der Ruhe beim Tier auch ausgelöst wird, ist der Hammer des Schlägers bereits »mit bewundernswerter
Sicherheit und Vollendung« auf einer ganzen Reihe von Schweineköpfen
niedergegangen.[101] Schlachten ist vor allem eine Frage der Disziplin, auch
wenn »der nie rastende menschliche Geist [...] immer wieder Verbesserungen,
neue Methoden zur Vervollkommnung der Tötung« schuf.[102]

Bleibt die letzte, schwierigste Frage: Wie lässt sich diese enorme Latenz des
Körperlichen erklären? Warum blieb inmitten der Hochindustrialisierung, in
einer mit neuesten *cutting edge*-Technologien ausgestatteten Fleischfabrik
das Kerngeschäft der Betäubung reine Handarbeit? Woher das Zögern und
Zaudern, die Abwehr von Fortschritt in diesem einzigen Punkt? Vermutlich
werden sich diese Fragen niemals abschließend beantworten lassen. Aber
nach dem bisher Gesagten erscheint doch ein Zusammenhang wesentlich:

---

99   Landesarchiv Berlin, A Rep. 13-02-02, Nr. 1487.
100   Vgl. W. Meyer, 1908, S. 354.
101   Heiß, 1904, S. 75.
102   Ebd., S. 5.

Die Tatsache, dass Schlachten ein massenhafter und streng durchgetakteter Prozess ist. Das System Schlachthof darf sich keine Störungen erlauben, dazu ist das Produkt zu fragil und die Nachfrage zu stabil. Der Ausschluss oder die Vermeidung von Störung geschieht, indem der Mensch zur Maschine wird. Es ist also gerade die Körperpraxis des Betäubens, jene »bewundernswerte Sicherheit und Vollendung« des Schlagmeisters, welcher den Takt vorgibt, in dem der Schlachthof prozessiert.

7

Der Markt

> Es gibt keine universelle Metzger-
> sprache, *nichts* davon ist übersetzbar.

(Buford, 2010, S. 357)

Am 27. November 1912 begann im Deutschen Reichstag eine Debatte über den aktuellen Stand der Fleischversorgung. Im Zentrum der teilweise ebenso kontroversen wie hitzigen Auseinandersetzungen stand die Frage, wie das Fleisch am schnellsten und günstigsten zur Bevölkerung gelangt. Was als vorübergehender »Fleischnotrummel« begann, hatte sich zu einer hand-festen, direkt in die familiäre Keimzelle der jungen Nation hineinreichenden Teuerungskrise ausgeweitet:[1]

> Vor allen Dingen werden sie in der Ernährung ihrer Kinder beeinträchtigt; (sehr richtig! links) denn es ist nichts natürlicher und selbstverständlicher, als daß angesichts der gestiegenen Preise man sich zunächst in den Familien damit zu helfen sucht, daß man den größeren Teil der Fleischnahrung dem Haupte der Familie zuführt, dem Ernährer und Erwerber, und daß darüber die Ernährung der Mütter und Kinder zurückgeht.[2]

Fleisch, mit anderen Worten, reagiert als zugleich industrialisiertes wie symbolisch hoch aufgeladenes Nahrungsmittel extrem sensibel auf Störungen der Grundversorgung. Werden die Ressourcen knapp, folgen die Teilungslogiken dem Gesetz des Stärkeren und damit tradierten kulturellen Mustern, wodurch die gesamte Konstruktion der Sozialhygiene in sich zusammenbricht. Dieser kardinale Widerspruch, dass das Fleisch einerseits wenige Jahre zuvor in einen industriellen und damit gut steuerbaren Produktionsprozess eingegliedert wurde, es aber andererseits sehr sensiblen Störungen innerhalb der Ver-teilungslogistik unterworfen ist, bedurfte also der politischen Aufklärung und beschäftigte die Abgeordneten über ganze drei Tage. Die Debatten sind insofern

---

1 Verhandlungen des Reichstags, 1913, S. 2328.
2 Ebd., S. 2362.

© VERLAG FERDINAND SCHÖNINGH, 2021 | DOI:10.30965/9783657704460_008

hoch aufschlussreich, als dabei erstens sämtliche Agenten der gesamten Verwertungskette zur Sprache kommen sowie zweitens ökonomisch-systemische
Argumente an der Alltagsrealität kulinarischer Systeme abzuprallen scheinen.
Seit dem Übergang vom lokalen zum zentralen Schlachten ist die Verwertungskette in Berlin extrem ausdifferenziert:

> Ein Stück Vieh, welches in Berlin geschlachtet werden soll, wird zuerst auf dem
> Land durch einen kleinen Aufkäufer aufgekauft, der selbstredend an dem Ge-
> schäft etwas verdienen muß. Von diesem kommt es an den Viehkommissionär
> und durch diesen auf dem Viehmarkt endlich in die Hände des Großschlächters
> und vom Großschlächter – jetzt kommt die fünfte Instanz – erst an den Fleisch-
> verkäufer, an den sogenannten Metzger, der zwar in Wirklichkeit nicht mehr
> Schlächter ist, aber für sein Geschäft bei dem Verkauf des von anderer Seite be-
> zogenen und geschlachteten Fleisches ebenfalls seine Prozente berechnen und
> beim Verkauf des Fleisches aufschlagen muß.[3]

Hoch ausdifferenzierte Prozesse also auf der einen Seite – Ängste, Störungen
und Hunger auf der anderen.[4] Vor diesem Hintergrund wird es mir im Folgenden
um die Verteilung von Fleisch gehen, also darum, auf welchen Wegen genau
das Fleisch zum Verbraucher gelangt. Die erste Hälfte dieses Buches war der
Konzentrationsbewegung der Tiere im zentralen Vieh- und Schlachthof ge-
widmet. Im zweiten Teil soll nun die Expansion des Fleischs in den Stadtraum
nachgezeichnet werden. Insofern hat dieses Kapitel eine Gelenkfunktion für
die anschließenden Überlegungen zu den Garungstechnologien (Herd) und
den drei kulturell sehr verschiedenen Konsumebenen Konserve, Bierquelle
und Sonntagsbraten.

Was also sind die Kulturtechniken der Teilung und Verteilung von Fleisch?
Das Schlachthaus ist vielfach mit dem Fließband verglichen worden – ja es
seien dessen *disassembly lines* sogar Vorbild und Vorläufer der *assembly lines*
in den Ford-Werken gewesen.[5] Lässt man den genealogischen Aspekt dieses
Vergleichs außen vor, bleibt als zentrale Parallele die Standardisierung und
Normierung von Fleisch als Produkt: Fleisch entsteht als Ware genauso wie ein
Auto produziert wird. Also nicht als Wachstumsprozess entsprechend einer
natürlichen Programmierung, sondern als künstliche Zusammenfügung bzw.
eben Zerlegung vorgefertigter Bauelemente. Entsprechend ist das Produkt
umso besser, je weniger Abweichungen es vom Herstellungsplan gibt. Jedes
Kotelett muss möglichst identisch mit jedem anderen Kotelett sein und dabei

---

3 Verhandlungen des Reichstags, 1913, S. 2373.
4 Vgl. auch Potthoff, 1927, S. 374.
5 Vgl. Giedion, 1970, S. 89.

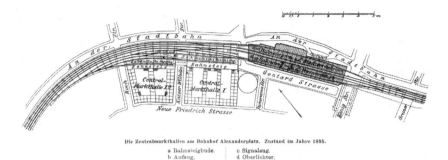

Die Zentralmarkthallen am Bahnhof Alexanderplatz. Zustand im Jahre 1895.

a Bahnsteigbude.   c Signalzug.
b Aufzug.   d Oberlichter.

Abb. 7.1   Zentralmarkthallen am Alexanderplatz (1895).

aber gleichzeitig – dies ist die Ironie der zweiten Natur – als ein natürliches
Produkt erscheinen, das ausschließlich für mich entstanden ist.

Womit das Schlachthaus die Schweinehälfte bzw. die Markthalle das
Kotelett produziert, das genau dann ein gutes Kotelett ist, wenn es möglichst
identisch mit jedem zuvor gekauften ist. Der inhärente Widerspruch der
zweiten Natur verschwindet im modernen Konsum, insofern die Herkunft des
Fleischs aus dem Tierkörper unsichtbar wird und in diesem Unsichtbarwerden
zugleich ein neues, natürliches Produkt entsteht. Im hochverteilten Arbeits-
prozess wird die Individualität des tierischen Körpers aufgelöst in Produkte,
deren Herkunft vergessen werden kann, und die genau deshalb in Massen
konsumierbar werden. Anders formuliert: Erst aufgrund der Komplexität der
bisher geschilderten Produktionsketten kann Fleisch zu einer selbstverständlichen Ware neben anderen Dingen des alltäglichen Lebens werden. Sein Ursprung verliert sich in einer undurchsichtigen Wertschöpfungskette, in der das
Fleisch allererst – *contradictio in adiecto* – zu etwas Natürlichem wird. Dabei
findet zwischen der Produktion und dem Konsum eine doppelte Teilung statt.
Erstens die Verteilung in den Märkten. Und zweitens die Zerteilung durch den
lokalen Metzger.

Verteilen: Händler

Drei Jahre nach der Fertigstellung des Vieh- und Schlachthofs, am 3. Mai 1886,
wurden in Berlin die ersten vier städtischen Markthallen eröffnet. Bis dahin
hatte sich in einem ständigen Hin- und Her aus gescheiterten Versuchen, das
Marktgeschehen entweder zu zentralisieren oder durch entsprechende Verord-
nungen zu regeln, die Anzahl der Märkte auf etwa 20 mit rund 9.000 Ständen
erhöht, wobei die Bevölkerungsanzahl im Vergleich hierzu jedoch deutlich

schneller anstieg.[6] Bereits zehn Jahre zuvor hatte Hermann Blankenstein den Vorschlag einer zentralen Markthalle am Alexanderplatz unterbreitet, allerdings war dieser politisch erst nach der erfolgreichen Zentralisierung des Schlachtens durchsetzbar geworden.[7]

Abb. 7.2   Marheineke-Halle in Berlin-Kreuzberg (um 1900).

Doch nicht nur mit der Entstehungsgeschichte des Schlachthofs waren die Markthallen synchronisiert. Ein zweites, mindestens ebenso wichtiges Moment bestand in der Eröffnung der Berliner Stadtbahn am 7. Februar 1882 nach nur sechseinhalbjähriger Bauzeit. Realisiert wurde damit nicht nur das größte zusammenhängende Bauwerk von Berlin. Durch dessen Zergliederung in gut 700 Viaduktbögen entstand zugleich eine enorme Anzahl von gewerblich nutzbaren Räumen wie Pferdeställe oder Garagen, Unterstände oder Tierheime, aber eben auch Restaurants und Verkaufsstände für Nahrungsmittel, die als Bindeglied zu den großen Markthallen fungierten. Anders formuliert: Für die Versorgung Berlins mit Fleisch spielte die Stadtbahn mitsamt der Viaduktbögen eine zentrale Rolle.[8] Die Zentralmarkthalle bildete einen Abschnitt der Stadtbahn, die genau wie der Schlachthof in das Eisenbahnnetz

6   Vgl. Lummel, 2004, S. 97.
7   Zur Geschichte der Berliner Märkte vgl. Virchow und Guttstadt, 1886, S. 302–308.
8   Vgl. Boberg et. al., 1984, S. 106–113.

integriert worden war. Sie war die zentrale Verbindung zwischen Schlachthof
und Esstisch; sie war der ›Schlund‹ des Berliner Verdauungssystems. So kann
man zur Eröffnung in der »Illustrirten Zeitung« nachlesen:

> Die Markthalle lehnt sich an den Stadtviaduct an der westlichen Einfahrt des
> Alexanderplatz-Bahnhofes. Sieben Viaductbogen der Stadtbahn, deren Boden-
> fläche selbst zu Marktzwecken dient, sind sozusagen der Ast, an welchen die
> Halle ansetzt. Es folgt der erweiterte Viaduct der Stadtbahn, auf welchem die
> drei Gleise liegen, welche bestimmt sind, die Marktgüter bis an die Halle zu
> schaffen.[9]

Neben dieser Zentralmarkthalle sollte Berlin in den kommenden Jahren mit
einem Netz von 14 Markthallen überzogen werden, »damit dem kaufenden
Publikum nirgends zu weite Wege zugemuthet würden.«[10] Ein entscheidendes
Kriterium war also der möglichst unmittelbare Anschluss eines jeden Haus-
halts an den niemals abreißenden Fleischstrom aus den östlichen Provinzen,
womit sich die Warenströme in Schlachthof und Markthallen maximal verdichten, um dies- wie jenseits aufgefächert zu werden.

Ausschlaggebend für die erfolgreiche Planung der Fleischversorgung Berlins
war also der Warendurchsatz zwischen den beiden zentralen Knotenpunkten
Schlachthof und Markthalle. Dieser sollte durch eine direkte Anbindung der
Zentralmarkthalle an die Stadt- und somit Ringbahn erfolgen. Direkt hinter
dem Bahnhof Alexanderplatz lag eine Weiche, über die zwei Gleise parallel
zur östlichen Seite der Markthalle geführt wurden. Fahrstühle vermittelten
zwischen Perrons und Halle, so dass pro Stunde 15.000 kg Güter entladen
werden konnten, entweder direkt in den Verkauf oder in die Lagerung.[11] Damit
ließen sich pro Nacht zwei Züge mit zusammen 60 Achsen entladen, die zuvor
im Bahnhof Charlottenburg oder Rummelsburg zusammengestellt worden
waren.

Soweit die theoretische Planung, in der Praxis nahm das Fleisch jedoch
andere und von der Planung so gar nicht vorhergesehene Wege:

> Bisher hat allerdings nur ein sehr kleiner Theil der Waaren die Stadtbahn be-
> nutzt, hauptsächlich weil der gesammte Marktverkehr sich den gänzlich ver-
> änderten Verhältnissen erst allmälig anzubequemen vermag, und namentlich
> für den Grosshandel die zweckmässigste Form erst gefunden werden muss.[12]

---

9   Klaußmann, 1886.
10 Virchow und Guttstadt, 1886, S. 307.
11 Vgl. Lummel, 2004, S. 97. Virchow und Guttstadt sprechen sogar von 100 Tonnen pro
    Stunde, vgl. Virchow und Guttstadt, 1886, S. 311.
12 Ebd., S. 311.

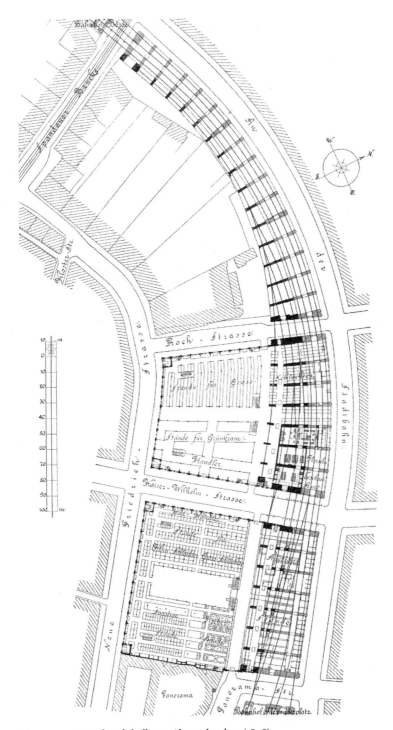

Abb. 7.3   Zentralmarkthalle am Alexanderplatz (1896).

Obwohl also Tier und Fleisch an den Schlachthof mit jeweils eigenen Bahn-
anschlüssen gekoppelt waren, wurden die Schweinehälften auf sehr unterschiedliche Transportsysteme verteilt, entsprechend der Vielzahl der Zielorte.
Besonders eindrücklich wird dies in Abbildung 7.4 greifbar, die sogar noch aus
den 1920er Jahren stammt: Im Hintergrund sehen wir die Signalsysteme der
Eisenbahn mit Beladeturm, im Vordergrund dagegen Pferdewagen, die offen
hängende Schweinehälften für die weitere Zwischenlagerung, Vermarktung
und Auslieferung zum neuen Schlachthofgelände transportieren. Zwischen
diesen beiden Ebenen laufen einige Schweineherden, die noch nicht Fleisch
geworden sind. Was die Abbildung dagegen nicht zeigt, ist, dass ebenso Handkarren, Elektrowagen und Verbrennungsmotoren für den Transport eingesetzt
wurden – also eine massive Gleichzeitigkeit des technisch Ungleichzeitigen
herrschte. Wie lässt sich ein solcher Befund erklären bzw. welche Vorteile hatte
ein derart stark ausdifferenziertes System gegenüber einer zentral gesteuerten
Logistik?

Abb. 7.4   Transport von Schweinehälften zur Kühlung auf dem neuen Zentralvieh- und
             Schlachthof (um 1915).

Halten wir fest: Die Schweine verließen das Schlachthofgelände im Normalfall
als Hälften. Diese wurden von etwa der Hälfte der rund 900 Schlächter präpariert,
um dann auf sehr unterschiedlichen Wegen entweder zu einer der Markthallen oder direkt zu einzelnen Metzgern bzw. Großabnehmern transportiert

zu werden. Woraus sich schon einmal der Schluss ziehen lässt, dass Fleisch im
Stadtbild eine andere Sichtbarkeit als heute hatte: als totes Tier. Die Lebens-
mittelkleinhändler bezogen ihre Waren in der Zentralmarkthalle und gaben sie
dann über Läden, die sich an jeder Ecke Berlins befanden, an die Bevölkerung
weiter. Gegen Ende des 19. Jahrhunderts wird dieses stark lokal operierende
System durch die großen Warenhäuser und das Versandgeschäft ergänzt.

Erst diese flächendeckende Versorgung schaffte die Voraussetzung dafür,
dass sich die Gesellschaft über den Konsum ausdifferenzieren konnte. So gab
es 1882 in Berlin rund 1.500 Fleischereibetriebe, 1895 waren es dagegen bereits
knapp 2.500 Geschäfte. Es erfolgte dann, nach der Jahrhundertwende mit
dem zunehmenden Heranwachsen der Stadt ans Schlachthofgelände und der
dortigen Einrichtung von Kühl- und Speichertechnologien eine zunehmende
Verschiebung dieser dezentralen Logistik in Richtung Großmarkt: Immer
mehr Fleisch wurde direkt vor Ort, in einer eigenen Fleischverkaufshalle an der
Ecke Eldenaer- und Thaer-Straße verkauft, womit sich die heutigen Strukturen
etabliert hatten.[13] Man erinnere sich aber an die Pferdefuhrwerke in Abbildung 7.4, also an die weiterhin bestehende Parallelität unterschiedlichster
Transporttechnologien. Um nun noch genauer den Weg des Fleischs im Berlin
des 19. Jahrhunderts nachzeichnen zu können, werfe ich im Folgenden einen
Blick auf das Metzgerhandwerk.

Abb. 7.5   Fleischgroßmarkthalle III (1929).

---

13   Vgl. Virchow und Guttstadt, 1886, S. 281.

Zerteilen: Metzger

Der Fleischbedarf als konkretes, kulinarisches System ist sehr viel schwieriger zu rekonstruieren als bloße Konsumquoten pro Kopf, weil Fleisch, wie noch ausführlich zu zeigen sein wird, auf höchst unterschiedlichen Verbrauchswegen zwischen Brühwürfel, Bierwurst und Sonntagsbraten zum Konsumenten gelangte. In gröbster Rasterung lässt sich festhalten, dass der Fleischkonsum zwischen 1883 und 1903 insgesamt von etwa 70 auf 75 kg sehr moderat anstieg, wohingegen sich die Menge des verzehrten Schweinefleischs von 20 auf etwa 35 kg fast verdoppelte.[14] Gleichzeitig lagen die Marktpreise für ein Kilogramm Schweinefleisch 1883 bei etwa 1,20 Mark, wohingegen kurz vor der Jahrhundertwende 1,40 Mark zu bezahlen waren. Nach einem sehr kurzen Abfallen der Fleischpreise in den 1890er Jahren setzte dann eine kontinuierliche Preissteigerung bis zum Ausbruch des Ersten Weltkriegs ein.

Damit können wir zunächst die sehr marktuntypische Situation festhalten, dass ein Produkt industriell hergestellt und in höheren Anzahlen absolut wie relativ konsumiert wurde, gleichzeitig aber die Verbraucherpreise für dieses Produkt deutlich anstiegen, wohingegen die Großhandelspreise sinken.[15] Dies ist ein Hinweis auf die symbolische Dimension des Fleischkonsums und liefert somit einen ersten Anhaltspunkt für die Analyse der konkreten kulinarischen Systeme bzw. die Teilungs- und Verteilungsprozesse, innerhalb derer Fleisch zu einem zentralen Nahrungsmittel der Metropole wird.[16] Offensichtlich wuchsen die Kosten für die Vermittlung und den Absatz schneller als die Produktionskosten reduziert werden konnten, das heißt es etablierten sich zusätzlich zur häuslichen Zubereitung völlig neue und eben für das Leben innerhalb der Metropole typische Absatzwege. Fleischkonsum wurde zu einer Investition in die Moderne, und diese fand nicht primär innerhalb der heimischen vier Wände, sondern vor allem auch im öffentlichen Stadtraum statt.

---

14   Zentrale Quelle hierfür ist das »Statistische Jahrbuch der Stadt Berlin«, das 1874 erstmals erschien zwischen 1882 und 1903 mit Ausnahme des 27. Jahrgangs von dem Berliner Regierungsrat Richard Böckh herausgegeben wurde. Verlässliche Zahlen gibt es für Berlin mit der Einführung des Schlachtzwangs ab 1883. Die Konsumstatistiken hören 1903 auf, ab 1904 werden die alten Zahlen lediglich wiederholt und bis 1908 mit dem Hinweis versehen, dass aus statistischen Gründen die Zahlen nicht mehr erhoben werden. Ab 1908 fehlen sie dann ganz. Der Berliner Pro-Kopfverbrauch an Schweinefleisch ist nur mit großer Fehlertoleranz extrapolierbar, weil genaue Zahlen für den Im- und Export an geschlachtetem Fleisch wie auch für den Verlust durch Krankheitsbefall fehlen.

15   Vgl. auch Potthoff, 1927, S. 442.

16   Die in Tabelle 7.1 zusammengestellten Zahlen basieren auf dem von Böckh herausgegebenen »Statistischen Jahrbuch der Stadt Berlin«. Etwas höhere Zahlen finden sich ebd., vgl. die auf S. 455 wiedergegebenen Fleischpreise.

Tab. 7.1   Schweinefleischkonsum in Berlin (Fleischkonsum in kg, Schlachtgewicht in kg und Preise in Mark/kg)

Jahr	1881	1882	1883	1884	1885	1888	1893	1899	1902	1914
Fleischkonsum gesamt	55,7	56,3	69,5	70,9	70,9	76,9	70,9	76,6	75,1	
Schweinefleisch			19,1		25,2			34,1		
Schlachtgewicht	75	75	95	95	95	100	80	80		
EK-Preis Schlachthof	1,12	1,10	1,04	0,92	0,95	0,87			1,04	1,19
Preis Schweinefleisch	1,21				1,26		1,32	1,40		
Preis Karbonade		1,61			1,72					

In Potthoffs umfassender »Illustrierte Geschichte des Deutschen Fleischer-Handwerks vom 12. Jahrhundert bis zur Gegenwart« findet sich ein weiterer Hinweis auf diese Vermutung: Das Verhältnis von Einwohnerzahlen zu Fleischerbetrieben änderte sich in der zweiten Hälfte des 19. Jahrhunderts nur unmerklich.[17] Eine mögliche Erklärung hierfür wäre, dass die Anzahl der Metzgereien und Fleischereien deshalb nicht im selben Maße wie die Fleischproduktion ansteigen musste, weil sich der Konsum vom privaten, häuslichen Bereich in den öffentlichen Raum hinein verlagerte. Dass also, und hiermit schließt sich der Argumentationsbogen, der Fleischkonsum ein Effekt der Metropolisierung ist, der eben auch genau dort stattfand: im Stadtraum selbst. Und hier zugleich neue kulinarische Systeme generierte.

Der Tabelle 7.1 lässt sich aber noch eine weitere wichtige Information entnehmen: das Sinken des Schlachtgewichts von etwa 95 kg zur Zeit der Eröffnung des Schlachthofs auf 80 kg um die Jahrhundertwende. Leider gibt es kein statistisches Material über die Verteilung der Schlachtzahlen auf die einzelnen Schweinerassen. Jedoch kann das abnehmende Schlachtgewicht in jedem Fall als ein Hinweis auf die Verschiebung des kulinarischen Systems hin zu weniger fettreichen Tieren, mithin zum Deutschen Edelschwein gelesen werden.[18] Womit wir nun beim zentralen Agenten zwischen den Schweinehälften und dem Konsumenten angelangt sind, dem Fleischermeister. Dieser kann, zumindest im Kleinbetrieb, direkt auf das kulinarische System seiner Betriebsumgebung reagieren und agiert deshalb – im besten Falle – als dessen Spiegel.

---

17   Vgl. Böckh, 1884, S. 443–445.
18   Vgl. Potthoff, 1927, S. 452.

Wie geschieht dies nun konkret? Vorab und noch in der Schlachthalle wird
zunächst das Blut in Behältnissen gesammelt und beständig gerührt, damit es
nicht gerinnt. Nur so kann es später weiterverarbeitet werden, nämlich zu
Blutwurst oder Photochemie. Die Klauen werden entfernt, wodurch Abfall,
nämlich Horn entsteht, und entlang der Sehnen der Hinterläufe wird ein-
geschnitten, so dass hier der Fleischerhaken bzw. Spreizhaken zum Aufhängen
durchgezogen werden kann.

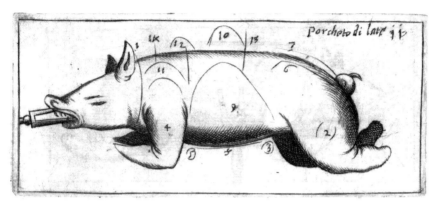

Abb. 7.6   Li tre trattati (1639).

Sodann werden die Schweine bei etwa 65 Grad Celsius gebrüht, damit die
Borsten entfernt werden können, was die Voraussetzung für die Verwendung
der kulinarisch wichtigen Schwarte ist. Das Entborsten kann händisch mithilfe einer so genannten Schabeglocke geschehen oder stärker mechanisiert.
Entfernt wird dabei auch die oberste Hautschicht, weshalb das Schwein jetzt
vollkommen hell ist und sich damit in den symbolischen Code der Farbe Weiß
einschreibt.[19] Immer wieder wird für diesen Vorgang Wasser benötigt, um lose
Haut, Borsten oder Blutreste zu entfernen. Zwischen diesen beiden Stationen
vermittelt ein Schienentransportsystem oder aber Handkarren. Solange das
Schwein noch liegt, sollte auch das Brustbein durchtrennt werden, weil hierfür ein entsprechender Gegendruck notwendig ist, der beim Hängen nicht gegeben ist.

Danach beginnt das eigentliche Teilen des Schweins, allerdings eben mit
den Arbeitsschritten, die noch im Schlachthof durchgeführt werden. Zunächst wird der Kopf abgetrennt und zur Weiterverarbeitung gegeben. Dann
wird das Schwein vom Bauch her geöffnet, beginnend beim Anus, wobei die
Trennschnitte sorgfältig gesetzt werden müssen, damit Darm, Blase und die

---

19   Vgl. Ullrich und Vogel, 2008.

anderen Eingeweide nicht verletzt werden. Die Därme oberhalb des Mast-
darms landen in der Darmschleimerei, wo sie zur formgebenden Hülle für
all jenes Fleisch werden, das sich seiner unmittelbaren Erkennbarkeit durch
mechanische Zerteilung entzieht. Dazu zählen auch, mit sehr verschiedenen
kulturellen Ausprägungen bis hin zur jüngsten Nose-to-Tail-Bewegung,
Innereien wie Herz, Magen und Leber. Zur vollständigen Trennung der
Schweinehälften muss zudem noch das Becken durchtrennt werden, sodann
der Rücken mithilfe eines Beils oder einer Säge. Es wird abschließend das
Fett vom Unterleib entfernt und die Nieren herausgenommen, womit die
Schweinehälften transportfertig sind.

Abb. 7.7   Metzgereistand.

Kommen wir damit wieder zur Teilung des Schweins in Fleischstücke und
deren symbolisch-kulinarischer Bedeutung zurück. Wir befinden uns nun also
in der Metzgerei, lokal und vor Ort, und das heißt in direktem Austausch mit
dem Kunden: Der Metzger verkauft einige Teile besser, andere schlechter. Das
Messer des Metzgers operiert unmittelbar am und im kulinarischen System:
Die mit seiner Hilfe vollzogenen Schnitte differenzieren jene Elemente, die
eine bestimmte kulinarische Bedeutung erlangen – alles andere landet,
worauf zurückzukommen sein wird, in der undefinierbaren Fleischmasse jenseits des Fleischwolfs. Der in diesem Sinne wertvollste Teil des Schweins ist das
Filet oder auch Lendenstück, das innen im Becken liegt und mit dem Messer
einfach herausgetrennt werden kann. Es handelt sich hierbei um Fleisch, das

extrem wenig Fett enthält und grundsätzlich zart ist, aber auch vergleichsweise wenig abwechslungsreich im Geschmack.

Wie erklärt sich dieser Zusammenhang, der auch für alle weiteren Diskussionen des Berliner kulinarischen Systems fundamental ist? Fleisch besteht in erster Linie aus Proteinen, nämlich sehr unterschiedlichen und komplizierten Makromolekülen, die für die Funktion des Muskels verantwortlich sind. Diese Fasern, die Bruchteile von Millimetern dick und mehrere Zentimeter lang sein können, verlaufen längs, quer oder gekreuzt – je nach dadurch erzielter Bewegungsform. Unabhängig von dieser funktionalen Struktur der Fleischfasern und deren jeweiliger kulinarischen Aktivierung fungieren Knochen und Fett als Geschmacksträger. Dies wurde, ganz grob gesprochen, in Deutschland besonders seit dem Zweiten Weltkrieg stark ignoriert, weshalb sich das extrem magere und zarte Schweinefilet – zusammen mit dem zumeist aus der Keule geschnittenen Schnitzel – geradezu zum Synonym für Fleisch entwickeln konnten. Für das 19. Jahrhundert müssen wir jedoch noch etwas weiter in das Tier vordringen.

Zunächst wird der hintere Schinken abgesägt, Kugel und Pfanne vom Hüftgelenk entfernt. Dann kann der Schinken entweder als Ganzes gepökelt und geräuchert werden, woher sein Name kommt, oder weiter zerlegt werden. Je nachdem, was man aus dem Schinken schneidet, entstehen der Schweinebraten, der noch den Hüftdeckel hat, also die besonders in Süddeutschland begehrte Kruste, oder vollkommen unkenntliche Fleischstücke wie das bereits genannte Schnitzel, die Schweinsroulade, -medaillons oder -steaks. Ähnlich, aber nicht ganz so flexibel, verhält es sich mit dem Bug, der allerdings deutlich komplizierter im Muskelaufbau ist, weil die Freiheitsgrade der Schulterbewegung höher als bei den Hinterläufen sind. Aus dem dicken Bugstück entsteht der Sonntagsbraten.

Für Berlin entscheidend ist die weitere Zerlegung des Rumpfes, genauer von Kamm und Kotelett, wobei Brust und Bauch hier außen vor gelassen werden. Aus dem vorderen Kamm entstehen Steaks, Schnitzel, Spieße und Ähnliches, aus dem hinteren Kotelett schließlich diejenigen Teile, die um 1900 kulinarisch besonders prägend sind: Schnitzel, Steaks, Cordon Bleu, Rollbraten, Kasseler, Kaiserfleisch und Lachsschinken. Denn in diesem Bereich befinden sich lange Fleischfasern, die von Knochen umgeben sind, also beides vereinen: starker Geschmack und, richtig behandelt, zarte Struktur. Die langen Fasern müssen ihrer Zähigkeit entweder, wie bei der Roulade, durch dünnes Aufschneiden oder durch Marinieren und Garen beraubt werden. Woraus sich bereits ein erster Hinweis darauf ergibt, dass die zugrundeliegenden Garungstechnologien viel Zeit und vermittelte Hitze benötigen, also nicht das kurze, schnelle Anbraten der so genannten Minutenküche.

Verbinden: Köche

Wie lässt sich nun dieser symbolisch so wirkmächtige Akt der Fleischzerteilung
wieder mit der industriellen Produktdimension zusammendenken? Auf
der Produktionsseite konnten wir bisher eine extreme Rationalisierung und
Normierung des Schweins beobachten, bis hin zu dem Punkt, dass sich sogar
das Ereignis des Todes in eine lange Ereigniskette auflöste, die im Zweifelsfalle schon beim Einkauf des Tieres nach Schlacht- und nicht nach Lebendgewicht begonnen hat. Entscheidend auf der Konsumseite dagegen und für
den ›Erfolg‹ des Schweinefleischs im Berlin des ausgehenden 19. Jahrhunderts
ist, dass das Schwein im Gegensatz zu anderen Tieren und hierin allenfalls
mit dem Rind vergleichbar, in sehr viele und sehr unterschiedliche Einzel-
produkte zerlegt werden kann. Das Forellenfilet wird nie seine Herkunft aus
einem Fisch verleugnen können, wohingegen das Schnitzel – bereits der Name
ist hier Programm – überhaupt keinen Bezug mehr zum Tier selbst hat: Es entsteht, indem man ein fast beliebiges Stück Fleisch in Schnitzelform schneidet.
Es ist ein reines Stück Fleisch, vollkommen abgeschnitten von aller Herkunft
und deshalb identisch mit jedem anderen Schnitzel, das in der Auslage des
Metzgers liegt.

Entscheidend ist also weniger die Herkunft der Waren und deren je spezifische Zubereitung, als das Zusammentreffen eines bestimmten physiologischen Wissens über den Fleischkonsum mit einem kulinarischen System,
das sich vor allem von den Arbeits- und Freizeitbedingungen der Großstadt
her definiert. Das Schweinefleisch ist auf Berlin zugeschnitten. Das Schnitzel,
Filet oder Kotelett besteht, wie Uwe Spiekermann im Rückgriff auf Justus von
Liebig hervorhebt, im Wissen des 19. Jahrhunderts plötzlich aus Eiweißen,
Fetten und anderen Stoffen, die wie ein Alphabet gehandhabt werden können,
um mehr oder weniger sinnvolle Kombinationen herzustellen:

> Eiweiß war »plastischer« Nährstoff, diente dem Körperbau, Kohlenhydrate und
> Fette dagegen dem Körperbetrieb, der Atmung und Leistung.[20]

Innerhalb dieses kombinatorischen Denkens wird die *disassembly line* des
Schlachthofs zu einer *assembly line*, bzw. es greifen die beiden kulturellen
Techniken des Teilens und Zusammensetzens ineinander. Indem der Metzger,
der Koch, und später auch der Gast zum Messer greifen, setzen sie ihrerseits
nur jenen Verbindungsprozess fort, aus dem das Fleisch im Schwein hervor-
gegangen ist. Im Brühwürfel als absoluter Sublimation der Natur findet dieses

---

20   Spiekermann, 2006, S. 102.

kombinatorische Denken, das keinen Unterschied zwischen Trennen und Verbinden macht und das im Teilen letztlich einen Kochprozess sieht, seinen absoluten Höhepunkt. Das Kotelett steht damit quasi auf halber Strecke zum Brühwürfel, es ist das maximal optimierte Stück Fleisch, das trotzdem noch Fleisch ist. Und es ermöglicht andererseits eine stabile Ökonomie: Steht auf der Speisekarte Schweineschnitzel, muss dieses über den Großschlächter beziehbar sein und der Rest im Zweifelsfalle zu Wurst verarbeitet werden.

An dieser Stelle sei nur eine einzige Zahl vorweggenommen. Die zur Jahrhundertwende größte Berliner Gastronomie befand sich im Zoologischen Garten mit täglich bis zu 10.000 Gästen.[21] Nimmt man, um die Mengen irgendwie plausibel darstellen zu können, einen Fleischkonsum von 180 Gramm für die Hälfte der Plätze an, müssten hierfür täglich 20 Schweinehälften zur Verfügung gestellt werden. Diese werden vor Ort von zwei Schlächtern zerteilt:

> Zu schlachten haben sie freilich nichts, denn das Fleisch kommt selbstverständlich geschlachtet ins Haus. Aber das Ausschneiden der großen Stücke liegt den Schlächtern ob, und ihre größere oder mindere Geschicklichkeit ist von hervorragender Wichtigkeit – für die Kasse. Jede Hausfrau weiß aus eigenster Erfahrung, was es bedeutet, praktisch oder unpraktisch zu tranchieren; in diesem Betrieb in dem durchschnittlich allein täglich 300 Wiener Schnitzel, ein Berliner Lieblingsgericht, gebraten werden, spielt das Zerlegen der Kalbskeulen etc. aber eine ganz besondere Rolle.[22]

Alles Kochen beginnt und endet mit dem Teilen als einer sehr konkreten, kulinarisch hoch wirksamen Praxis des Verbindens. Sie wird ausgeführt mithilfe eines Messers, das wie bereits angedeutet einen zweifachen Ort hat: Innerhalb der europäischen Küche hat der Metzger bzw. der Koch ein Messer in der Hand, aber eben auch der Gast.

In diesem Sinne muss Kochen ganz grundsätzlich als eine Symbiose aus Trennen und Verbinden verstanden werden, wobei das Verbinden sowohl auf dem Herd wie auf dem Teller stattfindet. Aber auch das Teilen an sich ist bereits ein Akt des Garens. Dinge, die vorher getrennt voneinander waren, werden in Verbindung gebracht. Die Verbindung findet entlang der Schnittflächen statt. Sie verändert, wie beim Carpaccio, die Struktur des Fleisches so, dass dieses mürbe, gar wird. Oder wie beim Biltong, das über die Schnittflächen vor allem mit der Sonne und der Luft reagiert, so dass der Garprozess in Konservierung umschlägt. Die führt zu dem nur auf den ersten Blick paradoxalen Querstand, dass Teilen immer auch Verbinden ist. Oder: Alles Verbinden in der Küche

---

21   Vgl. hierzu auch S. 212 in Kapitel 10.
22   H. v. Zobelitz, 1901, S. 85.

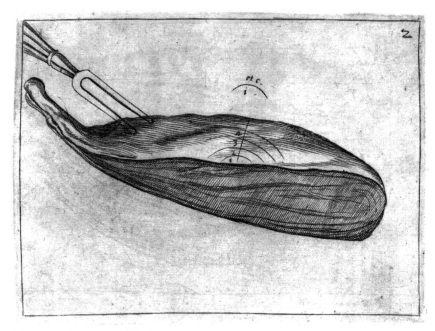

Abb. 7.8   Li tre trattati (1639).

fängt mit dem Teilen an, das selbst immer auch ein Garen ist. Hier deutet sich ein strukturales Denken in Operationen an, das im nachfolgenden Kapitel weiter ausgeführt wird.

Zugleich ist das Messer ein Werkzeug in der Hand von Menschen, seien dies Gäste, Köche oder Metzger:

> »Behutsam«, sagte der Maestro immer und schaute mir über die Schulter. »Das Messer muss frei in deiner Hand sein, nicht von dir bewegt, damit es die Linien des Fleischs selbst entdecken kann.« Er war der Zenmeister der Schärfe geworden. »Elegant«, sagte er immer, »das Messer sollte leicht sein. *Es* macht die Arbeit, nicht *du*. Deine Hand ist im Messer verschwunden.[23]

Als Körperextension verschwindet das Messer. Es wird genauso unsichtbar, wie das damit verbundene Kochen. Womit das Fleisch dann doch wieder zum Tier wird, von dem alles ausgegangen war.

---

23   Buford, 2010, S. 359.

8

Der Herd

Und meinen Herd,
Um dessen Glut
Du mich beneidest.

(Goethe, 1998, Bd. 1, S. 45)

Der Alltag verdeckt diese schlichte Tatsache immer wieder: Essen ist die älteste, wichtigste und ausdifferenzierteste aller kulturellen Praktiken. In der Geschichte der Menschheit gibt es laut Jürgen Osterhammel nichts, wofür mehr Arbeit aufgewendet wurde, als für das Kochen bzw. die Bereitstellung von Nahrungsmitteln.[1] Die Emanzipation der Arbeit von der Ernährung stellt insofern eines der fundamentalen Ereignisse des 19. Jahrhunderts dar. Entsprechend heftig und kontrovers sind die damit verbundenen Debatten. So gehörte es beispielsweise zum Programm der bürgerlichen Sozialreformer, junge Mädchen zu »guten Hausfrauen« zu erziehen, weil besonders in den Arbeiterhaushalten die fehlende Haushaltsführung und das schlechte Essen die Männer in die Wirtshäuser (und in die Arme der Sozialdemokratie) treibe.[2] Vonseiten der Pädagogik wurde dagegen gehalten, dass der Hauswirtschaftsunterricht keine sozialen Probleme lösen würde, sondern eher die Einrichtung kollektiver Küchen.

Bereits diese ersten, kurzen Anmerkungen zeigen, dass Kochen und Essen als kulturelle Praktiken im 19. Jahrhundert extrem zwischen öffentlichem und privatem Raum oszillieren bzw. dass dieses Kräftepaar entscheidend für das Entstehen von Fleisch als modernem Nahrungsmittel ist. Haben wir in den vorangegangenen Kapiteln beleuchtet, unter welchem enormen Aufwand Tiere nach Berlin geschafft, in Fleisch verwandelt und verteilt wurden, steht nun die Frage nach der zweiten Transformation im Zentrum: die Verwandlung von Fleisch in Essen. Nur wenn die kulinarischen Systeme in ihrer ganzen

---

1 Vgl. Osterhammel, 2013, S. 958.
2 Vgl. zu den Prozessen der Mechanisierung, den Maschinen und Repräsentationen des Mechanischen innerhalb der Bildungsgeschichte Caruso und Kassung, 2015, S. 9–20.

© VERLAG FERDINAND SCHÖNINGH, 2021 | DOI:10.30965/9783657704460_009

Breite zwischen öffentlichem und privatem Raum betrachtet werden, lässt sich die Frage nach dem Zusammenhang von urbaner Bevölkerungsexplosion und verändertem Fleischkonsum beantworten. Womit ich zum Kern aller kulinarischen Systeme komme, zu den Garungstechnologien, dem Feuer und dem Herd.

Kulturtechniken des Kochens

Nirgendwo in unserer Kultur liegen das Gewöhnliche und das Außergewöhnliche näher zusammen als beim Essen. Auch wenn mit diesem Buch der Schwerpunkt auf den Veränderungen des kulinarischen Systems im Europa und speziell im Berlin des 19. Jahrhunderts liegt, soll deshalb an dieser Stelle ein kurzer Blick zurück in die lange Geschichte des Fleischessens geworfen werden. Denn die Bedeutung des Gas- und später des Elektroherdes, der seit den 1880er Jahren das Feuer in den Haushalten der europäischen Großstädte beliebig kontrolliert verfügbar machte, ist nur aus der Perspektive seiner langen Geschichte heraus verständlich.

In seinem Buch »Feuer fangen« hat der in Harvard lehrende Anthropologe Richard Wrangham die große These André Leroi-Gourhans nochmals verschärft: Nicht nur das Essen, sondern besonders auch das Kochen ist ein, wenn nicht der zentrale Motor unserer Evolution. So weit der prometheische Mythos von der Menschwerdung durch die Beherrschung des Feuers in die Geschichte zurückreicht, so verwunderlich ist, dass die Evolutionstheorie Feuer und Kochen bisher nicht systematisch zusammengedacht hat. Zwar finden wir bei Charles Darwin eine große Hochachtung vor der zivilisatorischen Bedeutung des Feuers, doch ist diese der Menschwerdung klar nachgeschaltet:[3]

> Wenn er [der Mensch] in ein kälteres Klima wandert, so benutzt er Kleider, baut sich Hütten und macht Feuer, und mit Hülfe des Feuers bereitet er sich durch Kochen Nahrung aus sonst unverdaulichen Stoffen.[4]

Darwin schließt sich hier dem britischen Naturforscher Alfred Russel Wallace an, demzufolge mit der biologischen Evolution die Voraussetzungen für die Entwicklung weiterer kultureller Fähigkeiten allererst geschaffen werden müssen.

---

3 Vgl. Darwin, 1966, S. 53.
4 Ebd., S. 141.

> But man does this by means of his intellect alone; which enables him with an unchanged body still to keep in harmony with the changing universe.[5]

Genau dieses Argument des »unchanged body« wird von Wrangham umgekehrt:

> Wir sind an die für uns adäquate Nahrung in gekochter Form gebunden, und die Folgen dieses Faktums durchdringen unser ganzes Dasein, vom Körper bis zum Denken.[6]

Als früheste Belege hierfür werden fossile Fundstücke angeführt, die als einfache Klingen verwendet wurden und deren Verwendungsspuren sich zugleich auf Knochenfunden nachweisen lassen. Mit anderen Worten belegen diese Spuren eine sehr frühe Form der Fleischverarbeitung mittels Werkzeug. Damit haben unsere Vorfahren vor ungefähr 2,6 Millionen Jahren begonnen, Fleisch zu essen, wodurch sie mit einer einzigen Mahlzeit mehr Kalorien und Proteine aufnehmen konnten.[7]

Zusätzlich und entscheidend wurde diese Entwicklung durch die Erfindung des Grillens und Kochens vor spätestens 200.000 Jahren beschleunigt.[8] Beide Garungstechnologien erhöhen die Verfügbarkeit der Nahrungsenergie signifikant, d. h. Fleisch und Gemüse mussten nicht mehr stundenlang zerkaut und anstrengend verdaut werden. Damit steht dem Körper durch gegarte Nahrung mehr Energie zur Verfügung, die frei nutzbar ist. Obwohl das Gehirn nur 2,5 % unseres Körpergewichts ausmacht, verbraucht es 20 % der aufgenommenen Energie. Wrangham zieht daraus den Schluss, dass Magenverkleinerung und Gehirnwachstum als ein Effekt des Kochens erklärt werden müssen und nicht umgekehrt. Auch wenn damit Kochen keine Kulturtechnik im engeren Sinne wie Schreiben oder Rechnen ist, steht seine mittelbare kulturelle Wirksamkeit natürlich außer Frage.[9]

Dass wir viel stärker ein Produkt unserer eigenen, externalisierten Technologien und Techniken sind, als uns lieb ist, passt freilich sehr in postmoderne Argumentationsmuster, wie sie beispielsweise Friedrich Kittler für die Schrift

---

5   Wallace, 1864, S. 163.
6   Wrangham, 2009, S. 21.
7   Neueste Funde mit Kratzspuren in Tierknochen aus Dikika in Äthiopien lassen sich sogar auf ein Alter von 3,4 Millionen Jahren datieren, vgl. McPherron et. al., 2010.
8   Richard Wrangham muss die Beherrschung des Feuers entsprechend seiner Argumentation auf den Übergang von den Habilinen zum Homo erectus vor 1,9 bis 1,8 Millionen Jahren vorverlegen, vgl. Wrangham, 2009, S. 93–113.
9   Zur Unterscheidung von Kulturtechniken im engeren und weiteren Sinne vgl. Kassung und Macho, 2013a.

oder den Computer durchdekliniert hat.[10] Umso nachvollziehbarer wird damit, dass es auch entschiedene Gegenstimmen zur Fleisch- und Kochhypothese Wranghams gibt, wenn beispielsweise James F. O'Connell *et al.* festhalten:

> Even if meat were acquired more reliably than the archaeology indicates, its consumption cannot account for the significant changes in life history now seen to distinguish early humans from ancestral australopiths.[11]

Was jenseits dieser Kontroverse bleibt, ist der erstaunliche Befund, dass der Mensch extrem früh begonnen hat, Fleisch von Tierknochen mithilfe von Werkzeugen abzuschaben. Dass also die Beschaffung und Zubereitung von Essen eine vermittelte und insofern kulturelle Tätigkeit ist. Kochen setzt Mediengebrauch voraus, sie ist keine reine Körpertechnik.[12] Womit sich zugleich jener Freiraum eröffnet, in dem Kochen eine hochgradig symbolische Aufladung erfahren kann – jenseits und möglicherweise vollkommen unabhängig von der rein physiologischen Ebene.

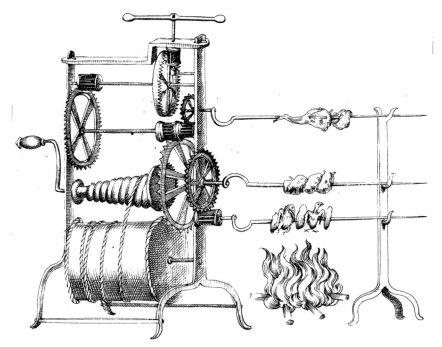

Abb. 8.1   Molinello con tre spedi (1570).

---

10   Vgl. Kittler, 1993.
11   O'Connell et. al., 2002, S. 831.
12   Vgl. Siegert, 2010, S. 99 f.

An diesem Punkt nun gehen die Forschungen der Archäologie und Paläontologie in diejenigen des Anthropologen und Ethnologen Claude Lévi-Strauss über. Sein zentrales Argument ist dabei freilich radikal strukturalistisch. Menschen müssen genauso wenig kochen wie schreiben, zeichnen oder musizieren – sie tun dies aus symbolischen Gründen. Und genau deshalb vollzieht sich Kochen innerhalb einer symbolischen Ordnung, durch die das Kochen seine Bedeutung erhält. Aber eben auch, so wäre Lévi-Strauss zu ergänzen, zugleich innerhalb einer realen Ordnung, in der unser Körper das Rohe und das Gekochte eindeutig, nämlich physiologisch voneinander unterscheidet.[13]

Ich möchte also den strukturalen Ansatz von Lévi-Strauss einer kulturtechnischen Probe unterziehen. Semiologisch betrachtet ist Kochen eine Praxis, die als symbolische Operation kulturell wirksam wird. Zugleich ist Kochen grundsätzlich mit Werkzeugen und Technologien verbunden – wie das Beispiel der Kratzspuren auf Tierknochen zeigt. Und natürlich wirkt diese Praxis, die über Werkzeuge oder Medien vermittelt werden muss, auf den Menschen zurück. Andererseits aber ist Kochen, und genau an diesem Punkt wird der Begriff der Kulturtechnik extrem erklärungsmächtig, von diesem Kontext *un*abhängig: Es kann ein Stück Fleisch gebraten, gekocht oder roh verzehrt werden. Die Wahl der konkreten Garungstechnologie ändert nichts an der Tatsache, dass das Fleisch zubereitet wird – ironischerweise sogar auch, wenn wie beim Carpaccio gar keine Garung stattzufinden scheint: Gekocht wird eben doch. Oder das Grillen kann auf dem offenen Feuer oder in der Eisenpfanne durchgeführt werden, und zwar mit Fleisch oder Gemüse gleichermaßen. Als kulturelle Praxis ist Grillen erst einmal unabhängig von den konkreten Techniken und Inhalten, mit denen es durchgeführt wird. Zugleich aber bedarf es wie gesagt der materiellen Dimension, um überhaupt symbolisch und mithin kulturell wirksam werden zu können.

Und genau in dieser Unabhängigkeit der Kulturtechniken vom jeweiligen Kontext entsteht jener Freiraum, in dem sich die symbolische Dimension nahezu unbegrenzt entfalten kann. So wird auch das nicht Gekochte zu etwas Gekochtem, wenn ich es als Gekochtes verzehre. Als Bresaola, Biltong oder Bündnerfleisch. Oder als monatelang gereifter Schinken.

---

13   Vgl. Kaube, 2019, S. 43–62.

Das Gare ist immer noch roh

Ich möchte vor diesem kulturtechnischen Hintergrund nochmals zur Ethnologie des Essens zurückkommen. Claude Lévi-Strauss hat innerhalb seiner
großangelegten, zwischen 1964 und 1971 erschienenen Mythenanalyse ein
Zeichensystem der kulinarischen Sprache entwickelt. Ganz dem strukturalen
Paradigma verpflichtet, dass es eine unsichtbare, aber handlungsleitende
Ordnung jenseits der sichtbaren Ordnung der Dinge gibt, die transversal zu
den Kulturen, also unabhängig von den jeweiligen Aktualisierungen der
kulinarischen Systeme wirksam ist. Ausgangspunkt für Lévi-Strauss in diesem
Sinne ist die fundamentale Unterscheidung von Natur und Kultur. Dabei ist
die Figur der Rekursion entscheidend: Kulturen transformieren beständig
Natur in Kultur, um diese zugleich als Natur zu reifizieren:

> Reification is the apprehension of human phenomena as if they were things,
> that is, in non-human or possibly suprahuman terms. Another way of saying this
> is that reification is the apprehension of the products of human activity *as if* they
> were something other than human products – such as facts of nature, results of
> cosmic laws, or manifestations of divine will.[14]

Anders formuliert: Ein rein dichotomisches Spannungsverhältnis zwischen
einem veränderten und einem unveränderten Nahrungsmittel würde nicht
ausreichen, um als kulturelles Symbolsystem wirksam werden zu können.
Wir begegnen hier der gleichen Argumentation wie im Kontext der Schweinezucht: Erst nachdem sich das Zuchtschwein als natürliches Produkt etabliert
hatte, konnte es seine kulturelle Wirkung entfalten.

Bei Lévi-Strauss nun vollzieht sich die Reifikation des Rohen als Gares in
seiner Differenz zum Verfaulten. In seinem berühmten kulinarischen Dreieck
entsteht die gare Nahrung aus dem rohen Nahrungsmittel durch bestimmte
kulturelle Praktiken:

> Die Nahrung stellt sich dem Menschen in drei wesentlichen Zuständen dar: sie
> kann roh, gekocht oder verfault sein. In bezug auf die Küche bildet der rohe Zu-
> stand den nicht ausgeprägten Pol, während die beiden anderen stark ausgeprägt
> sind, jedoch in entgegengesetzten Richtungen: das Gekochte als kulturelle Ver-
> wandlung des Rohen, und das Verfaulte als dessen natürliche Verwandlung. Dem
> Hauptdreieck liegt also ein doppelter Gegensatz zwischen *verarbeitet/unver-*
> *arbeitet* einerseits und *Kultur/Natur* andererseits zugrunde.[15]

---

14   Berger und Luckmann, 1991, S. 106.
15   Lévi-Strauss, 2016, S. 511.

Werden also keine Garungspraktiken ausgeführt, unterliegt das Nahrungsmittel einem natürlichen Transformationsprozess: Es verfault. Aber: Weder bedeutet dies zwangsläufig, dass ein kulinarisches System ausschließlich aus
garer Nahrung besteht, noch dass Fäulnisprozesse zum kulinarischen Ausschluss führen. Im Gegenteil erhält das rohe wie das gereifte Fleisch seine
kulturelle Bedeutung im fluiden Übergang zum garen Fleisch.

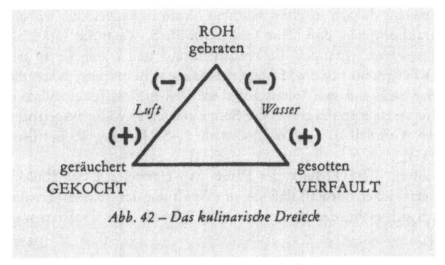

Abb. 42 – Das kulinarische Dreieck

Abb. 8.2   Kulinarisches Dreieck (1966).

Was aber ist überhaupt gares Fleisch – und was ist gereiftes Fleisch? Um
diese Fragen zu beantworten, muss man bei einer anderen kulturtechnischen
Unterscheidung ansetzen, die wieder zum argumentativen Einstieg in die
Kulturtechnikdiskussion zurückführt: zum Faustkeil bzw. dem Messer. Jeder
Kochvorgang beginnt mit dem Zerteilen des Nahrungsmittels. Dies gilt besonders für das Fleisch, ist hier aber eine kulturelle und garungstechnologische,
also eine sowohl symbolische wie reale Unterscheidung. Ich kann Fleisch
in kleine *oder* große Stücke schneiden. Innerhalb der europäischen Küche
ist dies eine fundamentale Entscheidung, bedingt sie doch alle weitere Verarbeitung. Die asiatische Küche dagegen kennt diese Entscheidung nicht, da
alle Nahrungsmittel in mundgerechte Stücke geteilt werden. Zerteilung und
Garung greifen also aufs engste ineinander:

> Die Lebensmittel werden in kleine Stücke geschnitten, damit man sie mit
> den Stäbchen fassen kann; aber die Stäbchen sind auch deshalb da, weil die
> Lebensmittel in kleine Stücke geschnitten sind. Ein und dieselbe Bewegung,

ein und dieselbe Form transzendiert hier den Stoff und dessen Werkzeug: die Zerteilung.[16]

Im Gegensatz zu Messer und Gabel verletzt das Stäbchen die Nahrungsmittel nicht, »es hebt nur auf, es wendet und bewegt.«[17] So präzise Roland Barthes die symbolische Dimension der asiatischen Esswerkzeuge entfaltet, so undeutlich setzt er sie doch in Bezug oder besser gesagt in Gegenzug zu den europäischen Garungstechnologien, weil die Rhetorik seiner Essays dies verhindert. So wird zwar gesagt, dass für das Gebratene der europäischen Küche eine Mischung aus Kruste und Sauce charakteristisch ist, doch sind für Barthes deren eigentliche kulinarische Eigenschaften angesichts der unschlagbaren Eleganz der ursprünglich portugiesischen Tempura chancenlos. Während also die japanische Nahrung »in ihrem natürlichen Zustand auf den Tisch« gelangt und damit das Essen selbst zur Zubereitung wird, lässt sich die europäische Küche als eine Transformation von Nahrungsmitteln dergestalt beschreiben, dass deren Komplexität nicht in der Zusammenstellung von Vielem, sondern in der Vielfalt von Wenigem besteht.[18] Und dieses Wenige entfaltet sich mithilfe von Messer und Gabel nicht als verknüpfende Kombinatorik, sondern als verbindende Trennung.

Womit das Messer in der Hand des Gastes oder Essenden für ein Stück Fleisch einsteht, das nicht mundgerecht gegart, sondern durch eigenes Schneiden zugerichtet werden muss. Diese Form des Garens, nämlich das Grillen ganzer Stücke über dem direkten Feuer, wurde erstmals 1912 wissenschaftlich von dem französischen Mediziner und Chemiker Louis Camille Maillard beschrieben. Was alles und genau bei dieser komplexen Reaktion geschieht, ist bis heute noch nicht im Detail geklärt bzw. zum Teil auch umstritten, besonders im Zusammenhang mit der Bildung von potentiell karzinogenen Reaktionsprodukten wie dem Acrylamid. Fest steht dagegen, dass bei der Maillard-Reaktion eine ganze Reihe von geschmacks- und geruchsintensiven Stoffen entstehen, Melanoidine genannt:

> Deshalb liefern diese Hydrolysen *Melanoidine*, deren Aufbau bisher unbekannt war und deren Zusammensetzung selbst nie definiert werden konnte. Ich habe sichergestellt, dass die Reaktionsprodukte, über die ich berichte, genau die Melanoidine sind.[19]

---

16 Barthes, 2015, S. 30.
17 Ebd., S. 31.
18 Ebd., S. 25.
19 Maillard, 1912, S. 67, Übers. von mir.

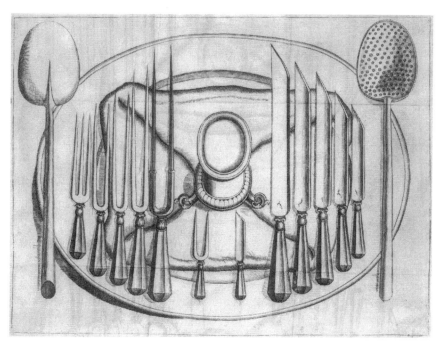

Abb. 8.3   Lo scalco alla moderna (1694).

Der Temperaturbereich liegt dabei zwischen 140 und 180 Grad Celsius, darüber hinaus verkohlt das Fleisch. Entscheidend ist nun, dass die Hitze von außen auf das, wie bereits gesagt, größere Stück Fleisch wirkt. Dadurch wird die Oberfläche geschlossen und der Garprozess im Inneren verhindert bzw. verlangsamt. Pointiert formuliert: Gegrilltes Fleisch ist sowohl gar wie roh. Mit Lévi-Strauss kann man sogar noch einen Schritt weitergehen: Das Gebratene ist roh. Es ist zwar von außen mit einer Kruste aus Melanoidinen angereichert worden, aber das Entscheidende ist der Zustand des Fleischs im Inneren – zugänglich, erkund- und erfahrbar über das Messer in der Hand des Gastes.

Weshalb in Frankreich das *durchgebratene* Fleisch als »bien cuit« bezeichnet, also nicht speziell das Braten oder Grillen, sondern allgemein das Garen und Zubereiten aufgerufen wird. Die Kerntemperatur liegt dann oberhalb von ca. 70 Grad Celsius, abhängig von Fleischsorte und Fleischstück, wobei vor allem das Verhalten der Proteine entscheidend ist.[20] Fleisch besteht zu durchschnittlich 75 % aus Wasser und 20 % Proteinen, Fett und anderen Bestandteilen. Beim Erhitzen schmilzt das Fett, und die Proteine denaturieren. Die Proteine reagieren unterschiedlich auf Temperatur, wobei entscheidend

20   Vgl. Vilgis, 2005.

ist, dass die langen Muskelfasern, die ihrerseits aus länglichen Aktin- und Myosinfilamenten zusammengesetzt sind, ihre Fähigkeit verlieren, Wasser zu binden. Sie koagulieren, das Wasser tritt aus, und das Fleisch wird trocken. Anders formuliert: Grillen setzt eine präzise Kontrolle der Temperaturen und Garzeiten voraus, also entsprechendes Wissen, Erfahrungen und Technologien. Insofern ist Grillen eine Form der Fest- und Ausnahmekultur, eine sublimierte Form des rohen Fleischgenusses, die kaum für die Alltagsküche geeignet ist. Weshalb sich nicht zuletzt um das Grillen zahllose und zumeist sehr männlich codierte Mythen ranken. So konnte beispielsweise der französische Gastrosoph Jean Anthelme Brillat-Savarin in seiner 1826 erschienenen »Physiologie des Geschmacks« noch gerade heraus schreiben:

> Der Koch kann gebildet werden; der Bratkünstler wird geboren.[21]

In ganz ähnlicher Richtung bezeichnet Lévi-Strauss das Grillen als die verschwenderischste Form des Umgangs mit Nahrungsmitteln, das entsprechend auch höheren sozialen Schichten zuzuordnen sei als das Kochen.[22]

Es unterhält also das Gebratene innerhalb der europäischen Küche eine komplexe Verbindung zum Rohen. Die unvermittelte Einwirkung des Feuers auf das Fleisch erzeugt eine Binnenstruktur, in der Gebratenes und Rohes aufeinandertreffen – und, so das Credo der französischen Küche, durch die Sauce miteinander verbunden werden. Damit ist klar, dass diese Form der Zubereitung für die tägliche Mahlzeit des Stadtbewohners ungeeignet ist. Sie ist »Exo-Küche«, ein Essen, das man Gästen und Fremden vorsetzt.[23] Und sie ist damit zugleich eine ›männliche‹ Küche. Für die »Endo-Küche« dagegen muss das Feuer vermittelt werden, also Topf und Wasser die direkte Hitze bändigen. An die Stelle des Gebratenen tritt das Gesottene.[24] Lassen wir an dieser Stelle die historisch-materiale Perspektive auf die Kochtechnologien außen vor und schauen uns stattdessen an, was physikalisch und chemisch im Topf geschieht.[25]

Im Juni 1748 berichtete der französische Physiker Jean-Antoine Nollet der Académie royale des science von seinen Untersuchungen »Sur les causes du Bouillonnement des Liquides«.[26] Bereits der Begriff »bouillonnement« macht

---

21   Brillat-Savarin, 1865, S. XVI.
22   Vgl. Lévi-Strauss, 2016, S. 519.
23   Vgl. ebd., S. 517.
24   Vgl. ebd., S. 513.
25   Vgl. hierzu Wilson, 2013, S. 21–68.
26   Vgl. Nollet, 1748.

stutzig, bezeichnet er doch nichts anderes als das Kochen oder Sieden von
Wasser mit dem Resultat einer Bouillon. Nollet wollte schlichtweg heraus-
finden, woher die Blasen beim Kochen kommen. Ganz am Ende seines Be-
richts kommt er auf eine folgenreiche Entdeckung zu sprechen:

> Bevor ich diese Memoiren beende, glaube ich, dass ich über eine Tatsache be-
> richten muss, die ich dem Zufall verdanke [...]

> Ich füllte einen zylindrischen Kolben, fünf Zoll lang und etwa ein Zoll im Durch-
> messer [mit Alkohol]; & deckte ihn mit einem Stück nasser Blase ab, die ich
> am Flaschenhals festband; ich tauchte ihn in eine große Vase voller Wasser und
> war [damit] sicher, dass keine Luft in den Weingeist eindringen konnte, (siehe
> Fig. 10.) Nach fünf oder sechs Stunden war ich sehr überrascht zu sehen, dass der
> Kolben voller war als beim Eintauchen, obwohl es so weit gefüllt gewesen war,
> wie es die Flaschenränder zuließen; die Blase, die als Verschluss diente, war nun
> gewölbt und so gespannt, dass beim Einstechen mit einer Nadel ein Alkohol-
> strahl austrat, der mehr als einen Fuß in die Höhe schoss.[27]

Nach einer kurzen Zeit also drang so viel Wasser in den eingetauchten Zylinder
ein, dass sich die darüber gestülpte Schweinsblase auszudehnen begann. Als
Nollet die Blase mit einer Nadel ansticht, schießt der Weinbrand fontänen-
gleich heraus. Wie konnte ein solcher Druck entstehen? Es gab nur eine einzige mögliche Erklärung für dieses Phänomen: Die Schweinsblase ließ zwar
Wasser durch und somit in den Zylinder hinein, nicht aber den Alkohol aus
dem Zylinder heraus:

> Während ich darüber nachdenke, glaube ich, dass meine Blase für reines Wasser
> durchlässiger sein könnte als für den Weingeist: Falls dem so war, war es ganz
> einfach, dass die Blase, auf der einen Seite vom Wasser und auf der anderen Seite
> vom Alkohol berührt, vorzugsweise die erste dieser beiden Flüssigkeiten durch-
> lässt, wenn sich die eine und die andere um den Durchgang streiten.[28]

Womit Nollet – freilich noch ohne diesen Begriff explizit zu verwenden – den
Mechanismus der Osmose als partielle Diffusion beschrieb und damit den Weg
öffnete für eine theoretische Beschreibung jenes impliziten Wissens, das seit
jeher die Grundlage der endogenen Küche bildete: Aromen wandern grundsätzlich in Richtung niedrigerer Konzentration.[29]

---

27   Nollet, 1748, S. 101, Übers. von mir.
28   Ebd., S. 103, Übers. von mir.
29   Vgl. zur Wissensgeschichte der Osmose Smith, 1960.

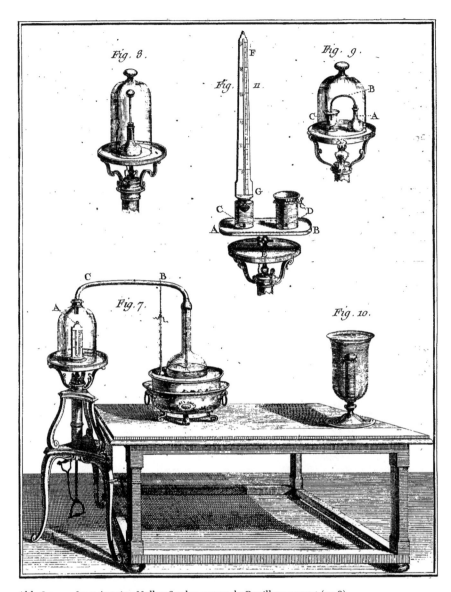

Abb. 8.4   Jean-Antoine Nollet: Sur les causes du Bouillonnement (1748).

Nimmt man nun anstatt der Schweinsblase eine Harnblase oder einen
Darm und füllt diesen mit grob gewolftem Rind- und Schweinefleisch sowie
einer typischen Gewürzmischung aus Muskat, Koriander, Senfkörnern und
Knoblauch, so wird aus dem Experiment ein Rezept mit gleichem Mechanismus: Gart man die Bierwurst in ungesalzenem Wasser, dringt das Wasser durch
die semipermeable Haut ins Würstchen, so dass dieses platzt. Schon vorher

allerdings haben die konzentrierten Aromen die Wurst verlassen, und der traurige Rest hat allen Geschmack verloren. Man kann das Wasser natürlich auch übersalzen und die Wurst dadurch schrumpeln lassen.

Dichtekonzentrationen und damit Aromenwanderungen gezielt zu steuern, ist einer der wichtigsten physikalischen Vorgänge beim Kochen, weil viele Zellwände oder Oberflächen von Lebensmitteln semipermeabel sind bzw. es schlichtweg überall Konzentrationsgefälle gibt. Dabei sind für die europäische Küche zwei grundsätzliche Strategien charakteristisch: entweder die Aromen möglichst vollständig im ursprünglichen Nahrungsmittel zu erhalten – also das Gemüse nicht auszukochen – oder die Aromen geballt in einer Bouillon oder Sauce zu konzentrieren. Dazwischen agieren Messer und Wasser als unterschiedliche Kulturtechniken der (Ver-)Teilung. Man könnte auch sagen, dass sich beim vermittelten Feuer das Wasser zuerst die Nahrungsmittel einverleibt, bevor der Mensch sie dann ein zweites Mal zu sich nimmt. Vor diesem Hintergrund wird auch verständlich, warum die Osmose in der asiatischen Küche eine geringere Rolle spielt: Über die feine, messergetriebene Teilung der Nahrungsmittel und die kurzen Garzeiten verbleiben die Aromen eher an Ort und Stelle, wobei im Außenraum dann vor allem mit Umami, Schärfe und anderen Gewürzen gearbeitet wird.[30]

Zurück in die Küche!

Kommen wir zurück zum Feuer bzw. zur Frage nach den Technologien, die ein kontrolliertes Garen in jeder beliebigen Form ermöglichen. So setzt, wenig überraschend, die Beschreibung der zeitgenössischen Küchentechnik in der »Deutschen Baukunde« von 1880 mit der systematischen Unterscheidung von vermitteltem und unvermitteltem Garen ein:

> Unter »Kochen« versteht man die Behandlung der Nährstoffe in der Siedehitze, wobei *Wasser* dient, welches mit den Nährstoffen in direkter Berührung ist. – Mit dem Ausdruck »Braten« bezeichnet man die Behandlung von Fleisch bei höheren Hitzegraden mit *Fett*, während beim sogen. »Backen«, auch »Rösten«, weder Wasser noch Fett gebraucht wird.[31]

Zwar verschiebt sich die Grunddifferenz ein wenig durch das Auftreten von Fett in der Pfanne, doch bleibt als entscheidendes technologisches Merkmal,

---

30 Auf die dritte Garungstechnologie des Fermentierens werde ich sehr kurz in Kapitel 9 zu sprechen kommen.

31 Voigt, 1880, S. 505.

dass der Herd beides, das vermittelte und das unvermittelte Garen ermöglicht.[32] Noch ist die Beheizung des Herdes mit Kohle vorherrschend, doch so
genannte »Gas-Kochapparate« kündigen sich zumindest in »Krankenhäusern
und ähnlichen Anstalten« an, wenn es darum geht, »rasch und in einfacher
Weise kleine Mengen aussergewöhnlicher Speisen und Getränke« zuzubereiten.[33] Womit alle Kriterien genannt sind, die über das Gas schließlich,
jedoch erst im 20. Jahrhundert, zur Elektrizität führen werden: schnelle Verfügbarkeit, stabile Kontrolle, kleine Mengen, außergewöhnliches Essen. Eine
detaillierte Beschreibung der Kohlenherde liefern Teuteberg und Wischermann für die Region Hamburg:

> Die Herdplatte war aus Eisen; das Feuerloch an der rechten Seite, unter welchem
> sich Feuerrost und Aschenschublade befanden, konnte durch eiserne Ringe ver-
> größert und verkleinert werden. An der linken Seite waren Backröhre und Bei-
> kessel eingebaut. Die Hitze wurde durch die Zugluft um die Backröhre herum und
> gegen den Beikessel gelenkt. Geheizt wurde mit kleinkörnigen Steinkohlen.[34]

Wie aber wurde mit solchen Herden gekocht bzw. wie verschränkten sich
kulinarische Systeme und Kochtechnologien?
    Wir können für das Berlin des 19. Jahrhunderts von zwei grundsätzlichen
Szenarien ausgehen. In beiden Fällen löste sich mit dem massenhaften Entstehen von Stadtwohnungen die große Wohnküche der Landbevölkerung in
eine kleinere Arbeitsküche auf.[35] Dies galt jedoch nur bedingt für die unteren
Schichten, diente hier die Küche zumeist als Raum für verschiedenste Lebensvollzüge vom Schlafen, Wohnen und Arbeiten bis zum Essen. Was zugleich
bedeutet, dass hier der sowohl heizende wie kochende Kohlenherd zwei notwendige Funktionen vereinte. Zudem ermöglichte der »Küppersbusch« eine
gegenüber der gemauerten Feuerstelle deutlich differenziertere Wärmeüber-
tragung über mehrere unterschiedliche Herdplatten. Allerdings bedurfte das
Kochen mit dem Kohlenherd der längeren Planung und Präsenz, denn das
Anfachen von Kohlen erforderte einen entsprechenden zeitlichen Vorlauf und
stellte zudem im Sommer eine enorme Belastung dar – von der Rauchent-
wicklung einmal ganz abgesehen. Außerdem konnte die Energie, sprich Hitze
nur bedingt kontrolliert und variiert werden, d. h. ein unvermitteltes punkt-
genaues Garen war schwierig und verlangte ein hohes Erfahrungswissen.

---

32   Diese garungstechnologische Trias wurde im Grunde erst vor wenigen Jahren durch das
     so genannte Sous-Vide-Kochen aufgehoben.
33   Voigt, 1880, S. 511.
34   Funke, 1974, S. 109.
35   Vgl. König, 2000, S. 234.

Abb. 8.5   Die Küche als reiner Arbeitsraum (1910).

Das zweite, in Abbildung 8.5 dargestellte Szenario war der separate Küchenraum der oberen Schichten, beherrscht vom der Hausherrin unterstellten Dienstpersonal und getrennt bzw. angebunden an die repräsentativen Räume durch

eine Anrichte auf der Hälfte des langen Flures zum Vorderhaus.[36] Und obwohl
die technische Entwicklung von Gasherden in Deutschland bereits etwa 1860
beginnt, steht in der bürgerlichen Küche vornehmlich ein »Küppersbusch«.[37]
Insofern bildet der Gasherd die garungstechnologische Bedingung für eine
Veränderung des kulinarischen Systems, die jedoch erst deutlich verzögert
eintritt: Die gewohnten Kohlenherde wurden bis nach dem Zweiten Weltkrieg von der Mehrzahl der Haushalte verwendet.[38] Der systematische Ausbau der Gasversorgung in Berlin begann zur Jahrhundertmitte, zunächst zur
Straßen- und Wohnungsbeleuchtung, aufgrund der vergleichsweise hohen
Kosten jedoch erst nach der Jahrhundertwende auch zur Wärmeversorgung
bzw. zum Kochen.[39] Zusammengefasst heißt das, dass Fleisch im Zeitraum bis
zum Ersten Weltkrieg vornehmlich auf Kohlenherden zubereitet wurde, also
durch langsames, vermitteltes Garen. Frühe Ausnahmen bildeten jene bürgerlichen Haushalte, die bereits ans Gasnetz angeschlossen waren und sich das
deutlich teurere Kochen auf dem Gasherd leisten konnten.[40]

Korrelieren wir dies mit einigen kurzen Bemerkungen zur Ökonomie des
Kochens, die ja bereits *per definitionem* die exogene Küche ausschließt. So
finden wir beispielsweise im »Deutschen Bauhandbuch« von 1880 die klare
Aussage: Je ökonomischer gekocht werden muss, umso ausschließlicher
werden Kessel und nach Möglichkeit auch Dampfkessel verwendet; also für
das Gesinde oder für Kasernen und Gefängnisse, in jedem Fall für größere
Quantitäten.[41] Die Kochfunktion ist quasi immer eingeschaltet, d. h. wenn
kein Eintopf auf dem Herd steht, verpufft die Energie ungenutzt. Es lassen sich
hierfür sogar eindeutige Zahlen wie diese finden:

---

36 Die Ökonomie der Verschwendung, also das ambivalente und hoch symbolische Konsum-
    verhalten des Bürgertums zwischen alltäglicher Sparsamkeit und repräsentativem
    Konsum wird in Wierling, 1987 beleuchtet.

37 Vgl. Bussemer et. al., 1987, S. 308–309. Die Elektrifizierung der privaten Haushalte erfolgte
    sehr viel später und ist damit für die Frage der Fleischzubereitung bis zum Ersten Welt-
    krieg unerheblich. Wolfgang König gibt an, dass 1910 nur 3,5 % der Berliner Haushalte
    über einen Stromanschluss verfügten und erst in den 1930er Jahren ein rapider Anstieg
    erfolgte mit einer 76 %igen Versorgung 1933. Vgl. König, 2000, S. 223.

38 Vgl. Bussemer et. al., 1987, S. 310.

39 Laut Wolfgang König verfügten 1910 gut 40 % aller Berliner Haushalte über Gaslicht, vgl.
    König, 2000, S. 222 und Bärthel, 1997, S. 225 f.

40 Vgl. König, 2000, S. 234 f. Genauere Angaben existieren leider nicht. Es ist jedoch davon
    auszugehen, dass Anfang des 20. Jahrhunderts nur ein kleiner einprozentiger Anteil aller
    Wohnungen elektrifiziert war, während noch 1942 mehr als die Hälfte aller Haushalte
    Gaskochgeräte verwendete. Vgl. Orland, 1990, S. 80 f.

41 Vgl. Voigt, 1880, S. 507, 509 und 513. Am anderen Ende der ökonomischen Skala rangiert
    der Arbeiterherd, der zugleich heizt und kocht, um die zur Verfügung stehende Energie
    möglichst optimal zu nutzen, vgl. ebd., S. 511.

> Zur Bereitung eines grösseren Bratens, der etwa 1 1/2–2 Stunden im Braten zu
> halten ist, sind pro 1 kg Fleisch 500–700 l Gas erforderlich.[42]

Das heißt: Zwar benötigt das Beefsteak eine noch höhere Energie, doch ist
die Garzeit relativ kurz, womit der Sonntagsbraten nicht zuletzt energetisch
betrachtet ein außergewöhnliches Ereignis darstellt. Und dabei, also beim
Sonntagsbraten, ist es letztlich egal, ob dieser in der Bratröhre eines Kohle-
oder eines Gasherdes steckt – es handelt sich in jedem Fall um eine exogene
Küche.

Erlaubt dieser kurze Ausflug an die Herde Berlins nun konkrete Aussagen
darüber, was zu Hause gegessen und wie gekocht wurde? Hermann von Laer
leitet für das Jahr 1907 aus seiner Untersuchung von Haushaltsbüchern für
(schlecht bezahlte) Textil- und (deutlich höhergestellte) Maschinenbau-
arbeiter ab, dass tatsächlich ein erheblicher sozialer Unterschied im Fleischkonsum bestand. Grundsätzlich lässt sich festhalten, dass mit steigendem
Einkommen der Kostenanteil für Nahrungsmittel sinkt, allerdings mehr Geld
für Fleisch ausgegeben wurde, sich also genau hierfür das Engelsche Gesetz
nicht bewahrheitet.[43] Im Gegenteil werden sogar Stimmen laut, dass »die
Hausfrauen mit der Zubereitung anderer Nahrungsmittel vertraut zu machen«
seien.[44] Woraus der eindeutige Schluss zu ziehen ist, dass sich der symbolische
Wert von Fleisch zunehmend von seinem reinen Nährwert abkoppelt. Konkret
investiert der Maschinenarbeiter 22,4 % seiner Nahrungsmittelausgaben
in Fleisch, Schinken und Speck, der Textilarbeiter dagegen nur 14,5 %. Und
während Ingenieure, Beamte und Lehrer etwa ein Drittel ihres Einkommens
für Nahrung ausgeben, ist es beim Textilarbeiter die Hälfte.[45]

Nimmt man dies alles zusammen, also den insgesamt stark ansteigenden
Konsum an Schweinefleisch, den relativ hohen Ausgabenanteil für Nahrungsmittel bzw. für Fleisch sowie die latent konservativen Garungstechnologien
im privaten und vor allem im Arbeiterhaushalt, so bleibt im Grunde nur
eine Schlussfolgerung bzw. These, der im Folgenden nachzugehen sein wird:
Der Fleischkonsum findet hauptsächlich außerhäusig statt. Das kulinarische
System Berlins verändert sich im privaten Haushalt weniger stark als im
öffentlichen Schnittstellenraum zwischen Wohnen, Arbeiten und Freizeit.

---

42 Voigt, 1880, S. 513.
43 Vgl. Engel, 1857 und Laer, 1987, S. 158–159: Mit steigendem Eigentum sinken die Ausgaben
    für die Ernährung.
44 Verhandlungen des Reichstags, 1913, S. 2376.
45 Vgl. hierzu die Angaben bei Laer, 1987, S. 162–164.

9

Die Konserve

Kulinarische Systeme sind – das ist mehrfach deutlich geworden – stabile Strukturen. Bereits Ferdinand Braudel hat in seiner großen »Sozialgeschichte des 15.–18. Jahrhunderts. Der Alltag« darauf hingewiesen, dass innerhalb einer bestehenden Kultur quer zu den sozialen Schichten im Prinzip ›das gleiche‹ gegessen wird, jedoch mit zum Teil enormen Unterschieden in Menge und Qualität.[1] Dem gegenüber stehen die vielfältigen produktionsseitigen Umstände und Gründe für einen grundlegenden Wandel des Fleischkonsums entlang der langen Kette vom Schweinezüchter im vorpommerschen Weideland bis hin zum »Küppersbusch« im Berliner Haushalt. Ohne eine weitergehende Analyse der konkreten kulinarischen Systeme bleibt der immer wieder hervorgehobene Befund, dass in der zweiten Hälfte des 19. Jahrhunderts eine historisch einmalige Proteinwelle über Deutschland hinwegbricht, buchstäblich in der Luft hängen. So greift die Aussage »This growing amount of meat required that an increasing number of animals be brought to the slaughterhouse.« schlichtweg zu kurz bzw. hat kaum erklärendes Potential.[2] Denn erst wenn wir wissen, was genau und wie im Berlin der Jahrhundertwende gegessen wurde, können wir diese kulinarische Praxis in einen erklärenden Bezug zur Makroperspektive des gestiegenen Fleischkonsums setzen. Was also, so die Grundfrage dieses Kapitels, ist das zugrundeliegende kulinarische System im Deutschland der Gründerjahre und wie hat es sich in diesem Zeitraum verändert? Oder noch genauer nachgefragt: Wie greifen im kulinarischen System die kulturtechnische Stabilität unter den Bedingungen einer industrialisierten und spezialisierten Fleischwarenproduktion und die bislang lediglich angedeutete Variabilität der Ernährung im metropolitanen Lebensalltag ineinander?

---

1 Vgl. Braudel, 1985, S. 197–211.
2 Brantz, 2008, S. 84.

© VERLAG FERDINAND SCHÖNINGH, 2021 | DOI:10.30965/9783657704460_010

Bis zum Beginn des Ersten Weltkriegs entwickelte sich die Hauptstadt zum
größten Standort für die Maschinenbau- und Elektroindustrie, aber auch für
die dazugehörige Verwaltung. Für die Menschen hatte dies zunächst eine
extreme Mobilität auf allen Ebenen zur Folge: tägliches Pendeln zwischen
Arbeits- und Wohnstätte; mehrmals pro Jahr ein Wechsel zwischen unterschiedlichen Arbeitgebern; und Mietverhältnisse, die manchmal kaum länger
als ein Jahr stabil blieben, woraus sich das geflügelte Wort vom ›Trocken-
wohnen‹ entwickelte. Wurden die Lebensmittel in den Generationen zuvor
zum größten Teil selbst produziert oder im Tauschhandel erworben, mussten
diese mehr und mehr vom Wochenlohn finanziert werden, was den Besuch
einer Gastwirtschaft in den allermeisten Fällen ausschloss, zumindest bis zum
Ende des 19. Jahrhunderts und dem Auftreten der Brüder Aschinger. Essen und
Trinken waren nicht länger eine Sache der Bedürfnisstillung und damit sehr
individuell handhabbar, sondern stellten zunehmend eine systemische Unterbrechung des monotonen Arbeitsalltags dar, die entsprechend organisiert
werden musste.[3]

Abb. 9.1   Küche einer Zweiraumwohnung im Seitenflügel (1912).

Die erste Möglichkeit bestand darin, weiterhin zur mittäglichen Hauptmahl-
zeit nach Hause zu gehen. Verkehrstechnisch war dies aufgrund der Einführung

---

3   Vgl. Teuteberg, 2005, S. 75, Teuteberg und Wischermann, 1985, S. 358 und Lummel, 2004, S. 93.

verbilligter Vororttarife ab 1890 zumindest möglich geworden, allerdings mit
zum Teil längeren Fußwegen und entsprechendem Zeitverlust. Ein Wohnort
in direkter Nähe zur Arbeitsstätte dagegen schien eher unattraktiv:

> Nein, der Arbeiter will eben im Getriebe der Stadt bleiben; er fühlt sich wohl im
> Straßengewühl; er benutzt die Vortheile eines großen Gemeinwesens beim Ein-
> kauf seiner Bedürfnisse; hier findet er seine Vergnügungen.[4]

Allerdings waren die Stadtwohnungen der Arbeiterfamilien bis weit ins
20. Jahrhundert hinein weder mit fließendem Wasser noch mit Eistruhen
oder Elektrizität ausgestattet, so dass sich das kulinarische System an diesen
technischen Bedingungen orientieren musste und entsprechend endogen war.
Zudem wurde die Wochenarbeitszeit kontinuierlich verringert, so dass die
Pausen während der Arbeitszeit immer kürzer wurden. Und wenn dann auch
die Frau einer Fabrikarbeit nachging, musste sie diese unterbrechen, um möglichst schnell das Essen für die gesamte Familie zuzubereiten.

Angesichts dieser Schwierigkeiten bestand eine zweite Möglichkeit darin,
das Mittagessen schlichtweg mitzunehmen oder es sich von der Familie
bringen zu lassen.

> Viele Arbeiter können mittags nicht nach Hause gehen, sondern müssen sich
> ihre Nahrung mitbringen. [...] Man muß sich also seine Nahrung nach einer der-
> artigen Lebensweise einrichten. Da sind selbstverständlich größere Mengen von
> Eiweiß und Fett erforderlich.[5]

Dies war die Geburtsstunde des Henkelmanns, einem dreiteiligen Blech-
behälter, mit dem einfaches Essen transportiert und im Wasserbad vor Ort in
der Fabrik aufgewärmt werden konnte. Es leuchtet unmittelbar ein, dass auch
diese Form des werktäglichen Mittagstischs tradierte, einfache Zubereitungs-
methoden stabilisierte.

Und drittens gab es dann natürlich auch die Möglichkeit, sein Essen von
Großküchen zu beziehen, sei dies die Kantine, der Imbiss oder das Restaurant.
Die Fabrikkantine wurde in Berlin zunächst eher selten realisiert. 1918 konnte
auf diese Weise lediglich 250.000 Beschäftigten eine warme Mittagsmahlzeit
zur Verfügung gestellt werden.[6] Ganz anders dagegen sah es im Restaurant-
gewerbe aus, worauf ich später zurückkommen werde.

---

4 Goecke, 1890, S. 501, vgl. auch zu den Entfernungen zwischen Wohn- und Arbeitsstätte
   genauer Berthold, 1886, S. 216 und 229 f.
5 Verhandlungen des Reichstags, 1913, S. 2385.
6 Vgl. Allen, 2002, S. 19.

Nimmt man diese drei Möglichkeiten zusammen, so wird eine klare Linie erkennbar. Gegessen wurde zunehmend, wie man lebte: auf dem Sprung.[7] Dies konnte nicht ohne Folgen für das kulinarische System sein, denn je weniger Zeit für das Essen zur Verfügung stand, umso kalorienreicher und länger vorhaltend musste es sein. Wobei natürlich genauer zu untersuchen ist, inwiefern sich die drei genannten Möglichkeiten sozial ausdifferenzierten. Unabhängig davon jedoch lässt sich an der These festhalten, dass tierische Eiweiße zum zentralen Nahrungsmittel urbaner Kulturen wurden, also Fleisch und Wurst, daneben Kaffee, Zucker und Alkohol, weil die räumliche Zerdehnung und gleichzeitige temporale Stauchung des Essens schlichtweg höhere Kalorienwerte notwendig machte. Gleichzeitig entwickelte sich als Gegenkraft zum Effizienzdenken im Metrum der Kalorie eine Bewegung für gesundes, familienzentriertes Essen, u. a. durch Schulungen von Arbeiterfrauen. Die womöglich exponierteste Figur der Zeit in diesem Zusammenhang ist die Fabrikbesitzerin Hedwig Heyl, die 1885 eine Koch- und Haushaltungsschule gründete, um »das Mittagsmahl wieder in die vier Wände der engen Berliner Mietshauskaserne zurückzuverlagern«.[8]

Damit ist das Spannungsfeld vorgezeichnet, in dem ich nachfolgend exemplarisch die Konserve, die Wirtschaft und den Sonntagsbraten näher untersuchen werde. Den Beginn macht die Konserve. Mit der Konserve – von mir als die gesamte Breite von Dauerwaren, Wurst und Schinken, aber vor allem auch als Brühwürfel verstanden – verändert sich die gesamte bisherige, durch Synchronisation aller Prozesse gekennzeichnete Infrastruktur schlagartig, weil sie diese schlichtweg umgeht. Erst indem sich das Fleisch der traditionellen Logistik schneller Verderblichkeit entzieht, können Betriebe entstehen, die »über größeres Kapital verfügen und sich im Einkauf des Viehs daher einen erheblichen Vorsprung schaffen können, indem sie entweder selbst vom Produzenten kaufen oder gar ihr Vieh selbst aufzüchten.«[9] In der Konserve, so die zentrale These, erreicht das Fleisch seine maximale Mobilität und damit ›modernste‹ Verwertungsform. Am entgegengesetzten Ende rangiert der Sonntagsbraten als exogener Ausdruck der Versorgungsautonomie der Familien, der mütterlichen Verantwortung und des häuslichen Mittagsmahls. Zwischen diesen beiden Polen liegt die Speisewirtschaft, die in Berlin als Volksküche, als Kinderspeisung, vor allem aber als schichtenübergreifende Bierquelle der Brüder Aschinger anzutreffen ist.

---

7 Vgl. Allen, 2002, S. 20.
8 Ebd., S. 53.
9 Potthoff, 1927, S. 466.

Alles mobil

Kaum ein Nahrungsmittel verdirbt so leicht und folgenreich wie Fleisch. Womit die Fleischknappheit der antiken und vormodernen Kulturen in doppelter Weise kulturell wirksam wird: Entweder Fleisch wird als knappes Gut über rituelle Regeln zerdehnt distribuiert und konsumiert, oder es spielt in der Alltagsküche eine entsprechend untergeordnete, diese Knappheit stabilisierende Rolle bis hin zum fast sprichtwörtlich gewordenen »antiken Vegetarismus«.[10] Nun sind andererseits aber Praktiken der Konservierung wie Trocknen, Salzen, Säuern, Süßen oder Räuchern vermutlich ebenso alt wie das Kochen. Jedoch ist damit erstens keine restlose Verwertung der Tiere möglich. Und zweitens verliert das Fleisch hierdurch seine wichtigste kulinarische Eigenschaft: das Rohe.[11] Die eingemachte Bohne bleibt eine Bohne. Das eingemachte Fleisch aber wird zur Wurst, zum Schinken oder zum Braten. Mit diesen drei willkürlich herausgegriffenen Beispielen Wurst, Schinken und Braten wird deutlich, dass Garen und Konservieren zwar nicht identische Prozesse sind, dass aber Garen grundsätzlich eine Form von Konservierung bedeutet. Gekochtes Fleisch ist nicht nur leichter verdaulich, es ist auch länger haltbar. Und genau insofern hat die Konserve einen urbanen Vorläufer, nicht in historischer, sondern in systematischer Hinsicht: den bereits genannten, dreiteiligen Henkelmann, in dem sich vorgekochtes Essen ebenso leicht transportieren wie aufwärmen ließ. Wie stark diese Praxis der Konservierung mit dem außerhäuslichen Raum der Fabrik verbunden war, illustriert beispielsweise die Architektur des Berliner Osthafens. In der Mittelpartie des Hafengeländes gab es eine Kantine, in dem sich ein Arbeiterspeiseraum und eine Beamtenkantine befanden. Die Hierarchie ist eindeutig: Während die Beamten bedient wurden und nach genossenem Mahl auf eine Veranda zur Spree hinaustreten konnten, bereiteten sich die Arbeiter ihr Essen selbst zu bzw. brachten es im Henkelmann mit:

> Der Speisesaal ist in der Art der alten Schifferstuben der deutschen Seeküste ausgebildet und einfach farbig behandelt. [...] Der Raum bietet Platz für etwa 150 Mann. Zur Aufwärmung der Speisen sind an den Wänden Wärmespinde angeordnet. Außerdem ist aber auch für die Herstellung von Speisen im Gebäude selbst durch die rund 5×5 m große Wirtsküche Gelegenheit gegeben.[12]

---

10   Vgl. Osborne, 1995.
11   Vgl. André, 1998, S. 122–124.
12   Krause, 1913, S. 96.

Abb. 9.2   Arbeiterspeisehalle im Osthafen (1913).

Bemerkenswert an diesem Beispiel ist, dass die Architektur auf die Mobilisierung des Essens reagiert, und zwar nicht, indem sie dieses qua Kantine stillstellt, sondern indem sie diese verstärkt – nämlich durch die Ersetzung des Kochens durch das Aufwärmen mitgebrachter Speisen. Der Wärmespind im Osthafen ist, was nach dem Zweiten Weltkrieg die Mikrowelle im Passagierflugzeug sein wird: Er ist eine Architektur der urbanen Mobilisierung. Insofern dürfte dieses Beispiel als ein deutlicher Hinweis auf eine allgemeine Verbreitung dieser Esskultur des Henkelmanns innerhalb der Berliner Arbeiterschaft zu werten sein.[13]

Gilt dies auch für die industrielle Schwester des Henkelmanns, für die Konserve? Diese Frage lässt sich nur sehr schwer beantworten, aber es gibt doch einige Hinweise. Die Konserve als bis heute wichtigste Konservierungs-methode ist auf geradezu kuriose Weise mit der Industrialisierung verbunden, beruht sie doch auf den Prinzipien der Thermodynamik. 1681 erhält der Arzt, Physiker und Mathematiker Denis Papin das Patent auf einen Kochtopf, dessen Deckel so fest aufliegt, dass mit höherem Druck auch die Temperatur ansteigt:

---

13   Leider gibt es zur Dingkultur des Henkelmanns bislang keine Sekundärliteratur. In Mumbai hat er sich bis heute als intelligentes, kollektives Transportsystem der Dabbawalas erhalten, vgl. Roncaglia, 2013.

die Geburt des Schnellkochtopfs aus dem Geist der Dampfmaschine. Kochen unter Luftabschluss wurde dann Anfang des 19. Jahrhunderts von Nicolas Appert erstmals zum Sterilisieren von Nahrungsmitteln verwendet, zunächst in Glasflaschen, bald darauf auch in Dosen aus Weißblech.[14] Bezeichnenderweise brauchte es einige Jahrzehnte und einen ausgedehnten Krieg, bis die Konserve mit der Reichsgründung nach Deutschland kam. Allerdings enthielt sie zunächst eher Gemüse, Obst und Milch als Fleisch, aber mit einer Ausnahme: dem Würstchen. Insofern veränderte diese Konservierungstechnologie den Fleischkonsum zumindest bis zum Beginn des Ersten Weltkriegs kaum:[15]

> Da die Schlachtungen sich aber über das ganze Jahr verteilten, Weidegebiete und Schlachthöfe nie weit auseinanderlagen und der Transport von lebendem Schlachtvieh nicht besonders kostspielig war, blieb die Frischfleischversorgung in den deutschen Städten dominierend. Es lag kein Zwang zur Konservierung des Fleisches vor, so daß die Konservenproduktion immer in bestimmten Grenzen blieb.[16]

Heißt: Vorgekochtes Essen wurde vor allem im zu Hause befüllten Henkelmann, weniger aber in der vorgefertigten Konserve mit zur Arbeit genommen. Lässt sich an dieser Einschätzung für den zivilen Bereich übergreifend festhalten, so bildete das Militär eine ebenso große wie prominente Ausnahme. Ob und inwiefern die Konserve damit ein Kind des Krieges und der damit einhergehenden Mobilisierung von Ressourcen war, sei an dieser Stelle als offene Frage dahingestellt. In jedem Fall aber fand sowohl in der Stadt wie an der Front eine enorme Beschleunigung des Essens statt.

Es kann also eine ganze Reihe von soziologischen Faktoren angeführt werden, die auf eine Veränderung des kulinarischen Systems im Berlin des ausgehenden 19. Jahrhunderts hinwirken: Anstieg der Lohnerwerbstätigkeit, größere Entfernungen zwischen Wohnung und Arbeit, kürzere Mittagspausen oder der Anstieg der außerhäuslichen Frauenerwerbstätigkeit. Die unmittelbare Folge war, dass die Funktion des »ganzen Hauses« durch eine »Polarität und sogar Pluralität der Lebensräume« ersetzt wurde.[17] Aber nicht nur die Arbeit und das Essen fanden in neuen Räumen statt, ebenso Geburt, Krankheit, Tod, schulisches Lernen und schließlich auch die Freizeitgestaltung: Die Ringbahn führte zur Arbeit, aber auch zum Wannsee oder Zoo. Wesentlich für

---

14   Vgl. Appert, 1810.
15   Diese Aussage trifft so nur auf Deutschland zu. Für England und Amerika wäre an dieser Stelle die deutlich anders verlaufende Geschichte des Corned Beef zu erzählen, vgl. Iomaire und Gallagher, 2011.
16   Teuteberg, 2005, S. 82.
17   Nahrstedt, 1972, S. 284 und 286.

den Lebensalltag im Berlin der Jahrhundertwende wurde damit der *andere* Raum. Arbeiten fand nicht mehr länger zu Hause, sondern im Kontor oder in der Fabrik statt. Freizeit wurde an besonderen Orten der Stadt konsumierbar. Und die großbürgerliche Wohnung war ein Gegenentwurf zur Beschleunigung und Verdichtung der sie umgebenden Stadt. Individualität entstand an den Schnittstellen unterschiedlicher Räume, das Individuum entwirft sich mit einem Mal durch Bewegung zwischen diesen Räumen. Es war der jeweils andere Raum, der die Attraktivität des eigenen Lebensentwurfs definierte und legitimierte. Und folglich zirkulierten zwischen diesen Räumen Menschen wie Waren gleichermaßen, in jeweils unterschiedlichen Konfigurationen. Das mitgenommene Essen wird im Henkelmann zur Konserve. Das aufgesuchte Essen ist die Bierquelle. Und das wiedergefundene Essen ist der Sonntagsbraten.

Insofern steht der heimische Sonntagsbraten vor allem für die Stabilität des kulinarischen Systems, während im Restaurant Stabilität und Variabilität manchmal geradezu hemmungslos aufeinanderprallen. Das wohl bekannteste und sichtbarste Beispiel waren die zwölf Themenräume von »Haus Vaterland« am Potsdamer Platz: Hier gab es eine spanische Bodega und eine japanische Teeküche genauso wie ein bayerisches Bierrestaurant und eine Bremer Kombüse – »traulich und abwechselungsreich«, wie es in der Eröffnungsbroschüre von 1928 heißt. Maximal verdichtet dagegen wird der Warencharakter von Fleisch in der Konserve als fortgeschrittenster und agilster Form der Mobilisierung und Flexibilisierung des Essens.

Schreitet man nun tatsächlich vom Henkelmann zur Konserve, vom Kochen zum Vakuumieren fort, befindet man sich plötzlich im Zentrum einer hoch kontroversen Debatte um das Wesen von Fleisch, um das *extractum carnis*. Zentraler Agent dieser Debatte ist erneut der deutsche Chemiker Justus von Liebig und die von ihm 1864 in Uruguay gegründete Liebig's Extract of Meat Company Limited. Im epistemischen Fahrwasser des thermodynamischen Effizienzdenkens wollte Liebig die Krafterzeugung durch Fleisch optimieren, weshalb er dessen Verdichtung bis zur Kraftbrühe trieb.

> Das Muskelsystem ist die Quelle aller Kraftwirkungen im thierischen Körper, und es kann in diesem Sinne der Fleischsaft als die nächste Bedingung der Krafterzeugung angesehen werden.[18]

Fleischkost ist im Wortsinne kräftiger, was für Liebig neben der besseren Leistungsfähigkeit auch eine höhere Resistenz gegen Krankheiten bedeutet. Insofern ist Fleisch nicht nur ein Produkt der Industrialisierung, sondern

---

18   Liebig, 1878, Brief 32, S. 286, vgl. auch Liebig, 1874a, S. 121.

wurde eben auch und entscheidend als ein gesundheitsfördernder Faktor im Industrialisierungsprozess selbst inszeniert. Im physiologischen Kurzschluss von Kalorien und Proteinen kann Liebig den Fleischgenuss mit Kraft und Gesundheit gleichsetzen. So dominiert die imaginäre eindeutig die reale Ebene: »Rather, that inheritance [of early meat eating humans] exposes the extent to which meat-eating in the modern world has been narrated through ideology rather than physiology.«[19]

Vollkommen konträr dagegen argumentiert der damalige Präsident des Kaiserlichen Gesundheitsamts und Wirkliche Geheime Oberregierungsrat Dr. Franz Bumm, der sich in der bereits mehrfach zitierten Fleischdebatte des Reichstags im November 1912 gegen Ende der 72. Sitzung und nach rund fünf Stunden hoch kontroverser Auseinandersetzungen wie folgt zu Wort meldet:

> Ich glaube, es wird auch noch die Zeit kommen, wo man einsehen wird, daß nicht diejenige Mahlzeit die zweckmäßigste, beste und gesündeste ist, die möglichst viel Fleisch enthält.[20]

Sicherlich könnte man anlässlich eines solchen Zitats intensiv darüber spekulieren, ob hier eine prophetische Position vertreten wurde, auf die sich unsere eigene Gegenwart zurück projizieren lässt. Dies aber würde bedeuten, heutige Ansichten und Standpunkte selbst aus ihrem historischen und kulturellen Kontext herauszulösen und nicht als ein Amalgam aus Komplexionen und Kontingenzen zu begreifen. Vielmehr erkennen wir also hinter der oder durch die Aussage Bumms hindurch, dass sich parallel zum Anstieg des Fleischkonsums in der zweiten Hälfte des 19. Jahrhunderts dessen Konzentration zum Brühwürfel ereignet, was die Frage nach einem möglichen Zusammenhang aufruft.

1869 erweiterte Liebig das thermodynamische Modell des Menschen um die Idee der Pflege und Wartung des Körpers als Maschine. Es ging ihm nicht mehr länger nur um das Verhältnis von aufgenommener Nahrung auf der einen Seite und geleisteter Arbeit bzw. erzeugter Wärme auf der anderen Seite, sondern auch um bestimmte Stoffe, die zusätzlich benötigt werden:

> Die Speisen dienen aber nicht nur zur Wärme und Kraft-Erzeugung wie das Brennmaterial unter der Dampfmaschine, sondern auch zur Bildung und Vermehrung der belebten und zur Wiedererzeugung der verbrauchten Theile des thierischen Körpers.[21]

---

19   Young Lee, 2008, S. 3.
20   Verhandlungen des Reichstags, 1913, S. 2394.
21   Liebig, 1874b, S. 116.

Es sind dies die stark stickstoffhaltigen Albuminate, die quasi über das Blut
vermittelt und direkt im Körper verbaut werden, während die stickstofffreien
Fette, Kohlehydrate etc. verbrannt und die so genannten Nährsalze als Asche
übrig bleiben. Liebig bleibt also im Stoff- und Maschinenparadigma, erweitert
aber das Effizienzdenken um das Moment der Sorge um Körper und Gesundheit, die ein individuell unterschiedliches Verhältnis dieser drei Nährstoff-
komponenten voraussetzt. Wichtig innerhalb der Argumentation Liebigs ist
aber auch, dass die Albuminate leicht und schnell vom Körper aufgenommen
werden können, denn an dieser Stelle kommt das Fleisch ins Spiel:

> Das Fleisch enthält die Albuminate, welche die Fleisch-Erzeuger sind, in der
> löslichsten Form, es wird in der kürzesten Zeit verdaut und nimmt für seinen
> Uebergang in das Blut die geringste Arbeit in Anspruch.[22]

Die Zeitkomponente ist hier entscheidend, und sie macht das Fleisch zu *dem*
Nahrungsmittel der modernen Metropole: In »weniger als drei Stunden«
kann der Fleischesser über die aufgenommene Energie verfügen:[23] Fleisch beschleunigt die Ernährung. Fleisch ist, in diesem Denksystem, das Nahrungsmittel für den, »den die Zeit in seiner Arbeit drängt.«[24] Es macht den Menschen
»beweglicher und in einer gegebenen Zeit einer grösseren Anstrengung
fähig.«[25]

An dieser Stelle werden erneut die Garungstechnologien wichtig, die sich
in der französischen Bezeichnung Bouillon erhalten haben. Wie bereits gesagt,
wandern beim Kochen aufgrund der unterschiedlichen Dichten wasserlös-
liche, zum Teil auch stark aromatische Stoffe vom Fleisch ins Wasser – jedenfalls solange man diesen Vorgang nicht durch nennenswerte Zugaben
von Salz verhindert bzw. ein osmotisches Gleichgewicht eingetreten ist.[26]
Liebig nennt sie Extraktivstoffe, und sie werden ergänzt um die ebenfalls

---

22   Liebig, 1874b, S. 121. Stickstoffgehalt und Löslichkeit sind im zeitgenössischen Wissen die
      beiden wesentlichen Kriterien zur Beurteilung von Nahrungsmitteln.

23   Ebd., S. 122.

24   Ebd., S. 122.

25   Ebd., S. 123. Nur am Rande sei darauf hingewiesen, dass Fleisch für Liebig damit zur
      idealen Nahrung für Soldaten wird: Es macht diese zu einer besseren Waffe.

26   Dass der Vorgang des Brühekochens durch die Verwendung eines abgeschlossenen
      Dampfkesseltopfs entscheidend beschleunigt werden kann, stellt eine weitere Ver-
      bindungslinie zum thermodynamischen Paradigma dar. Außerdem kann durch Ein-
      salzen konserviertes Fleisch aufgesetzt werden, was eine entsprechende Bevorratung im
      privaten Haushalt wie auch im gastronomischen Bereich ermöglicht. Warum sich diese
      kulinarischen Praktiken jedoch eher auf Fisch wie beispielsweise den portugiesischen
      Bacalhau erstrecken, wäre eine eigene Frage, vgl. Kurlansky, 1999.

LIEBIG COMPANY'S FLEISCH-EXTRACT

hergestellt in Fray-Bentos und Zweigetablissements (Süd-Amerika).

Höchste Auszeichnungen auf ersten Weltausstellungen seit 1867.
Ausser Preisbewerb seit 1885.

Nur echt wenn jeder Topf den Namenszug „J. v. LIEBIG"
in blauer Schrift quer durch die Etiquette trägt.

Die Hausfrau, welche den ersten Versuch mit der Verwendung
von Liebig Company's Fleisch-Extract macht, verfällt nicht selten
in den Fehler, zuviel von der braunen Masse zu nehmen. Sowie
aber nur ein wenig zu reichlich Extract dem kochenden Wasser
zugefügt ist, schmeckt die zu kräftige Suppe nicht Jedermann und
mundet dem Gaumen nicht. Es wird dies um so verständlicher,
wenn man berücksichtigt, dass ein Pfund Liebig's Fleisch-Extract
den Bouillonwerth von 50 Pfd. Fleisch repräsentirt.

Das Fleisch-Pepton der Compagnie Liebig

ist wegen seiner **ausserordentlich leichten Verdaulichkeit** und seines **hohen Nährwerthes**
ein **vorzügliches Nahrungs- und Kräftigungsmittel** für Schwache, Blutarme und Kranke,
namentlich auch für **Magenleidende.**

Publishers: Liebig's Company, Antwerp.

Abb. 9.3   Rückseite einer Liebig-Sammelkarte (1897).

wasserlöslichen Nährsalze.[27] Die daraus entstehende Fleischbrühe wirkt »bei
wirklicher Schwäche [...] nicht kräftigend«, aber, so Liebig weiter:

> Eine Tasse Fleischbrühe hat häufig eine kräftigende Wirkung, nicht darum,
> weil ihre Bestandtheile Kraft erzeugen, wo keine ist, sondern weil sie auf
> unsere Nerven so wirken, dass wir der vorhandenen Kraft bewusst werden und
> empfinden, dass diese Kraft verfügbar ist.[28]

Das Fleisch tritt damit aus dem engeren Wissenssystem der Physiologie heraus
und schließt unmittelbar an den Diskurs der elektrischen Nachrichtenüber-
tragung an: Es erhält eine mediale Dimension. Kraft muss nicht nur vorhanden
sein, sondern sie muss auch vermittelt werden, und dies geschieht nach dem
Modell der Telegraphie, wie es vielleicht am prominentesten Hermann von
Helmholtz in unzähligen Experimenten mit Froschschenkeln untersucht und
Christoph Asendorf als eines der zentralen Selbstverständnisse der Moderne
herausgearbeitet hat.[29] Die Fleischbrühe hebt Blockierungen im Signalsystem
des menschlichen Körpers auf; es wirkt, so würde man heute sagen, als

---

27   Eine dem heutigen Wissensstand entsprechende Darstellung der beim Brühekochen
      stattfindenden chemischen Prozesse bietet Teuteberg, 1989, S. 2.

28   Liebig, 1874b, S. 135–136.

29   Vgl. Asendorf, 1989, v. a. S. 58–73 und Helmholtz, 1851.

Neuro-Enhancer oder schlichtweg Droge: Die Stimmung der Nerven hellt sich auf, äußere Widerstände werden als gering erachtet, und Hürden werden genommen, an denen der Mensch andernfalls zu scheitern droht.[30]

Selbstverständlich muss man auch auf die massive koloniale Blickverschiebung Liebigs hinweisen, der im Kaffee oder Tee allenfalls ein Surrogat der Fleischbrühe sieht, und zwar genau in denjenige Ländern vorherrschend, die keine ausreichenden Fleischmengen zur Verfügung stellen können, sei es aufgrund von klimatischen oder aus technologisch-zivilisatorischen Gründen. Die Fleischbrühe ist, mit anderen Worten, die beste aller Drogen der Industrialisierung. Sie ist »Spannung – Tonus – Energie«.[31] Die Industrialisierung stellt diese Droge allen Arbeitern zur Verfügung, um sich dadurch selbst zu ermöglichen. Eigentlich kommt der Fleischkonsum und damit das moderne Leben allererst in der Fleischbrühe zu sich selbst. Die wirklich radikale Veränderung des kulinarischen Systems betrifft somit tatsächlich weniger den Hunger und die Sättigung, als die Lust am Appetit und das Vibrieren der Nerven.[32]

Wendet man, mit anderen Worten, die Fleischbrühe auf sich selbst an, wird daraus Fleischextrakt. Die französischen Chemiker und Apotheker Louis-Joseph Proust und Antoine-Augustin Parmentier haben den Herstellungprozess erstmals 1821 ausführlich in den Annales de Chimie et de la Physique als »tablettes à bouillon« beschrieben.[33] Man stellt eine Brühe her, filtert sie aus und lässt sie dann so lange weiter einkochen, bis eine sirupartige Masse oder sogar ein fast trockenes Substrat übrig geblieben ist. Auf diese Weise verwandelt sich ein Kilo Fleisch in etwa 30 Gramm Extrakt.

Genau an diesem Punkt meldete sich Justus von Liebig erstmals 1847 ausführlich mit seiner Abhandlung »Ueber die Bestandtheile der Flüssigkeiten des Fleisches« zu Wort. Er fand eine bereits stabile kulinarische Praxis vor, und ebenso einen diese legitimierenden physiologischen Diskurs. In die Praxis schaltete er sich durch umfassende Experimente in den Diskurs durch breit rezipierte Abhandlungen ein.[34] Alles Ökonomische aktivierte er mithilfe seines Schülers Max Pettenkofer und dessen Onkel und Apothekenbesitzer

---

30 Vgl. Liebig, 1874b, S. 136 sowie als Überblick der aktuellen Debatten Schütz et. al., 2016.

31 Liebig, 1874b, S. 139.

32 Ganz in den Kontext des beschleunigten Arbeitsalltags lässt sich auch die Erfindung des Schweizer Mühlenbesitzers Julius Maggi einreihen. Maggi wollte mit seinen Würfeln das Suppenkochen für Frauen erleichtern, die hierfür nicht mehr die notwendige Zeit aufwenden konnten, weil sie in den umliegenden Fabriken arbeiteten. Vgl. Tanner, 1999, S. 89–126.

33 Vgl. Proust, 1821.

34 Vgl. beispielsweise Liebig, 1874a.

Franz Xaver Pettenkofer. Bereits ein Jahr nach der Veröffentlichung begann der Verkauf, und als Liebig dann 1852 nach München berufen wurde, witterten die drei ökonomische Morgenluft, wobei der entscheidende Impuls erneut von der Eisenbahn ausging. Dem Hamburger Ingenieur Georg Christian Giebert waren beim Verlegen von Eisenbahnschienen quer durch Brasilien die riesigen Rinderherden nicht entgangen, die rechts und links der Bahnstrecken weideten. Es war diese technische Infrastruktur, die in der Figur Gieberts zu der Idee führte, die Tier- und Fleischproduktion massiv voneinander zu entkoppeln. Frisch instruiert nach Südamerika zurückgekehrt, startete Giebert in Uruguay die ersten Versuche, die dortigen Rinderherden über einen komplexen Prozess der Konzentration und Extraktion soweit zu verdichten, bis sie die denkbar synthetischste und modernste Form von Fleisch angenommen hatten: Konzentration und Konservierung bedingen sich beim Brühwürfel gegenseitig, und so starben um 1800 in Uruguay jährlich zwischen 150.000 und 200.000 Rinder, um als Würfel zunächst vor allem in Europas Apotheken und später dann auch in den Restaurants und Haushalten zu landen.

Noch ein weiterer Kreis schließt sich für Liebig mit der Fleischbrühe. Denn die Tiere wurden von den Landwirten gezielt auf ein bestimmtes Zuchtbild hin ernährt. Hier entstand ein tief ausgefächertes Wissen um Nahrungsmittel, die möglichst effektiv zum gewünschten Effekt führten. Beim Essen jedoch wirkt die vertikale Trägheit kulinarischer Systeme als symbolische und damit Kontingenz ermöglichende Ordnung einer solchen Rationalisierung entgegen. Der Mensch wird, zumindest innerhalb dieser Argumentationskette, schlechter ernährt als das Tier, oder weniger modern, auch wenn dies mittels Fleischbrühe und Brühwürfel theoretisch möglich wäre:

> Der Kochkünstler könnte von unseren Landwirthen und Viehzüchtern Vieles lernen; die Letzteren wissen, von welcher Wichtigkeit die richtigen Verhältnisse der verschiedenen Nährstoffe für die Ernährung der Pflanzen und Thiere sind, aber in Beziehung auf die Ernährung ist das Vieh weit besser besorgt als der Mensch.[35]

Die Ernährung der Tiere ist in der industriellen Moderne angekommen, wohingegen die kulinarischen Systeme des Menschen weiterhin zutiefst in ihrer eigenen Geschichte verwurzelt sind.[36]

Womit wir nun zu der entscheidenden Frage kommen, wie sich diese zwischen lautstarker Polemik und wohlkalkulierter Wissenschaftlichkeit – man darf bei allem nicht Liebigs ausgeprägte Geschäftsinteressen vergessen – hin- und

---

35 Liebig, 1874b, S. 140.
36 Vgl. zu einer möglichen Gegengeschichte Cubasch, 2019.

herpendelnde Argumentation mit der schlichten Tatsache zusammenbringen lässt, dass sich die kulinarischen Systeme in der zweiten Hälfte des 19. Jahrhunderts ebenso massiv wie nachhaltig veränderten? Worin genau bestanden diese Veränderungen bzw. gab es einen Brückenschlag zwischen sozusagen altem und neuem Fleisch, zwischen Steak und Brühwürfel? Wir haben uns also erneut der zentralen Frage genähert, wie genau sich der gestiegene Schweinefleischkonsum pro Kopf im kulinarischen System der Metropole Berlin niederschlägt. Bevor ich jedoch auf diese Frage zurückkommen werde, ein kurzer Ausflug in ein Thema, von dem dieses Buch eigentlich nicht handelt.

Alles auf Eis

Der Kühlschrank bedeutet das Ende der Synchronisation und der Konserve: Er macht rohes Fleisch haltbar, d. h. die Geschichte der (Ver-)Teilung von Fleisch als Fleisch folgt einem gänzlich anderen Narrativ. Wann ereignet sich diese Zäsur in Berlin und wann endet demzufolge auch die Geschichte dieses Buchs?

Bis 1898 gab es auf dem Gelände des alten Schlachthofs keine systematischen Kühlmöglichkeiten für das geschlachtete Fleisch. Dies war jedoch keine technische, sondern eine rein hygienische Entscheidung, wie man bei Blankenstein und Lindemann nachlesen kann:

> Es sei hier gleich erwähnt, dass die für die technische Bearbeitung des Projekts nicht unwichtige Frage, ob für die Aufbewahrung des Fleisches die Eiskonservirung oder möglichst kräftiger Luftwechsel [...] anzuwenden sei, von den Sachverständigen mit Rücksicht darauf, dass das auf Eis konservirte Fleisch später um so leichter dem Verderben ausgesetzt ist, dahin entschieden wurde, dass eigentliche Kühlkammern nicht erforderlich, vielmehr für eine möglichst kräftige Ventilation der Schlachthäuser zu sorgen sei.[37]

Während also im gesamten Schlachthof die jüngsten Technologien verbaut und verwendet wurden, bilden der Verzicht auf Hilfsmittel zum Betäuben der Tiere sowie der Verzicht auf Konservierung der Schweinehälften zwei wichtige und deshalb interpretationsbedürftige Ausnahmen. Denn die Vorteile der Kühlung liegen eindeutig auf der Hand, entfällt damit doch die Notwendigkeit der extrem kritischen und aufwendigen zeitlichen Verdichtung und Koordination sämtlicher Prozesse.

Zentraler, aber natürlich nicht einziger Protagonist des künstlichen Eises ist der allgäuer Pfarrerssohn Carl Linde, der am Eidgenössischen Polytechnikum

---

37   Blankenstein und Lindemann, 1885, S. 26.

unter anderem bei Rudolf Clausius studierte, dem Entdecker des zweiten Hauptsatzes der Thermodynamik.[38] Ohne sein Studium beendet zu haben, erhielt Linde eine Professur an der Polytechnischen Schule München. Hier entwickelte er ein Verfahren, in dem ein Kältemittel bei niedriger Temperatur Wärme aufnimmt und diese bei höherer Temperatur wieder abgibt – unter Zufuhr mechanischer Arbeit. Dass es Linde nicht in erster Linie um die Kühlung von Fleisch, sondern um die Herstellung von untergärigem, länger haltbarem Lagerbier ging, ist mehr als nur ein kurioser Seitenstrang der Geschichte: Während obergärige Hefe bei Raumtemperatur arbeitet, benötigt untergärige Hefe eine Temperatur von unter 10 Grad Celsius und damit natürliche Kälte, die in fränkischen und bayerischen Eiskellern deutlich einfacher realisiert werden konnte, als beispielsweise im milden Klima der Kölner Bucht. Diese unmittelbare Verkoppelung von klimatischen Gegebenheiten und kulinarischen Systemen bricht Carl Linde 1870 mit seiner Schrift »Ueber die Wärmeentziehung bei niedrigen Temperaturen durch mechanische Mittel« auf. Seine Ideen wurden sofort breit diskutiert, unter anderem im »Polytechnischen Journal«, das im Anschluss an die »Deutsche Industriezeitung« die Prognose wagte:

> Wegen des Umstandes endlich, daß Brauereien, welche mit diesen Maschinen versehen sind, von Wetter und von der Jahreszeit ganz unabhängig sind und demnach das ganze Jahr hindurch brauen können, wird das Anlagecapital kleiner und das Betriebscapital, da nicht so große Massen Bier wie bisher auf Lager gehalten zu werden brauchen, bedeutend geringer, so daß wohl anzunehmen ist, alle Brauereien von nur einiger Größe werden binnen Kurzem die Eismaschinen dieser Art als ein nothwendiges Zubehör ihrer Brauerei erkennen, selbst wenn sie das Natureis im Winter sich billig verschaffen können.[39]

Alles Weitere schreibt sich dann tatsächlich als technologische Erfolgsgeschichte: 1873 die erste versuchsweise Einrichtung einer Kältemaschine in der Münchener Spaten-Brauerei, 1877 die Patentierung einer »Kälteerzeugungsmaschine« und 1879 die Gründung der Gesellschaft für Linde's Eismaschinen AG.[40] Im Zuge der Erweiterungen des Berliner Schlachthofgeländes, die vor allem aufgrund der zu geringen Kapazitäten für die Schweineverarbeitung notwendig geworden war, entstand 1926 ein zentrales, zweigeschossiges Kühlhaus, umgeben von den Schlachthäusern, mit insgesamt 227 Kühlzellen.[41] Die damit einhergehende Veränderung sämtlicher Prozesse markiert zugleich das Ende der in diesem Buch erzählten Geschichte:

---

38 Vgl. Kassung, 2001, S. 133–189.
39 Dingler, 1873, Bd. 207, Misc. 3, S. 510 f.
40 Vgl. Linde, 1877.
41 Vgl. Guhr, 1996, S. 59–60 sowie die Anmerkung in Fußnote 26 auf S. 11.

Die Vorteile für die Schlächter waren offensichtlich; unabhängig von der Witterung und der jeweiligen Nachfrage konnte nun das Fleisch länger aufbewahrt und ein Vorrat geschaffen werden.[42]

Abb. 9.4   Kühlhaus mit nummerierten Kühlzellen (um 1900).

War das Konzept des ursprünglichen Schlachthofkomplexes vom Primat der Verteilung und damit von der Schlachtung her gedacht, so verschob sich nach dem Ersten Weltkrieg der Schwerpunkt zunehmend weg von den Kulturtechniken der Synchronisation hin zur Verarbeitung und damit Speicherung, Lagerung, Konservierung und Bevorratung. Ende der 1920er Jahre war diese Umstrukturierung abgeschlossen: Der Verkauf tritt gegenüber der Schlachtung entlang technisierter Schlachtstraßen mit hoch arbeitsteiligen Strukturen in den Vordergrund, der Schlachthof selbst wird zum Fleischgroßmarkt mit 1.500 Ständen.[43] Verkauft wird, was der Markt schluckt, der Rest wandert in die Kühlung zurück und landet am nächsten Tag erneut in den Auslagen. Heute können wir in Deutschland jederzeit alles kaufen, allerdings werden die in heimischen Ställen gemästeten Schweine zumeist zur Schlachtung

---

42   Guhr, 1996, S. 59.
43   Vgl. Straßmann, 1931, S. 525.

kurz ins Ausland transportiert, um als gefrorene Fleischblöcke, als gekühlte Schweinehälften oder als vakuumiertes Fleisch den Rückweg anzutreten: Der Schlachtprozess selbst ist zur bloßen Unterbrechung und Störung der langen Produktionskette geworden, der Tod hat sich jenseits der Landesgrenzen zurückgezogen.

An diesem Punkt also endet meine Geschichte des Berliner Zentralvieh- und Schlachthofs, obwohl das Gelände noch bis in die Nachwendezeit hinein genutzt wurde. Die kurze, nur etwa dreißig Jahre lange Phase der Synchronisation von frischem Fleisch im kulinarischen System Berlins hat sich in ein übergroßes Relais in Form von drei Großmarkthallen plus Kühlhaus transformiert. 1929 sind jene Erweiterungsbauten abgeschlossen, die erstens niemals in ihren Dimensionen überschritten wurden und die zweitens jenen Paradigmenwechsel realisierten, der zugleich die heutige Situation klar von derjenigen des 19. Jahrhunderts unterscheidet: »Der Kreislauf Viehtransport – Viehmarkt – Schlachtung – Fleischbeschau und Verteilung war nun geschlossen.«[44]

Was zugleich zur Konserve zurückführt, denn die Kühlung ist neben dem Fleischextrakt die zweite Technologie einer systemischen Trennung von Tier- und Fleischproduktion. An die Stelle des Gleises, das die zeitkritische Anbindung Vorpommerns an den Berliner Markt ermöglichte, traten 1876 die ersten Kühlschiffe, die südamerikanisches Rindfleisch nach Europa brachten:

> Es war eine der großen Tendenzen des 19. Jahrhunderts auf dem Ernährungssektor, dass die Industrialisierung auch die Herstellung von Fleisch erfasste und den Fleischmarkt zu einem transkontinentalen Geschäft machte.[45]

Ich möchte nun jedoch diese räumlich wie zeitlich maximal entgrenzte Perspektive der Fleischproduktion verlassen und erneut zur Eingangsfrage dieses Kapitels zurückkehren, wie sich der gestiegene Schweinefleischkonsum in Berlin als konkrete Essenspraxis vollzieht.

Alles Wurst!

Die Antwort auf diese Frage liegt buchstäblich auf der Straße. Und sie markiert zugleich den Übergang zur »Bierquelle«. Die Rede ist, um es im heutigen Jargon zu formulieren, vom Fleisch To-Go. Rekapitulieren wir nochmals in

---

44   Schindler-Reinisch, 1996, S. 118.
45   Osterhammel, 2013, S. 339.

aller Kürze. Garungstechnologisch besehen stellte die Konserve zwar den variabelsten Pol der Fleischversorgung um 1900 dar, jedoch wirkte sie im Alltag eher systemstabilisierend. Im Henkelmann landete, was gerade verfügbar war, es wurde quasi vom heimischen Eintopf abgeschöpft. Die Blechkonserve war für Fleisch, zumindest in Deutschland, keine breitenwirksame Distributionsform. Und der Fleischextrakt schließlich verschlang zwar enorm viele und vor allem Rinderherden, landete aber primär in Apotheken, Krankenhäusern, Armeezelten und wohlsituierten bürgerlichen Haushalten.

Abb. 9.5   Prima warme Wurst (1925).

Auch die traditionelle heimische Sonntagsküche wird eher systemstabilisierend gewirkt haben, weshalb einzig der Imbiss bleibt, das Schnellrestaurant irgendwo auf dem Weg von der Arbeit nach Hause. Meine These lautet also, dass sich genau hier, im metropolitanen Zwischenraum *par excellance*, der entscheidende Wandel des Fleischkonsums ereignet. Nicht der Braten und das Kotelett, und auch nicht das Dosenfleisch, sondern Wurst und Aufschnitt bilden die entscheidende Kostform – nämlich als Belag für das Brötchen, das zusammen mit einem Bier in kürzester Zeit produziert und konsumiert werden konnte.

Es seien hier nur zwei einleitende und sehr unterschiedliche Belege für diese These angeführt. Das erste Beispiel führt ins Kino. Anhand der Zensurkarten konnte das Filmmuseum Potsdam die 1.985 überlieferten Filmmeter der Berlin-Dokumentation »Die Stadt der Millionen« von Adolf Trotz wieder in die korrekte Reihenfolge von 1925 bringen. Der Film dokumentiert das gesamte Spektrum der öffentlichen Lebensvollzüge in der Großstadt, allerdings gibt es nur eine einzige Szene, in der wir Menschen beim Essen zusehen können. Nachdem die Kamera zunächst dem Verkehr am Alexanderplatz gefolgt ist, hält sie sich ab Minute 9:08 für ein paar Einstellungen an einem fahrenden Würstchenstand auf. »Prima warme Wurst garantiert reines Rind u. Schweinefleisch St. 15« ist oben an dem dicht umdrängten Stand zu lesen. Alle sind da: ein Fahrradfahrer, ein junger Soldat, ein Herr im Zylinder und ein Polizist; dazu andere Passanten, mit Krawatte oder einfacher Kleidung, und ein oder zwei Frauen. Ein gutes, vielleicht sogar zwei Dutzend Menschen drängen sich um die heiße Wurst aus dem Siedetopf oder vom Grill. Und dann geht es weiter zum Zeitungshändler, zur Tagespolitik im Split Screen. Gegessen wird, so die Aussage dieser Szene, im Fluss, mitschwimmend im Rhythmus der Großstadt. Und es ist der Stand mit der Ordnungsnummer 15, d. h. was hier geschieht, wiederholt sich überall in der Stadt auf gleiche Weise.

Ein zweiter Beleg führt zurück zu dem bereits erwähnten Mediziner und Physiologen Max Rubner, der sich 1913 in einem Artikel eigens dem »belegten Brot« und seiner Bedeutung für die Volksernährung widmete.[46] Rubner konstatiert eine »immense Ausdehnung der ›kalten Küche‹« in Form von »mit Fleischwaren belegten Butterbroten« besonders »in den Kreisen der Mindestbemittelten«.[47] Es folgen sodann zahlreiche Tabellen, in denen Rubner ganz in Liebigscher Manier die Brötchen in ihre physiologischen Bestandteile zerlegt. Was bleibt?

> Sehr nahe stimmen im Preiswert Wurstwaren und Schweinebraten überein; man erhält in ihnen die meisten Kalorien und Eiweiß, bei allen übrigen Waren ist entweder der Eiweißgehalt oder die Kalorienzahl niedriger.[48]

Auf der einen Seite also konzentriert das mit Aufschnitt belegte Brötchen alle bereits bekannten physiologischen Argumentationsmuster für den Fleischkonsum ähnlich wie die Fleischbrühe. Anderseits aber hat diese Verdichtung auch ihren Preis:

---

46   Vgl. Rubner und Schulze, 1913.
47   Ebd., S. 262.
48   Ebd., S. 270.

Das belegte Brot ersetzt in vielen Fällen eine Mittag- oder Abendmahlzeit, es gilt als eine ungemein billige Art der Verköstigung. Das trifft aber tatsächlich nicht zu. Man kann für denselben Geldaufwand weit mehr Nährstoffe und auch in rationellerer Form bei einem warmen Abendessen erhalten.[49]

Woher also stammt diese Preisdifferenz? Warum lohnt es sich für den Arbeiter trotzdem, sich *ambulando* zu ernähren? Die Antwort liegt natürlich im Alltag, in einem Lebensstil der rasanten Beschleunigung, in der die Zeit des Arbeitens zu einer wertvolleren Ressource geworden ist als die Zeit des Essens. Bei keiner anderen Kostform bedingen sich Industrialisierung, Moderne und Fleischkonsum so unmittelbar wie beim belegten Brötchen. Und die Firma, die auf diesem Zusammenhang ihr Imperium gründen sollte, hieß Aschinger.

---

[49] Rubner und Schulze, 1913, S. 270.

10

Die Bierquelle

Als Franz Biberkopf 1929 aus der Strafanstalt Tegel entlassen wird, um sich ein neues Berlin rund um den Berliner Alexanderplatz aufzubauen, gibt ihm sein Autor Alfred Döblin eine kurze, einseitige Präambel mit auf den Romanweg. Was den Helden laut Döblin zu einer ebenso exemplarischen wie tragischen Figur macht, ist sein schlichter Wunsch, »vom Leben mehr zu verlangen als das Butterbrot.«[1] Heutige Leserinnen und Leser werden diese Aussage als Metapher lesen: Das Butterbrot steht für ein einfaches, ärmliches Leben; kein Luxus, kein opulentes Essen, eben nur das Notwendigste. Tatsächlich aber legen die vorherigen Überlegungen zur Konserve eine andere, wörtliche Lesart nahe. Das Butterbrot wäre demnach genau dies: ein Butterbrot. Also die sehr präzise Beschreibung eines stabilen kulinarischen Systems der mobilen Arbeiterernährung zwischen Wohnort und Arbeitsplatz. Was wäre dann aber Döblins urbaner Gegenentwurf zum Butterbrot?

Folgt man Franz Biberkopf durch den Raum des Großstadtromans, ist die Antwort eindeutig: Die Schnellrestaurants der beiden aus Württemberg zugewanderten Brüder Carl und August Aschinger sind der über die ganze Stadt verteilte, zentrale Zwischenort des Essens. Innerhalb von nur acht Jahren eröffnen sie bis 1900 insgesamt 30 Filialen. Biberkopf, der Zuhälter, und Mieze, seine Prostituierte, halten sich vor allem im Aschinger am Alexanderplatz auf.

> Vom Süden kommt die Rosenthaler Straße auf den Platz. Drüben gibt Aschinger den Leuten zu essen und Bier zu trinken, Konzert und Großbäckerei. Fische sind nahrhaft, manche sind froh, wenn sie Fische haben, andere wieder können keine Fische essen, eßt Fische, dann bleibt ihr schlank, gesund und frisch.

---

1 Döblin, 1995, S. 7.

© VERLAG FERDINAND SCHÖNINGH, 2021 | DOI:10.30965/9783657704460_011

Damenstrümpfe, echt Kunstseide, Sie haben hier einen Füllfederhalter mit primar Goldfeder.[2]

Hier scheinen soziale Differenzen aufgehoben: Goldene Füllfederhalter treffen auf Biertrinker, man kann gesundes oder nahrhaftes Essen zu sich nehmen, es gibt Musik und Brot aus der Großbäckerei. Weil für jeden etwas dabei ist, trifft die Stadt bei Aschinger unmittelbar auf sich selbst, wird zum beschleunigten Umschlagplatz des urbanen Essens. So positiv diese soziale Funktion des Schnellrestaurants bei Döblin besetzt ist, so harsch und vermutlich dem Mediziner im Autor geschuldet ist die Kritik am Essen selbst, genauer am Butterbrot. Essen findet bei Aschinger vor allem in Form eines mit Aufschnitt belegten Brötchens statt und ist für Döblin somit zugleich Insigne für den erreichten Kultur- wie den überschrittenen Naturzustand des Menschen. Das belegte Brötchen ist »künstlich verfeinerte Nahrung«, ist zweite Natur *par example*:

> Aschinger hat ein großes Café und Restaurant. Wer keinen Bauch hat, kann einen kriegen, wer einen hat, kann ihn beliebig vergrößern. Die Natur läßt sich nicht betrügen! Wer glaubt, aus entwertetem Weißmehl hergestellte Brote und Backwaren durch künstliche Zusätze verbessern zu wollen, der täuscht sich und die Verbraucher. Die Natur hat ihre Lebensgesetze und rächt jeden Mißbrauch. Der erschütterte Gesundheitszustand fast aller Kulturvölker der Gegenwart hat seine Ursache im Genuß entwerteter und künstlich verfeinerter Nahrung. Feine Wurstwaren auch außer dem Haus, Leberwurst und Blutwurst billig.[3]

Wie lässt sich dieses merkwürdige Spannungsverhältnis erklären? Ich werde im Folgenden die Mechanismen der mobilen Ernährung bis in die Details des Systems Aschinger hinein rekonstruieren. Zuvor möchte ich aber nochmals die große Kräftetrias nachzeichnen, innerhalb derer es den beiden Brüdern Aschinger wie keinem anderen Gastronomen dieser Zeit gelingt, die Zirkulation von Nahrungsmitteln in Berlin neu und ökonomisch hoch erfolgreich zu definieren.

Als Ausgangsthese sei weiterhin angenommen, dass kulinarische Systeme eher stabil und konservativ sind.[4] Dies gilt vor allem für den familiären Bereich und die private Haushaltsführung, weil hier das implizite Wissen und die Praxis des Kochens vertikal zwischen den Generationen übertragen werden muss. Dagegen vollzieht sich die wohl vollständigste Transformation des Tiers in ein Industrieprodukt im Medium der Konserve – ohne dabei allerdings in

---

2 Döblin, 1995, S. 41 f.
3 Ebd., S. 146.
4 Vgl. Tolksdorf, 1976, S. 68 f.

der Breite des Alltags wirksam zu werden: Der Fleischextrakt findet sich primär in der Apotheke, am Krankenbett, an der Front oder in der großbürgerlichen Küche, nicht aber im Alltag der arbeitenden Bevölkerung Berlins.

Versucht man nun, durch diese freilich sehr grobe kulinarische Landkarte hindurch ein Erklärungsmuster für den urbanen Anstieg des Schweinefleisch-konsums zu erkennen, so drängt sich die Vermutung auf, dass diese Trans-formationskräfte zunächst in einem »anderen Raum« wirksam werden, der sowohl stabil wie instabil ist:[5] stabil auf der Ebene des kulinarischen Was, instabil auf der Ebene des kulinarischen Wie. Oder pointiert formuliert: Bei Aschinger wird nichts Neues, aber das Alte anders gegessen. Und genau aus dieser Zwischenposition heraus gelingt es den Aschingers, ökonomisch so erfolgreich zu agieren, dass sie tatsächlich zum Wegbereiter einer neuen urbanen Esskultur werden.

Zudem wird in Berlin, schlicht aufgrund seiner extrem schnell an-wachsenden Größe, die Notwendigkeit des Essens außer Hause ebenso schnell faktisch, wie hierfür neue kulturelle Formen gefunden werden müssen. Eine Vorform, an der sich der Wandel der Essgewohnheiten exemplarisch ablesen lässt, war die Volksküche, für die sich in Berlin besonders Lina Morgenstern engagierte. Um die Zeit der Reichsgründung herum hatte dieses Konzept ihren größten Erfolg:

> 1894 waren 15 Volksküchen für beide Geschlechter sowie eine Frauenküche in Betrieb und versorgten in dieser erneuten Blütezeit das ganze Jahr über [...] etwa 9.000 Gäste pro Tag [...]. Man konnte Karten für volle oder halbe Portionen kaufen. Eine volle Portion, bestehend aus einem Quart Suppe mit Kartoffeln, Ge-müse und Fleisch, kostete bis zum Jahr 1900 25 Pfennig, eine halbe Portion 15 Pfennig [...].[6]

In den Folgejahren entstanden dann die ersten kommerziellen Speiselokale, und Morgensterns Volksküche war dieser Konkurrenz nicht gewachsen, was neben dem stark philanthropischen Gestus auch mit dem Essen selbst zu tun hatte. Während sich Morgenstern an den physiologischen Vorgaben Rudolf Virchows orientierte, klagten die Gäste über zu viele Kartoffeln, Nudeln und Reis und zu wenig Schweinefleisch.[7]

Und schließlich muss erneut an die netzwerkartige Logistik der Schlacht-hofbelieferung und -auslieferung erinnert werden: Wie überhaupt konnten die riesigen Fleischmengen für den unmittelbaren, parallelen Verbrauch

---

5   Vgl. Foucault, 1998.
6   Vgl. Allen, 2002, S. 44.
7   Vgl. Morgenstern, 1868, S. 33 f. und Kißkalt, 1908, S. 269 f.

bereitstellt werden? Alleine der Marmorsaal im Zoologischen Garten fasste mit Galerie knapp 3.000 Personen, während im gesamten, 1910–1912 von Jürgen Bachmann und Peter Jürgensen erbauten Restaurations- und Saalbautenkomplex etwa 10.000 Personen versorgt werden konnten.[8] Besetzt man nur die Hälfte dieser Plätze einmal pro Tag, so entspricht dies – multipliziert mit 180 gr Fleisch und geteilt durch 90 kg Schlachtgewicht – rund 20 Schweinehälften, die, jedenfalls wenn das Wetter gut war, täglich angeliefert werden mussten.[9]

Abb. 10.1   Marmorsaal Zoologischer Garten (1918).

Aschinger plante das Weinhaus Rheingold mit 4.000 Sitzplätzen, was jedoch zur ersten großen Fehlinvestition des Imperiums wurde. Die anderen, insgesamt rund dreißig Häuser mit 1.000 und mehr Plätzen dagegen liefen quasi wie geschmiert. Welche Logistik der Teilung, Verteilung und Garung von Fleisch ermöglichte diese Form der Massenspeisung? Ich werde im Folgenden drei Antworten auf diese Frage geben. Die erste Antwort untersucht das Verteilungssystem der Waren bei Aschinger, und hier vor allem die Belieferung der Restaurants und die Präsentation vor Ort. Die zweite Antwort setzt bei

8   Vgl. Anonymus, 1912 und Behrendt, 1913.
9   H. v. Zobelitz spricht von 3.000 Tischen und 15.000 Stühlen bei einem jährlichen Wareneinsatz von gut 1/4 Millionen Mark für Fleisch und Geflügel im wahrscheinlich größten Restaurationsgebäude Europas, vgl. H. v. Zobelitz, 1901, S. 81 und 86.

der Teilung von Fleisch an, indem sie das Messer durch den Fleischwolf ersetzt. Und die dritte Antwort schließlich widmet sich konkret dem, was bei Aschinger vor allem anderen über die Theke geht: dem Brötchen.

Die Vitrine

1892 eröffneten August und Carl Aschinger die erste »Bierquelle« in der Neuen Roßstraße, fünf Jahre später, Ende 1897, wird das 25. Jubiläumslokal Ecke Chausseestraße/Elsasserstraße eröffnet und nur acht Jahre später geht das Unternehmen an die Börse. In den 1930er Jahren ist Aschinger mit über 100 Filialen Europas größter Restaurant- und Hotelkonzern. Irgendetwas also machten die beiden Brüder aus dem württembergischen Oberdingen anders als andere Gastronomen – denn Kneipen gibt es in Berlin um 1900 mehr als in jeder anderen deutschen Stadt.[10]

Werfen wir deshalb zunächst einen Blick in die Bierquellen selbst. Was wir sehen, sind offene, große Räume, die sich durch eine merkwürdige Spannung zwischen eher einfachem Tisch- und Stuhlmobiliar, aber sehr aufwendiger und themenorientierter Innenausstattung auszeichnen. Auch der Blick in den Marmorsaal des Zoologischen Gartens in Abbildung 10.1 zeigt eine ähnliche Gestaltungsstrategie. Einerseits verlieren sich die Gäste fast in einem extrem luxuriös gestalteten, riesigen Raum, der eine geradezu sakrale Anmutung besitzt. Säulengestützte Emporen strecken den Raum zusätzlich in die Höhe, ein riesiger Kronleuchter schwebt im Firmament der aufwendigen Stuckdecke. Auf der anderen Seite aber, am Boden, geradezu unendlich lang erscheinende, dicht gepackte Reihen einfacher Tische, eng gestellt, mit einem Servicegang in der Mitte. Das Mobiliar folgt der Ökonomie der Bugholzästhetik, lädt also nicht unbedingt zum ausgedehnten Verweilen ein. Lassen wir uns nun eine Postkarte aus einer der Bierquellen Aschingers zuschicken, wiederholt sich dieses Bild. So werden beispielsweise die Kaiserhallen am Moritzplatz von gusseisernen Säulen gehalten, um einen möglichst großen, offenen Raum zu schaffen. Der Blick fällt frei auf eine kleine Bühne für die Musiker, unterhalb der Sichtachse wiederum endlose Reihen von Tischen: einfaches, zweckmäßiges Holz, keine Tischwäsche, ungepolsterte Stühle.

---

10 Vgl. Glaser, 2004, S. 23 f. Der Name »Bierquelle« geht vermutlich darauf zurück, dass bei jeder Bestellung ein Korb mit Gratisbrötchen auf den Tisch gestellt wurde, man sich also maximal schnell und nur mit Bier ›satt essen‹ konnte, vgl. Stresemann, 1900, S. 22 f.

Abb. 10.2   Gruß aus Aschingers Bierquelle Friedrichstraße 97 (1910).

Dieses geradezu widersprüchliche Ineinandergreifen von luxuröser Architektur und grundständiger Möblierung stützt die immer wieder vorgebrachte
These von der »klassenlosen« Bierquelle als wesentlicher Grund ihres Erfolgs.
Dabei wird neben der Ausstattung der Restaurants auch auf die Verbindung
extrem niedriger Preise mit gleichzeitig hoher Qualität der Produkte hingewiesen. Eine solche Argumentation greift jedoch nur dann, wenn sich im
Fleischkonsum ein zugleich distanzierender und assoziierender Lebensstil
realisiert.[11] Das heißt also, dass einerseits die für den Konsum verfügbaren
Ressourcen durch die gegebenen Klassendifferenzen schlichtweg determiniert
sind. Und dass aber andererseits über den Konsum eine Selbstzuordnung zu
anderen Sozialschichten möglich wird. In diesem Zusammenhang fällt bei der
Untersuchung einer statistischen Erhebung von 1907 auf, dass besonders bei
Haushalten im mittleren Einkommenssegment die Ausgaben pro Kopf für
Fleisch- und Wurstwaren sowie für Besuche von Gastwirtschaften vergleichsweise hoch sind.[12] Es gibt also offensichtlich eine mittlere Einkommensklasse, in
der die soziale Selbstverortung über den Fleischkonsum besonders produktiv
wird. Bei Haushalten mit unterdurchschnittlichem Einkommen dagegen

---

11   Vgl. Spree, 1987, S. 57–58.
12   Vgl. ebd., S. 66.

bleibt der Fleischkonsum innerhalb der klassenspezifischen Grenzen, ohne dass dessen symbolisches Potential freigesetzt werden kann.

Abb. 10.3   Gruß aus dem Aschinger-Haus Friedrichstraße 97 (1905).

Wir können also festhalten, dass neben der architektonisch materialisierten Überschreitung sozialer Distinktionen der gemeinsame Fleischverzehr und die damit verbundenen symbolischen Aufladungen entscheidend für die neue Form von kulinarischer Gemeinschaft oder zumindest Partizipation war, die den Kern von Aschingers System ausmachte. Was die weiterführende Frage aufwirft, wer eigentlich in der Bierquelle seine Zwischenmahlzeit einnahm. Laut Karl-Heinz Glaser war es vorwiegend der »kleine Angestellte«, der seine geringen Geldmittel möglichst effektiv in einer kurzen Frühstücks- oder Mittagspause einsetzen wollte und damit die ökonomische Basis für das Aschinger-System bildete.[13] Und Arbeiter fand man zwar auch, »aber nur, wenn sie sich dem Milieu anpassten und entsprechend gekleidet waren.«[14]

Diese ersten Vorbemerkungen lassen vermuten, dass sich der Restaurantbetrieb der Brüder Aschinger gerade aufgrund seiner spezifischen Verkoppelung von industrieller Nahrungsmittelproduktion und neuer, vor allem auch architektonisch inszenierter Durchlässigkeit der gesellschaftlichen Klassen erfolgreich gegen seine Konkurrenz durchsetzen konnte. Aschinger

13   Vgl. Glaser, 2004, S. 39.
14   Ebd., S. 39.

generierte einen ›anderen Raum‹; er war konzentrierte Metropole, indem
er soziale Begegnung und urbane Beschleunigung systemisch kurzschloss.
Jeder traf jeden – auf eine Schrippe mit Bier –, aber ohne Verpflichtung: Be-
gegnungen waren kontingent und folgenlos, das Leben im Durchgang mit dem
Essen auf dem Weg verbunden. Verzehrt wurden dabei einfache und einfachste
Gerichte aus absoluter Massenherstellung in einem luxuriösen Ambiente, das
Exklusivität und Gemeinschaft geschickt miteinander verwob.[15]

Wie funktionierten nun aber die konkreten Abläufe? Hierfür bewegen wir
uns von der Gesamtschau auf den Raum näher an die Schnittstelle zwischen
Küche und Gast heran, an die Theke und das Buffet. Als Beispiel sei die 30.
Bierquelle in der Friedrichstraße 97 gewählt. Wir sehen also durch die Postkarte bzw. durch die Glasfront im Eingangsbereich hindurch direkt auf den
Bürgersteig Friedrichstraße/Ecke Georgenstraße. Und quasi in die Passanten
hinein. Der Eingangsbereich ist auf doppelte Weise interessant. Erstens finden
wir dort keine Bestuhlung, sondern vielmehr Theken, Buffets und einen Wurst-
stand. Entscheidend für das System Aschinger ist die Einführung des Tresens,
der oftmals so gestaltet ist, dass er nach außen, in den Stadtraum hin sichtbar
ist und somit als Durchgangsschicht funktioniert. Der Gast betritt, bevor er
sich an den Tisch setzt, eine warenhausähnliche Zwischenzone, in der das
Essen in Serie präsentiert wird.

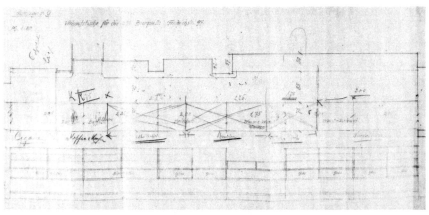

Abb. 10.4   Umbauplanung der Verkaufstische Friedrichstraße 97 (1925).

Zweitens und in Abbildung 10.3 sehr gut erkennbar befindet sich direkt vor der
Fensterfront eine Glasvitrine, die als Medium die Ware genau an der Grenze
von innen und außen positioniert, also die Strategie des Schaufensters auf den

---

15   Vgl. hierzu auch Kashiwagi, 2012, S. 75.

gastronomischen Bereich überträgt. Die Auswirkungen dieser Inszenierung
auf sämtliche konkrete Abläufe sind ebenso weitreichend wie erfolgreich. Mit
der Glasvitrine entfällt die Imagination des Essens entsprechend einer schrift-
lichen Codierung in der Karte, was ein explizites Wissen über das kulinarische
Zeichensystem voraussetzt. Die Vorwegnahme der Zukunft des Essens im
Sprechen wird ersetzt durch die Geste, das Sehen und Zeigen dessen, was man
essen möchte. Beziehungsweise sogar durch das Wegfallen des Zeigens, weil
das Auge die Ware immer schon zuvor abgetastet hat. Und zugleich findet eine
Auswahl des Gleichen aus Gleichem statt, nämlich des einen Wurstbrötchens
und nicht des anderen, welches immer ein gleiches ist. Anders formuliert: Das
Wegfallen des Sprechens über Essen ist bei Aschinger architektonisch
funktionialisiert und wird zum wichtigsten Moment der Überschreitung
sozialer Distinktionen, weil der teilweise sehr elaborierte kulinarische Sprach-
code durch eine schlichte Geste des Wollens ersetzt wird.[16]

Abb. 10.5   Gruß aus dem Aschinger-Haus Friedrichstraße 97 (1905).

Neben dem Raum des Lokals wurde also auch die Wechselwirkung zwischen
Ware und Raum entscheidend. Man kann im Grunde sagen, dass die Bierquelle selbst zur aufwendigen Verpackung für das Fleisch wurde, welches

---

16   Gleichzeitig geht Aschinger nicht so weit, im Automaten die kulturell tiefverwurzelte Ver-
      bindung von Essen und Sprechen ganz aufzulösen, was eventuell der Grund für deren
      Scheitern, zumindest im europäischen Raum ist, vgl. hierzu Epple, 2009.

sich zwischen zwei Brötchenhälften oder in einen Schafsdarm gequetscht wiederfand. Insofern setzte Aschinger die Konserve voraus: Es wurde nicht im Restaurant gekocht, sondern in der Zentrale. Es gab keine direkte Schnittstelle zwischen Gast und Küche, vielmehr waren das Brötchen, die Suppe oder die Bierwurst Konserven, nur ohne deren Gehäuse: Sie waren Konserven, ohne als Konserven erkennbar zu sein. Sie waren zweite Natur. Die Inszenierung dieser industriellen Natürlichkeit erfolgte in der Glasvitrine, im Durchgangsraum zwischen Stadt und Restaurant, und sie erfolgte zugleich in Serie, nämlich als Ware, die das Brötchen als Medium zur Voraussetzung hatte.

Das Stichwort Brötchen als Konserve ruft eine kurze Erinnerung an den Zusammenhang zwischen Besteck und Essen auf. Bekanntlich hat Roland Barthes das kulinarische System Japans ausgehend von den Esswerkzeugen analysiert: Wenn das Essen am Tisch nicht zerteilt werden darf, dann erfährt die Textur eine vollkommen andere Bewertung als in der europäischen Küche.[17] In diesem Sinne schlug sich die Beschleunigung des metropolitanen Essens in einer neuen Form des Bestecks nieder, und zwar schlichtweg als dessen Wegfall. Man nimmt das belegte Brötchen in die Hand, und man isst deshalb letztlich auch nicht am Tisch. Der Wegfall des Bestecks ist insofern eine unmittelbar mit dem Brötchen selbst verbundene Form der Beschleunigung des Essens im Zwischenraum Aschinger, in dem die Tische eine zunehmend sozial-kommunikative, aber eine kaum noch kulinarische Funktion haben.

Der Fleischwolf

Bevor ich zum Brötchen zurückkomme, sei ein kurzer Blick sozusagen zwischen die beiden Hälften geworfen. Denn das Fleisch, das über das Brötchen mobilisiert wird, setzt einen sehr bestimmten Schnitt voraus, der zwischen Tier und Fleisch agiert. Die Rede ist vom automatisierten, zumeist rotierenden Schnitt, der sich vollständig von der den Faustkeil umschließenden Hand gelöst hat. Für den Schinken war es die in den 1890er Jahren von dem Rotterdamer Fleischermeister Wilhelmus van Berkel erfundene »Machine for Slicing German Sausages, &c«, deren überaus interessante Geschichte jedoch an dieser Stelle nicht weiter verfolgt werden kann.[18] Für die Wurst und allen daraus gewonnenen Aufschnitt war es der Fleischwolf, der das Messer technisch aufhebt: Das Tier wird so fein zerteilt, dass kein erkenn- und damit benennbares Stück mehr übrig bleibt, sondern eben nur noch Fleisch.

---

17   Vgl. den kurzen Vergleich von europäischer und asiatischer Kulinarik in Kapitel 8.
18   Vgl. Berkel, 1899.

Doch tragen wir zunächst die wichtigsten Stationen dieses technischen Objekts zusammen. Der Fleischwolf betrat die kulinarische Welt über zwei miteinander konkurrierende Geschichten. Die erste benennt den deutschen Forstbeamten Karl Freiherr von Drais als Erfinder. Dieser war vor allem durch seine Laufmaschine von 1817 bekannt geworden, konnte diese jedoch nicht ausreichend vermarkten, so dass er sich dem Alkohol hingab. Vor seinem unrühmlichen Abgang versuchte er sich noch mit weiteren Erfindungen, darunter eine Koch, Rechen-, Verwandlungs- und Flugmaschine und vermutlich eben auch eine Art Fleischwolf.[19]

Die zweite Geschichte besagt, dass bis zum Ende des 19. Jahrhunderts in Europa das Fleisch weitestgehend mit dem Messer geteilt wurde, wohingegen das Prinzip des Fleischwolfs in Amerika längst verbreitet war. Als der deutsche Unternehmer Alexander von der Nahmer, der 1885 in Remscheid die Alexander-Werke gegründet hatte, von einer Amerikareise zurückkehrte, entwickelte sich der Fleischwolf zum erfolgreichsten Produkt der Firma, die dann schnell auch Großküchen und später die chemisch-pharmazeutische Industrie belieferte. So finden sich in der 14. Auflage von »Brockhaus' Konversations-Lexikon« (1892–1896) erstmals Abbildungen von Fleischwölfen für den Hausgebrauch, allerdings noch nicht nach dem Prinzip der mitrotierenden Messer. Man kann davon ausgehen, dass sich ab den 1930er Jahren in den meisten Haushalten ein Fleischwolf befand.

So unterschiedlich beide Gründungsmythen sind, haben sie doch einen gemeinsamen Fluchtpunkt: Bis zum 18. Jahrhundert und in Deutschland noch weit bis ins 19. Jahrhundert hinein wurde Fleisch ausschließlich mit dem Messer geschnitten. Erst im Netzwerk von Urbanisierung und zentraler Schlachtung entstand jener Bedarf an sehr klein zerteiltem Fleisch, der mit einer entsprechenden Technologie verbunden war. Jenseits des Fleischwolfs interessierten nicht mehr die besonderen Teile, die ein Metzger entsprechend seinem lokalen kulinarischen System aus dem Tier herauspräparierte, sondern das Fleisch als solches. Als anonyme Proteinmasse, die industriell weiterverarbeitet werden konnte.

Das Prinzip des Fleischwolfs beruht darauf, das Messer durch eine Kombination aus Messer- und Lochscheibe zu ersetzen, also den lokalen, händisch geführten Schnitt in eine pressende Rotationsbewegung zu überführen. Dabei lauerte der Teufel jedoch einerseits im Detail, was beispielsweise anhand der zahlreichen Patentschriften der Alexanderwerke nachvollziehbar

---

19   Vgl. Rauck, 1983, S. 273 f.

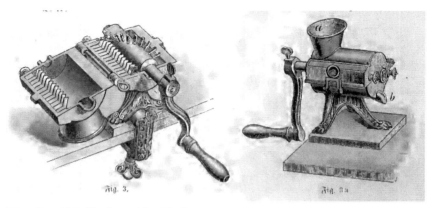

Abb. 10.6   Fleischhackmaschine (1893).

ist.[20] Andererseits war die maschinelle Zerlegung von Fleisch aber auch mit einem strukturellen Problem behaftet, weil durch das Schneiden zwangsläufig Garungsprozesse nicht nur aufgrund der Vergrößerung der Oberfläche in Gang gesetzt werden, sondern zudem auch die mit dem Schneiden verbundene mechanische Energie in Wärme umgewandelt wird. Beim Messer spielt dies keine Rolle, aber beim Fleischwolf wird daraus ein Problem:

> Würden ganz grosse, faustdicke Stücke in letzteren Apparat kommen, so würde die Verarbeitung zu lange dauern und es würde dadurch das Fleisch zu leicht warm werden, dieses ist aber unbedingt zu vermeiden; denn man strebt im Gegenteil darnach, die Prozedur des Wasserzusatzes sowie des Gewürzbeibringens möglichst abzukürzen.[21]

Ähnlich wie beim Töten widersetzt sich das Fleisch einer maschinellen Beschleunigung, bei der Teilen und Garen zu stark ineinandergreifen. Dass man heute zum Teil Stickstoff verwendet, um diese Erwärmung zu verhindern, ist vielleicht der sprechendste Beleg dafür, wie stark die Praktiken und Techniken des Teilens mit der Materialität von Fleisch wechselwirken – und wie groß der Aufwand ist, um dieses Ineinandergreifen unter den Bedingungen der Industrialisierung aufzubrechen.

---

20   Vgl. das Patent Nr. 310 310, mit dem Alexander von der Nahmer verhindern will, dass »ein
      Teil des von der Schnecke nach dem Messerwerk hin bewegten Gutes zwischen Gehäuse
      und Schnecke zurückbewegt wird.« (Nahmer, 1917.)
21   Schwarz, 1903, S. 492.

Das Brötchen

Kommen wir nun zu der Frage zurück, was genau bei Aschinger gegessen wurde und wie die notwendigen Herstellungs- und Distributionsprozesse gestaltet waren. Auf den Speisekarten finden wir folgende Highlights: Die Schrippen mit Hackepeter, also gewürztem Schweinemett, sind der Renner schlechthin, verkauft für einen Groschen plus Bier, das Glas ebenfalls für einen Groschen (»Hackepeter mit Brötchen«). Daneben gibt es beispielsweise Erbsensuppe mit Schinkenspeck (»Löffelerbsen mit Speck«) oder die eigens kreierten Bierwürste mit Kartoffelsalat (»Aschinger's Bierwurst mit Salat«) – alles zu Groschenpreisen, wobei der Schweinebraten genauso teuer ist wie das Tartar-Beefsteak oder der Hummer in Gelée.

Sehr unterschiedliche Dinge können bei Aschinger also zu ähnlichen Preisen gegessen werden. Möglich wurde dies durch eine strikt endogene Herstellung der Produkte: Alles wurde gekocht bzw. vorbereitet. Nichts wurde für *den* Gast hergestellt, sondern Garen und Vorhalten waren ein- und derselbe Vorgang und konnten entsprechend industriell durchorganisiert werden. So wurde bereits 1893 die erste Zentrale am Köllnischen Fischmarkt mit eigener Wurstfabrik eingerichtet, bis zum Höhepunkt des Aschinger Systems in der Saarbrücker Straße, wo eine hoch technisierte, industrielle Lebensmittelfabrik mehrere hundert Mitarbeiter beschäftigte.[22]

Einige Zahlen sollen zusätzlich verdeutlichen, dass nur eine endogene, auf dem langsamen Kochen basierte Küche, also traditionell-einfache Gerichte über Aschingers Ladentheke gehen konnten. 1895 wurden 3.500 Würstchen täglich verkauft, dazu 1,5 Zentner Tartar (entsprechend etwa 10 Schweinen). Bereits zwei Jahre später stieg der Fleischverbrauch in der hauseigenen Metzgerei auf 80–100 Zentner (entsprechend etwa 50 Schweinen). Diese wurden im Zentralbetrieb in den Stadtbahnbögen von 12 Fleischern verarbeitet: vier Rauchkammern lieferten 4.000 Paar Würste pro Stunde, die Wurstkessel fassten 10 Zentner Wurst, ein anderer Kessel 14 Zentner Eisbein, während panierte Schnitzel im 30 Sekundentakt gegart werden konnten. 1903 mussten täglich 5.500 Würstchen hergestellt werden, zwei Jahre später bis zu zwei Zentner Bierwürste pro Tag.[23]

In den Jahren vor dem Ersten Weltkrieg war die große Zentrale in der Saarbrücker Straße so ausgelegt, dass 20.000 Würstchen täglich hergestellt werden

---

22   Vgl. Glaser, 2004, S. 32.
23   Damit bewegt sich Aschinger in einer ähnlichen Größenordnung wie der Zoologische Garten, der an guten Sonntagen auf über 10.000 Würstchen *ex faustibus* kommt, vgl. H. v. Zobelitz, 1901, S. 91.

konnten. Angeblich konnte die Wurstfabrik 200 Zentner Fleisch pro Stunde
verarbeiten. Setzt man der Einfachheit halber pro Wurst 200 Gramm Schweinefleisch an, würde dies 4.000 Kilogramm Schlachtgewicht oder 100 Schweinehälften bei vollständiger Verwertung entsprechen. Gehen wir nun noch von
einem 12-stündigen Arbeitstag in der Fabrik aus, verwandelt sich alle Viertel-
stunde ein Schwein in Aschingers Produkte, um noch am gleichen Tag im
Berliner Magen zu verschwinden. Wobei natürlich zu betonen ist, dass diese
Rechnungen extrem überschlägig sind, weil sie die unterschiedlichen Fleischqualitäten nicht berücksichtigen: Die Statistik dreht schlichtweg das gesamte
Schwein durch den Fleischwolf. In der Firmenbroschüre wird folgender Vergleich gezogen: Aschinger versorge eine Stadt von der Größe Kassels täglich
mit Speisen und Getränken.[24]

Zwischen dem Schlachthof und Franz Biberkopf steht also, mit anderen
Worten, der Fleischwolf und der Kochtopf. Was sich bei Aschinger verkauft,
ist Fleisch in seiner am stärksten industrialisierten und mobilisierten Form:
eine geradezu maschinelle Gleichförmigkeit von immer identischen Rezepten,
immer gleich gefüllten Bierkrügen, immer gleicher Wurstqualität und so vielen
Schrippen, wie man haben möchte. So werden in der Bierquelle am Bahnhof
Friedrichstraße morgens binnen Stundenfrist bis zu 2.000 belegte Brötchen
verkauft.[25] Diese massive Serialisierung eines verderblichen Produkts in der
Vitrine setzt ihrerseits eine extrem flexible Logistik der Belieferung voraus.

Oder als Frage formuliert: Wenn es eine sehr rigide Koppelung zwischen
Bierquelle und Schlachthof einfach aufgrund der enormen Produktzahlen
geben muss, wo befindet sich dann das lockere Element im System, das
etwaige Störungen ausgleicht? Die Frage führt zurück zum Transportsystem,
das im Falle Aschinger enorm redundant konzipiert war. Wir erfahren dies aus
einem Gutachen von Wilhelm Voß vom März 1933, das aufgrund der prekären
wirtschaftlichen Lage des Unternehmens notwendig geworden war. Das Gutachten führt aus:

> Jede Abteilung hat ihre eigenen Fahrzeuge, die nur Erzeugnisse der eigenen Ab-
> teilung zur Beförderung bekommen. Auf diese Weise fahren bei einer Bierquelle
> bis zu 16 Fahrzeuge an einem Tage vor –, wenn man die hieraus entstehenden
> Kosten bedenkt, ein zweifellos bedenkliches Verfahren.[26]

---

24   Vgl. Glaser, 2004, S. 124 f. Der Vollständigkeit halber noch die Zahlen für die Zeit nach dem
      Ersten Weltkrieg: 1936 wurden zehn Millionen oder 27.000 Würstchen täglich hergestellt,
      kurz vor dem Zweiten Weltkrieg 2 Millionen Kilogramm Fleisch, im Jahr 1942 aber nur
      noch 270.000 Kilogramm verarbeitet.
25   Vgl. ebd., S. 30. Und im Zoologischen Garten gehen an einem guten Sonntag 20.000
      Stullen über die Theke, vgl. H. v. Zobelitz, 1901, S. 90.
26   Landesarchiv Berlin, A Rep. 225, Nr. 121, S. 31.

Abb. 10.7   Herstellung der Aschinger-Bierwürste (1940er Jahre).

Abb. 10.8
Aschinger's Bier-Quelle, kalte
Speisen (1900).

Die extrem flexible Koppelung von Produktion und Konsum ermöglichte
also einerseits überhaupt erst das System Aschinger, erwies sich dann aber
als eine seiner ökonomischen Schwachstellen. Ein erneuter Seitenblick auf
die Restauration im Zoologischen Garten untermauert diese These. Denn wie
Hanns von Zobelitz in seinem Blick »Hinter die Coulissen« ausführt, ist es
Aufgabe der Küchenchefs, mit dem Barometer in der Hand die Bestellungen
für den nächsten Tag abzuschätzen, die dann vom Chef persönlich bei den
Lieferanten abgefragt werden.[27] Ähnlich wie der Schlachthof selbst kennt
auch die Systemgastronomie kein Relais, sondern funktioniert als komplexes
Netzwerk mit hoher, dezentraler Redundanz.

    Womit sich der regelmäßige Takt des Schlachthofs in die Schnellrestau-
rants Aschingers überträgt und zu einer stabilen Rückkopplung führt: Die
Arbeitskraft, die in den Fabriken gebraucht wird, erzeugt zugleich jenen metabolischen Bedarf (Hunger) und Überschuss (Waren), der die Arbeitskraft

---

27   Vgl. H. v. Zobelitz, 1901, S. 86.

ihrerseits allererst ermöglicht. Aschingers Restaurantkette ist wie ein komplexes, vielgliedriges Organ, das die gesamte Stadt vom Schlachthof aus durchzieht, freilich ohne dass dieses Zentrum als solches sichtbar wird: Als »System von Öffnungen und Schließungen« ist der Schlachthof ein Nichtort, der in die Bierquellen quasi eingefaltet ist.[28]

Abb. 10.9   Aschinger (um 1936): Belegte Brötchen.

Womit zwei Fragen übrig bleiben. Erstens: Warum verbindet sich das Brötchen kulinarisch mit Fleisch und liegt in dieser Verbindung der Erklärungsschlüssel für den gestiegenen Schweinefleischkonsum im Berlin der Jahrhundertwende? Wir finden eine Antwort hierauf tatsächlich in einem weiteren Detail des bereits zitierten Wunschs von Franz Biberkopf, »vom Leben mehr zu verlangen als das Butterbrot.«[29] Das Zitat ruft nämlich nicht nur das unmetaphorische Butterbrot auf, sondern zugleich die Opposition zwischen Stulle und Schrippe. Also die Ersetzung von Grau- und Roggenbrot – vor allem zum Eintunken in die Brühe – durch das helle Weizenmehl. An die Stelle der schwer verdaulichen Stulle, deren Eigengeschmack vor allem durch die verwendeten Getreidesorten bestimmt wird, tritt die elegante Schrippe, die mit Wurst, Käse oder Sardinen

28   Foucault, 1998, S. 44.
29   Döblin, 1995, S. 7.

belegt ist. Zwischen Brötchen und Aufschnitt vermittelt Margarine, Schmalz oder Butter, um den Geschmack des Belags nur umso stärker hervortreten zu lassen.

Die kulinarische Idee des belegten Brötchens im Gegensatz zur Stulle ist es also, nach Fleisch – Käse oder Fisch – zu schmecken und nicht nach Getreide. Das Brötchen, so könnte man pointiert formulieren, stört das Fleischerlebnis nicht, es liefert aber quasi nebenbei ein paar Kohlenhydrate. Das Brötchen wird zum Medium des Fleischkonsums. Und die Hefe garantiert – im Gegensatz zum ebenso zeitintensiven wie vergleichsweise eigenwilligen Sauerteig – eine industriell perfekt steuerbare Teiggärung bei gleichzeitig maximaler Geschmacksneutralität. Demgegenüber kann der Geschmack der Wurst ebenso präzise wie gezielt gesteuert werden, durch entsprechende Würzung der von aller tierischen Herkunft qua Fleischwolf befreiten Fleischmasse. Die Wurst also ist die maximal optimierte Transformation des Tiers in eine industrialisierte Ware. Oder, wie Werner Sombart es in seiner »Die deutsche Volkswirtschaft im neunzehnten Jahrhundert« formuliert:

> Wenn viele Menschen viele Güter konsumieren, so entsteht ein massenhafter Konsum, und für das nächstemal ein massenhafter Bedarf. Dieser wird nun leicht zu einem Massenbedarf, d. h. zu einem Bedarf nach gleichartigen Gütern, namentlich wenn (was in unserer Zeit der Fall war) der Zunahme des Verbrauchs nicht eine entsprechende Differenziierung des Geschmacks zur Seite geht.[30]

Um nun auch die zweite Frage in diesem und im nächsten Kapitel beantworten zu können, sei die von Giovanni Rebora formulierte Theorie des dominanten Bedarfs angeführt. Rebora zufolge lässt sich der gestiegene Fleischkonsum nicht aus sich selbst heraus erklären. Vielmehr müssen wir hinter der industriellen Zucht, Schlachtung und Weiterverarbeitung des Schweins einen konkreten, in der Alltagskultur verwurzelten Bedarf sehen, der dann quasi mit der hierfür notwendigen Tierproduktion kompensiert wird. Dies kann in Kriegszeiten eine dringend benötigte Anzahl an Sätteln, Gürteln und Stiefeln sein, oder eben im Falle der Industrialisierung der Bedarf an Wurst und Aufschnitt.[31] Insofern reagiert das System Aschinger nur, aber eben so erfolgreich wie keine andere Gastronomiekette auf einen neuen, dominanten Bedarf an mobilem, haltbarem und *trotzdem* fleischhaltigem Essen. Auch im Zoologischen Garten ist das gleiche kulinarische System wirksam:

---

30   Sombart, 1913, S. 396.
31   Vgl. Rebora, 2001, S. 41 f.

> Bier, Kaffee, Butterbrote – im Grunde genommen, sind diese drei einfachen Dinge, Gott Bacchus in Ehren sei's gesagt, doch wohl die Hauptstützen des ganzen ungeheuren Betriebes. [...] Bier, Kaffee, Butterbrote![32]

Auch wenn die Bierquellen Aschingers hier nur ein Beispiel und Platzhalter für eine neue, urbane Esskultur des Zwischenraums ist, erlaubt sie doch Rückschlüsse auf einen nachhaltigen Wandel des kulinarischen Systems, den man heute als »snacken« bezeichnet: ein schnelles Essen, das die Arbeit nicht wirklich unterbricht. Diese Veränderung des kulinarischen Systems geht vom Angestellten, Handwerker und Beamten aus, wohingegen »die Nahrung des städtischen Lohnarbeiters noch [...] lange mit gewohnten Elementen eines früheren agrarischen Daseins durchsetzt blieb«, besonders in größeren Familien.[33] Je höher das Einkommen, umso mehr tierische Eiweiße wurden konsumiert oder anders formuliert: Fleischgenuss wurde innerhalb der Stadtbevölkerung zum sozialen Distinktionsmerkmal. Die Angestellten partizipierten mit neuen urbanen Ernährungspraktiken am Lebensstil der sozialen Oberschicht, wohingegen der Industriearbeiter sich noch am Übergang von der einfachen Landkost zur Teilhabe am urbanen Essen befindet. Es ist also nicht alleine der größere Wohlstand in den Städten, der den gegenüber dem Land deutlich höheren Fleischkonsum erklärt.[34] Vielmehr ist es der offene, geteilte und beschleunigte Stadtraum, in dem eine symbolische Aufladung von Fleisch als Nahrungsmittel stattfindet, so dass es zum begehrten, schichtenübergreifenden Konsumobjekt wird. Damit beginnt im Deutschen Reich ein Prozess der Auflösung sozialer Distinktionen in der Ernährung, der erst zum Ende des 20. Jahrhunderts abgeschlossen sein wird, um dann neue kulinarische Systeme zu generieren, die als Lebens- *und* Ernährungsweisen noch stärker symbolisches Kapital akkumulieren und damit Gefahr laufen, exklusiv zu wirken.

---

32 H. v. Zobelitz, 1901, S. 89.

33 Teuteberg, 2005, S. 86.

34 An dieser Stelle greift die Begründung Teutebergs, dass alleine der Wohlstand zu einem höheren Fleischverbrauch führt, meines Erachtens zu kurz, vgl. ebd., S. 118.

11

Der Sonntagsbraten

Möchte die Mama zu einem Geburts-
tagsessen dies Gericht zu machen
Euch erlauben, so nehmt für vier kleine
Gäste ein Viertelpfund gehacktes
Schweinefleisch, wie es für Bratwurst
bei den Metzgern mit Salz vorgerichtet
zu haben ist.

(Davidis, 1891, S. 58)

Eine erste Begründung für den Erfolg der Bierquellen der Brüder Aschinger lieferte die These des dominanten Bedarfs von Giovanni Rebora.[1] Folgt man nämlich den Spuren des belegten Brötchens bzw. dem Schwein, das im Fleisch-wolf vollständig von allem Tierischen ›erlöst‹ wurde, treten Wurst und Auf-schnitt als urbane Bedarfe hervor: Fleisch, aber zugleich haltbar, mobil, standardisiert und serialisiert. Ein industriell perfektioniertes Amalgam aus Fleisch und Konserve; ein vollständig zur Ware geronnenes Essen. Und das Brötchen wird quasi zur sich selbst verzehrenden, maximal flexiblen Darreichung von Fleisch, insofern nach dem Genuss *ex faustibus* weder Teller noch Besteck, nur allenfalls eine Serviette übrigbleibt. Fleisch, Essen, Ware und Verpackung sind eins geworden. Setzen wir nun im mobilen Essen jenen dominanten Bedarf an, der als zentrales Erklärungsmoment für den an-steigenden Fleischkonsum im Berlin der Jahrhundertwende dienen soll, so be-darf diese Argumentation jedoch weiterer Evidenz: Wir müssen das ›System Aschinger‹ auch außerhalb des Hauses Aschinger finden.

Hierzu sei im Folgenden ein Angriff auf das kulinarisch heilige Wochenende und den Sonntagsbraten als der vermeintlich stabilsten aller Fleischrituale des familiären Kochens unternommen. Aus dieser Dekonstruktion des heimischen Herdes folgen zwei Fragen: Erstens, wie lernt man – oder Frau – eigentlich das Zubereiten eines Sonntagsbratens und zweitens, wird überhaupt sonntags ein

---

1 Vgl. Rebora, 2001, S. 44.

© VERLAG FERDINAND SCHÖNINGH, 2021 | DOI:10.30965/9783657704460_012

Sonntagsbraten verzehrt bzw. welchen spezifischen Ort besitzt die exogene
Küche und das Gebratene im Berlin der Jahrhundertwende?

Die Geschichte des Sonntagsbratens führt in die Mitte des 18. Jahrhunderts zurück. Genauer begeben wir uns ins Paris der 1750er bis 1780er
Jahre. Unter der Herausgeberschaft von Denis Diderot und Jean Baptiste de
Rond D'Alembert entstand in dieser Zeit die wohl berühmteste Enzyklopädie
des zeitgenössischen Wissens. Es herrschte das Ancien Régime, in dem sich
zwar die für die Moderne entscheidenden wissenschaftlichen und damit verbundenen sozioökonomischen Veränderungen andeuten, diese aber durch
die feudalabsolutistischen Machtverhältnisse an ihrer Entfaltung gehindert
werden. Zugleich stellten Aufklärer wie Montesquieu und Rousseau die Natur-
gegebenheit von Ungleichheit und Machtakkumulation in Frage und setzten
dagegen Konzepte der Gewaltenteilung und des Volonté générale. In diesem,
hier nur in aller Kürze zusammengefassten Kontext machten es sich Diderot
und D'Alembert zur Aufgabe, das gesamte Wissen ihrer Zeit zu sammeln und
der Allgemeinheit zur Verfügung zu stellen. Oder, wie Diderot es selbst im
Artikel »Encyclopédie« ausdrückt:

> Tatsächlich zielt eine *Enzyklopädie* darauf ab, die auf der Erdoberfläche ver-
> streuten Kenntnisse zu sammeln, das allgemeine System dieser Kenntnisse den
> Menschen darzulegen, mit denen wir zusammenleben, und es den nach uns
> kommenden Menschen zu überliefern, damit die Arbeit der vergangenen Jahr-
> hunderte nicht nutzlos für die kommenden Jahrhunderte gewesen sei; damit
> unsere Enkel nicht nur gebildeter, sondern gleichzeitig auch tugendhafter und
> glücklicher werden, und damit wir nicht sterben, ohne uns um die Menschheit
> verdient gemacht zu haben.[2]

Das Konzept der Ezyklopädie basiert auf zwei unmittelbar miteinander ver-
knüpften Annahmen. Erstens der Idee, dass das Wissen einer Zeit tatsächlich sammelbar ist. Diese Annahme ist alles andere als trivial, setzt sie doch
einen unbeteiligten Dritten voraus, der sich ein Wissen, das er nicht selbst
durch Lehre und Ausübung erworben hat, nachträglich durch Beobachtung
aneignen kann. Und die Zusammehänge dabei womöglich sogar besser versteht als diejenigen, die über dieses Wissen lediglich im praktischen Vollzug
verfügen. Es geht hierbei also um die zentrale Differenz von Was und Wie oder
von implizitem und explizitem Wissen.[3] Diderot und D'Alembert gehen still-
schweigend davon aus, dass sie (besser) verstehen können, wie ein Handwerker

---

2 Diderot und D'Alembert, 1972, S. 396 f.
3 Der bereits in den 1950er und 1960er Jahren von Michael Polanyi geprägte Begriff des *tacit
   knowledge* wird in aktuellen kulturwissenschaftlichen Debatten intensiv diskutiert, vgl. hierzu beispielsweise Loenhoff, 2012.

eine bestimmte Tätigkeit ausführt, indem sie beobachtend und reflektierend an dieser Tätigkeit teilnehmen, selbst wenn sie einige Handwerker selbst zu Autoren der »Encyclopédie« machten.

Diese Geste des verstehenden Bürgertums im Morgengrauen der modernen Wissenschaften ist nicht nur großzügig. Ihr ist auch eine gewisse Suprematie zu eigen, die das explizite, reflektierende Wissen über das implizite, produzierende Wissen stellt. Denn erst das explizite Wissen, das Verstehen der den praktischen Vollzügen zugrundeliegenden Prinzipien ermöglicht Kritik und damit Optimierung der handwerklichen Prozesse – im Sinne einer Rationalisierung mit allen Vor- und Nachteilen, was wieder zur industriellen Fleischproduktion zurückführt.

> Da wir alles, was die Wissenschaften und die Künste betrifft, in die Form eines Wörterbuchs brachten, so kam es auch darauf an, klarzumachen, welche Hilfe sie sich gegenseitig leisten; [...] die fernen oder nahen Beziehungen zwischen den Dingen anzudeuten, welche die Natur bilden und von jeher die Menschen beschäftigt haben; [...] ein allgemeines Bild von den Leistungen des menschlichen Geistes auf allen Gebieten und in allen Jahrhunderten zu geben.[4]

Oder pointiert formuliert: Diderot und D'Alembert markieren mit ihrer enzyklopädischen Analyse handwerklicher Prozesse genau den Beginn jenes Prozesses, an dessen Ende sich das Fleisch vollständig vom Tier abgelöst haben wird.

Was zu der zweiten Vorannahme überleitet, dass das Medium der Schrift wie kein anderes geeignet ist, implizites in explizites Wissen zu transformieren. Innerhalb der Aufklärungsphilosophie ist die Schrift der Hand überlegen, denn sie ermöglicht ein Verstehen der *Handlungen*. Dieser Übersetzungsprozess lässt sich besonders gut im Zusammenspiel der Enzyklopädie mit den zugehörigen Bildtafeln nachvollziehen, die neben den 70.000 lexikalischen Artikeln auf knapp dreitausend extrem fein ausdifferenzierten Kupferstichen elf zusätzliche Bände füllen. Auf diesen Bildtafeln, die häufig zweiteilig aufgebaut sind, finden wir im oberen Bildteil eine Darstellung der Prozesse *in situ*. Wir schauen gemeinsam mit den beiden Herausgebern in den konkreten Raum der Vollzüge, wobei die Bewegungen in den jeweils ausschlaggebenden Momenten eingefroren werden. Es handelt sich also um eine nur scheinbar neutrale Beobachterperspektive: Einerseits blicken wir durch eine historische Kamera direkt ins Geschehen, andererseits ist dieser Blick in hohem Maße inszeniert, um die entscheidenden Bewegungsabläufe hervorheben und visualisieren zu können.

---

4   Diderot und D'Alembert, 1972, S. 23 f.

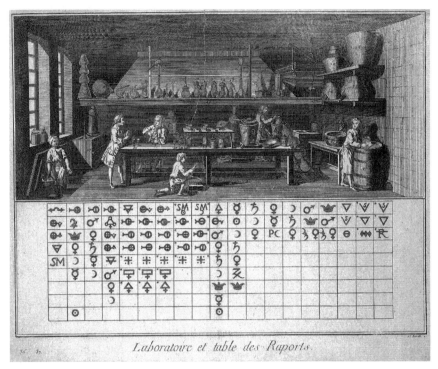

Laboratoire et table des Raports.

Abb. 11.1   Laboratoire et table des Raports (1771).

Der untere Bildteil nun greift analytisch die zentralen Elemente und Prinzipien der Prozesse heraus. Es handelt sich um freigestellte, zwischen Abstraktion und symbolischer Verdichtung zirkulierende Elemente, die über Indizes mit den sich darüber befindlichen Szenarien bzw. den Artikeln der Textbände verknüpft sind. Zudem gibt es Längenangaben und Hilfslinien. Wie weit dieser Abstraktionsprozess getrieben wurde, verdeutlicht eine Bildtafel zur Chemie, das »Laboratoire et table des Raports«, womit zugleich die Küche ins Spiel kommt. Denn die Laboranten tun auf ihrem Tisch nichts anderes als kochen: Stoffe werden zerkleinert, neu zusammengestellt und mithilfe von direkter und indirekter Hitze in andere, neue Stoffe verwandelt. Wir sehen tatsächlich eine Küche, mit Herden, Vorratsbehältern und Vorratskeller, Wasserstelle, Abzug usf. Unterhalb dieser szenischen Darstellung befindet sich eine Tabelle der chemischen Elemente, also dem Zeichenvorrat, mit dem die Laboranten mehr oder weniger wissend hantierten. Die diagrammatische Darstellung der Elemente – und Leerstellen – suggeriert, dass es über das unmittelbare Geschehen hinaus verborgene Verbindungsprinzipien gibt, die allererst noch zu entdecken sind. Das Diagramm entwirft ein Forschungsprogramm, ein Versprechen auf eine Zukunft des Wissens.

Insofern verwundert es nicht, dass die Bildtafeln zum Kochen und zur Küche der gleichen narrativen Strategie folgen: oben, eingangs, ein Blick in die vermeintlich authentische Szenerie, darunter, nachgeschaltet, die Analyse der zugrundeliegenden Elemente und Prozesse, in diesem Fall vor allem Küchenwerkzeuge, aber auch Diagramme der Arbeitsabläufe. Im Medium der Enzyklopädie versucht die Küche, sich selbst zu verstehen, indem sie sich als ein Handwerk unter anderen, also mit vergleichbaren und damit austauschbaren Grundprozessen darstellt. Wenn nun die Küche ähnlichen Explizierungsprozessen unterworfen werden kann wie andere Handwerke, dann muss Kochen einerseits eine prinzipiell industrialisierbare Tätigkeit sein. Andererseits aber gibt es in der Küche bereits viel früher als in anderen Handwerken eine explizite Dimension: das Rezept. Erste Rezept- und Kochbücher finden sich in Frankreich bereits Ende des 15. Jahrhunderts, das von einem italienischen Autor verfasste »Liber de Coquina« stammt sogar vom Anfang des 14. Jahrhunderts.

In diesem Zusammenhang kommt es nun zu einer merkwürdigen Gleichzeitigkeit von Diderots und D'Alemberts großem Wurf der Explikation des Handwerks und dem ersten Auftreten einer kulinarischen Selbstbeschreibung als »nouvelle cuisine«. So erschienen in den 1730er und 1740er Jahren zahlreiche Kochbücher, die mit der Tradition des alten Kochens brechen wollten. Der Begriff selbst wurde erstmals von einem französischen Autor mit dem Pseudonym Menon geprägt, der 1742 den dritten Band seines Kochbuchs »Nouveau Traité de la Cuisine« unter dem selbstbewussten Titel »Nouvelle Cuisine« veröffentlichte.[5] Es hat den Anschein, als entfalte sich die Kategorie des Neuen in Abgrenzung zum Alten vor allem im Medium der Schrift – heute sprechen wir gerne und zugespitzt von *turns*, die jedoch vielfach nur und alleine in Büchern existieren.

Vor diesem Hintergrund nun stellt sich die Frage, nämlich wie man – oder Frau – eigentlich das Zubereiten eines Sonntagsbratens erlernte. Jeder weiß aus seiner eigenen Geschichte, dass Nahrung nicht einfach nur besorgt und verzehrt wird, sondern Essen wie Kochen komplexe kulturelle Systeme mit teilweise sehr mühsamen Aneignungsprozessen sind. Entsprechend hat der private Haushalt nicht bloß eine ökonomische Funktion, sondern eine mindestens ebenso wichtige, jedoch sehr viel schwieriger zu analysierende

---

5 Menon, 1742.

soziale und kulturelle Funktion.[6] Wie wir im vorangegangenen Kapitel gesehen haben, veränderte sich in Berlin am Ende des 19. Jahrhunderts der
Vollzug des Essens dramatisch, und zwar vor allem in den Zwischenräumen
von Wohnen und Arbeiten. Offen geblieben war dabei aber, inwiefern diese
Mobilisierung des Essens unter der Woche auch Folgen für das kulinarische
System im familiären Haushalt hatte. Was, mit anderen Worten, geschieht
eigentlich am Wochenende? Und war bei Aschinger jeden Tag Sonntag?

Puppenküche und Simulation des Kochens

Zurück nun zu der Frage, wie man um 1900 in Berlin kochen und essen lernte,
wobei ich mit dem Kochen beginnen möchte. Natürlich ist diese Frage zu
komplex, um sie auch nur annähernd erschöpfend beantworten zu können.
Ich möchte deshalb zwei Medien der Vermittlung kulinarischen Wissens
herausgreifen, die sich durch ein sehr spezifisches Ineinandergreifen von
Praktiken und Materialität auszeichnen und somit exemplarisch für das
19. Jahrhundert sind. Es handelt sich erstens um das Medium der Puppenküche
samt zugehörigem Kochbuch, also um das Eintrainieren von Verhaltensweisen
zur Ernährung der Familie und mit starkem Fokus auf Mädchen. Zweitens
wird es um den Vergnügungspark gehen, also jenen lauten, aufgeregten Ort, an
dem Essen vollständig mit der Freizeitgestaltung verwoben ist.

Puppenstuben gab es bereits im 16. Jahrhundert, waren damals jedoch
dem Adel und der Repräsentation vorbehalten: Sie dienten als miniaturisierte
Abbilder des eigenen Lebens. Diese Repräsentationsfunktion blieb bis
ins 19. Jahrhundert erhalten; sie waren Speichermedien, um Wohlstand und
Reichtum auszudrücken. Um 1800 kamen dann die ersten Puppenstuben und
Puppenküchen für Mädchen auf, in denen spielerisch Vollzüge des späteren
erwachsenen Lebens vorweggenommen und somit eintrainiert wurden:

> Wachse nur immer, kleines Haustöchterlein, durch fröhliches Spielen ins ernste
> Leben hinein. Was Dir jetzt ein heiteres Spiel ist, wird Dir auch später eine liebe
> Thätigkeit sein.[7]

Damit reiht sich die Puppenküche in einen ganzen Kosmos von spieleri-
schen Zurichtungen ein, die als pädagogische Parallelwelten zeitgleich mit
der Industrialisierung entstehen. Offensichtlich reichte ein ungerichtetes

---

6 Vgl. Pierenkemper, 1987a, S. 10–11.
7 Jäger, 1898, S. 28.

kindliches Hineinstolpern in die Erwachsenenwelt nicht mehr aus, sondern es sollten mehr oder minder gezielt aus Mädchen spätere Hausfrauen und aus Jungs spätere Ingenieure gemacht werden. Positiv formuliert, ermöglichen diese Spiele die Entfaltung der eigenen Persönlichkeit:

> Spielend lernte [… das Kind] die Verschiedenheit der Formen und Materialien kennen, erprobte Einzel- und Raumfunktionen und hatte Gelegenheit, seine persönliche Geschicklichkeit bereichernd einzusetzen.[8]

In der Dekonstruktion dieses Entfaltungsdenkens allerdings schränkten die festen, im Baukasten für Jungs wie in der Puppenküche für Mädchen implementierten Spiel- oder Handlungspraktiken den Möglichkeitsraum der eigenen Entfaltung gerade auf diejenigen Vollzüge und Funktionen hin ein, die als gesellschaftlich relevant erachtet wurden – bei gleichzeitiger Produktion und Reproduktion der zugehörigen Geschlechtererwartungen.

Dieser ›Mechanismus‹ wird schlagartig deutlich, wenn man sich das ›Programm‹ zur Puppenküche anschaut, das Henriette Davidis in ihrem Buch »Puppenköchin Anna« entwickelt.[9] Folgende Personen treten auf. Erstens die Mutter als zugleich ab- und anwesende, imaginäre Kontrollinstanz, als Über-Ich. Sie erlaubt oder verbietet; sie ist aufmerksam, lässt den Tisch decken. Sie ist lieb und streng zugleich, und da in ihrem Haus alles dem bürgerlichen Reglement entsprechend verläuft, »hörte [man] sie auch nur selten weinen.«[10] Folgen wir der Bildlichkeit des Hauses, die Slavoj Žižek für Hitchcocks »Psycho« entworfen hat, muss zweitens der kleine Bruder im Keller wohnen:[11] »Er [war] sehr unartig; man weiß ja wohl, wie kleine Brüder sind.«[12] Seine Funktion ist die Störung, die vom System immer wieder kompensiert werden muss, bis aus dem Bruder der seinerseits abwesende Vater geworden ist. Im Programmskript von Henriette Davidis liest sich das so:

> Er wollte nämlich seinen Willen durchsetzen und schrieh dabei so sehr, daß die Mama ihn ohne weiteres einsperrte; denn das scheute er am meisten. Nun schrie er noch viel lauter, doch bald wurde er so still wie eine Maus, und als man zusah, was er machte, hatte er sich an einem Näpfchen schön gerührter Dickmilch, mit Zucker und Zimmet bestreut, das für den Mittagstisch bestimmt war, vollständig getröstet.[13]

---

8   Müller-Krumbach, 1992, S. 7.
9   Zur Geschichte der Puppenkochbücher vgl. Planka, 2015, S. 47–52.
10   Davidis, 1891, S. 13.
11   Vgl. Žižek, 2006.
12   Davidis, 1891, S. 10.
13   Ebd., S. 12.

Die Störung, das Reale, das Es lässt sich nicht einfach wegsperren; dadurch
vergrößert sich das Geschrei nur. Allerdings gibt es die – mit Freud psycho-
analytisch verbürgte – Möglichkeit der Triebabfuhr, weshalb sich der Bruder
auch über den süßen Nachtisch hermachen kann (und soll). Bis, wie gesagt,
aus ihm »ein ganz wahrheitsliebender, prächtiger Knabe« geworden sein
wird.[14] *Eating cure.*

Abb. 11.2   Kleine Geräteküche mit Blechmöbeln (um 1890/1900).

Bleibt als letztes Element die Protagonistin Anna und ihre kleine Schwester;
wir betreten das Erdgeschoss der Puppenküche. Das Erdgeschoss ist das Reich
des Symbolischen, das nur von denen betreten werden kann, die sich bereits
aufs Lesen verstehen:

> Zuerst werden die lieben Mädchen sich denn Mühe geben lesen zu lernen, um
> ihr Kochbuch gebrauchen zu können, und dann geht's in den Spielstunden,
> wenn die Mama es erlaubt, flink ans Kochen.[15]

In der bürgerlichen (Puppen-)Küche wird Kochen also nicht als Praxis der
Nachahmung gelernt, sondern ganz in Diderot-D'Alembertscher Tradition
über die aufgeklärte Abkürzung der Schrift, die direkt ins Zentrum des Kochens
führt. Erst das Kochbuch ermöglicht die Bedienung der Puppenküche im Sinne
der Puppenküche, nämlich als bürgerliches Disziplinierungssystem. Anna hat

---

14   Davidis, 1891, S. 13.
15   Ebd., S. 5.

dieses System bereits vollständig durchlaufen, weshalb sie in der Lage ist, ihre kleine Schwester zu unterweisen. Oder anders formuliert: Anna hat nicht etwa Kochen gelernt, sondern die Kontrolle des Kochens, das »Überwachen und Strafen« derjenigen, die diesen Prozess noch nicht durchlaufen haben oder niemals durchlaufen werden, weil sie für die Praxis zuständig sind.[16] Es geht, mit einem Wort, in der Puppenküche nicht ums Kochen selbst, sondern um das Kochen-Lassen. Anna ist ihrerseits fast schon zur abwesenden Mutter geworden, zur bürgerlichen Kontrollinstanz, die gleichermaßen erziehen wie kochen lässt und dabei rein und ordentlich bleibt; die Hände sauber und die Küche aufgeräumt. Entsprechend lernt die kleine Schwester, indem sie von Anna erzogen wird, die Rollenfunktion der Mutter, nämlich das Dienstmädchen zu kontrollieren.

Ausgehend von diesem psychoanalytischen Narrativ der bürgerlichen Ernährungspraxis lässt sich nun die Frage nach dem repräsentativen Status der Puppenküchen wesentlich genauer beantworten. Für Renate Müller-Krumbach liegen die Dinge sehr klar:

> Es ist zu beobachten, daß sich die Puppenstube seit ihrem häufigeren Vorkommen vom Beginn des 19. Jahrhunderts an als getreuer Spiegel der wechselnden Stilepochen darstellt, als dreidimensionales Abbild menschlichen Geschmackswandels und sich verändernder Lebensverhältnisse.[17]

Nehmen wir diese Spiegelmetapher zum Anlass, um einen genaueren Blick in die Puppenküche selbst zu werfen. Wir sehen zunächst das verkleinerte Modell einer Küche. Vorhanden sind die wichtigsten Vorratsbehälter, Utensilien wie Schneebesen, Sieb, Durchschlag oder Waage und natürlich Töpfe. Diese stehen auf einem Herd, der mittels Spiritus und Esbit, später elektrisch betrieben wurde. Woran sich die Frage anschließt, welche konkreten Kochpraktiken bzw. Garungstechnologien in einem solchen Modellsystem überhaupt simuliert werden konnten.

Ich komme damit noch einmal zurück zum kulinarischen Dreieck von Lévi-Strauss und seiner zentralen Dichotomie von exogener und endogener Küche. Schauen wir nämlich in die Kochbücher, so wird deutlich, dass die Verkleinerung des Kochens mit einer entscheidenden Deformation verbunden ist: Kindgerecht verkleinern lässt sich zwar das vermittelte Kochen mit Wasser, nicht aber die unmittelbare Hitze des Feuers. In der Puppenküche wird nicht gebraten, sondern gekocht. Es wird die sparsame Haushaltung für die Familie eintrainiert, und entsprechend sind auch die Rezepte der »Puppenköchin

---

16   Vgl. Foucault, 2010.
17   Müller-Krumbach, 1992, S. 7.

Anna« ausgelegt: Sie beginnen mit Suppen, allen voran der Fleischsuppe, um dann Gemüse, Kartoffeln, Reis und Nudeln zu kochen. Auch die Fleischspeisen, die vor den Saucen die Hauptmahlzeiten des Kochbuchs beschließen, arbeiten mit Wasser oder »nicht zu starkem Feuer«.[18] Gebraten werden allenfalls Würstchen, Frikadellen oder Fleischklößchen, also Fleisch jenseits des Fleischwolfs.

Schauen wir noch etwas genauer in die Rezepte hinein, treten die Skalierungseffekte umso deutlicher hervor. Im Rezept für die Fleischsuppe, mit der alles Kochen der »Puppenköchin Anna« beginnt, lernen Mädchen gleich, dass sie das Schneiden nicht erlernen werden: »Thut es lieber selbst nicht, Ihr könnt leicht statt ins Fleisch in Eure Fingerchen schneiden«.[19] Fleisch wird also von Metzgern, Männern und Maschinen, oder zumindest von Erwachsenen geschnitten, womit diese Garungstechnologie eindeutig aus der endogenen Küche herausfällt. Jedenfalls wird das bereits geschnittene Fleisch in kochendes und leicht gesalzenes Wasser bugsiert, etwas Gemüse und Reis hinzugetan und alles dann am Köcheln gehalten, weil die Suppe »dadurch kräftiger und wohlschmeckender wird.«[20] Nun produziert Fleisch in bereits kochendem Wasser eigentlich Tafelspitz, Kessel- oder Siedfleisch, also Suppe plus Fleisch. Bei Henriette Davidis aber lesen wir:

> Ich rate aber, das Fleisch der Miezekatze zu geben, es ist sehr ausgekocht und zähe und für Euch schädlich![21]

Wie passt dies zusammen? Nun, gar nicht. Um Suppenfleisch zu produzieren, benötigt man größere Stücke, d. h. an dieser Stelle funktioniert der Skalierungsmechanismus der Puppenküche schlichtweg nicht. Andererseits aber vermeidet das Rezept offensichtlich auch die vollständige Transformation von Fleisch in Suppe, indem dieses in kaltem und ungesalzenem Wasser aufgesetzt wird. Das Resultat des Rezepts ist also Fleisch zweiter Klasse, geeignet höchstens für die Mietzekatze. Dass die Haustiere in Wahrheit die Dienstmädchen sind, wird Anna allerdings erst später lernen. Und Sonntag ist in der Puppenküche jedenfalls nicht, zumindest solange kein Fleischextrakt verwendet wird.[22]

---

18   Davidis, 1891, S. 57.
19   Ebd., S. 17.
20   Ebd., S. 19.
21   Ebd., S. 19.
22   Die Verwendung von »Liebigs Fleischextrakt« wird von Henriette Davidis unbedingt empfohlen, wenn die Zeit fehlt, um einer Sauce die notwendige »Kraft« zu verleihen, vgl. Davidis, 1896, S. 465.

Halten wir fest: Im Gegensatz zu den Baukästen dieser Zeit, die ein sehr genaues Abbild grundlegender mechanischer oder industrieller Funktionsabläufe darstellen, gibt es in der Verkleinerung der Küche ein grundlegendes Problem:[23] Das Feuer lässt sich nicht verkleinern, und die exogene Küche kann im Gegensatz zur endogenen nicht simuliert werden. Die Puppenküche ist, anders als der Baukasten, kein Spiel*zeug* im engeren Sinne, sondern ein Simulationsmedium. Vermittelt wird keine handwerkliche Praxis, sondern eine bürgerliche Theorie des Kochens inklusive der damit einhergehenden sozialen Distinktionen. Paradoxerweise beginnt also das Verlernen oder zumindest eine Umwertung von Kochpraktiken in der Puppenküche.

Lunapark und »innere Urbanisierung«

Wie steht es nun aber um das mobile Essen: Gibt es auch hier ein Simulationsmedium bzw. einen herausgehobenen Ort, an dem diese urbane Praxis eintrainiert wird? Um diese Frage beantworten zu können, möchte ich Reboras These des dominanten Bedarfs im Anschluss an Daniel Morat weiterentwickeln. So haben Morat *et al.* untersucht, inwiefern die Berliner Vergnügungskultur als »Medium und Katalysator der ›inneren Urbanisierung‹, also der kognitiven und habituellen Anpassung an die Bedingungen des Großstadtlebens und der Herausbildung einer Großstadtmentalität« verstanden werden kann.[24] Wendet man dieses Argument auf das Phänomen des gestiegenen Fleischkonsums an, dann bestünde der dominante Bedarf und damit die wirkliche Funktion des mobilen Essens weniger in der Nahrungsaufnahme selbst als darin, sich an die Lebensbedingungen der Großstadt auch im Vollzug des Essens anzupassen. Die Entprivatisierung und Mobilisierung des Essens ist eine Praxis der »inneren Urbanisierung«, und das belegte Brötchen ist ihr stellvertretendes kulturelles Artefakt und Medium zugleich. Im Snacken simulieren und trainieren wir – 1900 nicht weniger als heute – Leben in der Großstadt. Es geht, noch einmal, viel weniger darum, was wir essen, sondern wie und warum wir etwas zu uns nehmen. Essen ist ein zutiefst kultureller Vollzug.

Diese These gewinnt zusätzlich an Überzeugungskraft, wenn sich ihr Geltungsbereich nicht auf den Werktag beschränkt, also das ›System Aschinger‹ nicht bloße Folge der räumlich zerdehnten und temporal gestauchten

---

23   Grundlegend zu Baukästen als technische Bildungsmedien Döring und Papadimas, 2015.

24   Morat, 2016, S. 10. Der Begriff der »inneren Urbanisierung« selbst wurde 1985 von Gottfried Korff geprägt, vgl. Korff, 1985.

Arbeitswelt ist, sondern das tagtägliche Leben wie auch die Freizeitkultur des Wochenendes gleichermaßen prägt. Was, mit anderen Worten, nehmen die Berliner zu sich, wenn sie nicht am heimischen Esstisch sitzen, sondern durch die Biergärten, Vergnügungsparks und Schankwirtschaften der Stadt streifen?

Ich greife als Beispiel die Terrassen am Halensee heraus, die als Teil des Lunaparks 1904 eröffnet wurden und Platz für bis zu 10.000 Gäste boten. Gezählt werden im Park täglich 50.000 und mehr Gäste.[25] Die Terrassen wurden von dem ehemaligen Küchenchef des Weinrestaurants Kempinski in der Leipziger Straße, Bernd Hoffmann, und August Aschinger bewirtschaftet. Hatten zunächst beide Brüder Aschinger die Grundstücke gemeinsam erworben, übernahm August im Juni 1899 nach einer teilweisen Trennung der Besitzverhältnisse die Planung des Terrassenneubaus. Gebaut wurde vom 1. Juli 1903 bis zum 20. Mai 1904 für eine Summe von insgesamt 700.000 Mark Baukosten.

Vergnügungsparks folgen einer grundsätzlich anderen Logik als Restaurants: Während im Winter der Betrieb meist gänzlich eingestellt wird, müssen in der etwa sechsmonatigen Saison möglichst viele Gäste angelockt und dazu animiert werden, möglichst schnell und möglichst viel Geld auszugeben. Dabei sind die Gewinnspannen bei den Fahrgeschäften und anderen Attraktionen deutlich höher als beim Essen, weil es hierfür schlichtweg keine Vergleichsbasis gibt, da es sich um ›einmalige‹ Sensationen handelt.[26] Womit die paradoxe, aber eben extrem urbane Funktion der Restaurationen im Lunapark darin besteht, die Besucher unmittelbar nach dem Essen wieder in Bewegung zu versetzen, wenn nicht sogar diese gar nicht erst zu unterbrechen. Mobilisierung ist das zentrale Gestaltungsprinzip von Stadt und Vergnügungspark, weshalb das kulinarische System im Lunapark zunächst einmal identisch mit dem des Schnellrestaurants ist:

> ›Heiße Wiener‹ und ›Lublinchen‹ haben ihre Buden. ›Schokolade, Keks und Nußstangen‹ werden ausgerufen, aber man kann auch vornehm auf Terrassen speisen. Ganz Berlin kommt hierher, kleine Geschäftsmädels und große Damen, Bürger und Bohemiens. Lunapark ist ›für alle‹.[27]

Laut Franz Hessel ist der Lunapark »für alle« da; aber während die Stände tatsächlich auch Essen für alle anbieten, realisieren die Terrassen eine klare soziale Segregation: Je weiter man sich von den Attraktionen entfernt, umso

---

25   Vgl. Niedbalski, 2016, S. 153 und 177.
26   Vgl. hierzu beispielsweise Szabo, 2006.
27   Hessel, 2013, S. 124. Wursthändlern, Schrippenhändlern und Salamiverkäufern begegnen wir 1904 mit Fedor von Zobelitz in der Hasenheide, vgl. F. v. Zobelitz, 1922, S. 61.

exklusiver wird das Essen – Weinzwang auf der zweiten Terrasse inklusive.[28]
Je höher man sitzt, umso exogener ist die Küche. Heißt: Wer unter der Woche
darauf angewiesen ist, sein Mittagessen in Form eines belegten Brötchens ein-
zunehmen, der kann diese kulinarische Praxis auch im Lunapark ausüben
und inkorporieren. Die Logik der Massenverköstigung unterscheidet nicht
zwischen Werk- und Wochenendtagen: Die Nahrungsaufnahme während der
Arbeit kann als Essen in der Freizeit eintrainiert werden.

Zunächst einmal, das wäre die pointierte Schlussfolgerung aus diesen Beobachtungen, finden wir den Sonntagsbraten in Berlin also entweder aus-
gelaugt in der Fleischsuppe oder eingequetscht – und vorher durch den
Fleischwolf gedreht – zwischen zwei Brötchenhälften vor, in der Friedrichstraße, im Lunapark oder im Zoologischen Garten. Jedenfalls solange die
oberen Terrassen nicht erklommen werden können. Kulturkritisch formuliert
verlängert sich im Wurstbrot die Arbeit in die Freizeit hinein.[29] Oder es
ermöglicht, in der Freizeit eine neue, urbane Mentalität des Essens zu erproben
und einzuüben. Dabei sollte allerdings nicht vergessen werden, dass Essen, weil
es als Einverleiben ein hoch individueller Vollzug ist, sehr stark auf sich verändernde kulturelle und soziale Rahmenbedingungen reagiert. Auch an dieser
Stelle seien nochmals die engagierten, bisweilen aber auch kompromisslosen
aktuellen Debatten um Ernährungsweisen angesprochen. Weshalb es dann
eben auch sehr naheliegend ist, veränderte oder zu verändernde Essgewohnheiten genau wie andere großstädtische Mentalitäten im Vergnügungspark
oder anderen Freiräumen auszuprobieren und einzutrainieren.[30]

Allerdings sollte diese Schlussfolgerung keinesfalls als kausales Argument verstanden werden. Es wäre sicherlich falsch zu behaupten, dass
Freizeitparks und Schnellrestaurants die Voraussetzung für eine moderne
und stabile Großstadtmentalität sind. Vielmehr sollte man auch hier von
Rückkopplungsscheifen ausgehen, die ich bereits mehrfach zwischen Fleischproduktion und -konsumtion in Anschlag gebracht habe: Mobiles Essen wird
genauso im Lunapark eintrainiert, wie mobiles Essen dessen ökonomische
Voraussetzung ist. Es handelt sich um unterschiedliche Akteure in einem Netzwerk, das nun auch eine funktionale Beziehung zwischen Schlachthof und
Vergnügungspark erkennbar werden lässt.

---

28   Vgl. Niedbalski, 2016, S. 180. Auch Heinrich Mann besuchte 1929 den Lunapark und be-
      richtet, dass auf der Terrasse »verschiedene Klassen von Menschen« sitzen (Mann, 1929).
29   Welche Rolle in diesem Zusammenhang Glutamat bzw. Umami-Geschmacksstoffe
      in typischen Freizeitsnacks spielen, wäre einer eigenen Untersuchung wert, vgl. zur
      Geschichte von Umami Nakamura, 2011.
30   Vgl. Becker und Niedbalski, 2011, S. 11.

Abb. 11.3   Lunapark-Terrassen (1900).

Familientisch und knusprige Kruste

Womit ich nun zu meiner letzten Frage zurückkehre, was dann überhaupt zu
Hause gegessen wurde. Nach allem bisher Gesagten scheint diese Frage nun
jedoch als grundsätzlich falsch gestellt. In einer Vielzahl von miteinander ver-
wobenen Schleifen näherte sich dieses Buch auf unterschiedlichsten Ebenen
den urbanen Praktiken des modernen Fleischkonsums. Es ging primär um das
Wie, um die konkreten Vollzüge und Techniken der Erzeugung von Fleisch als
Massenware im Berlin der Jahrhundertwende, und nur in zweiter Linie um das
Was. Dabei waren die grundsätzlichen Parameter der Rationalisierung, Beschleunigung und Mobilisierung des Essens keinesfalls auf den öffentlichen
Raum beschränkt, sondern zirkulierten beständig zwischen Arbeit, Freizeit
und Wohnen.

Schauen wir nun unter dieser Perspektive noch einmal in den privaten
Haushalt und den sonntäglichen Ofen hinein. Noch zur Mitte des 19. Jahrhunderts lieferte primär Holz die Energie für das Kochen, und auch die Einführung der städtischen Gasversorgung in Berlin führte zumindest im privaten
Bereich nicht zu einer schnellen Ersetzung des Feuers durch die Flamme bzw.
bzw. die Hitze. Was bedeutet, dass wir für diese Zeit – und im Unterschied zu
heute – die Beschleunigung des Essens und die Beschleunigung des Kochens
keinesfalls parallel setzen dürfen. Weder mit Blick auf das simulierte Kochen

im Medium der Puppenküche noch mit Blick auf die Herdtechnologien gab es
die heute allgegenwärtigen frischen Nudeln, die TK-Pizza aus dem Ofen oder
das Minutensteak. Gekocht wurde vielmehr mit vermittelter Hitze, also der
endogene Pot au Feu, der Eintopf oder die Fleischsuppe. Braten – im Sinne des
beschleunigten Kochens wie der Produktion von Röstaromen – blieb die Ausnahme. Und genau die erfuhr dadurch eine enorme symbolische Aufladung.
Mit anderen Worten wurde die endogene Küche gerade durch Ausnahme-
rituale wie den Sonntagsbraten stabilisiert.

Es führt die Spur des Sonntagsbratens also zur symbolischen Dimension des
Fleischkonsums zurück, zum Mythos Fleisch und zum Anfang dieses Buches.
Der Sonntagsbraten ist mit der symbolischen Dimension des Fleischkonsums
zunächst vor allem auf einer zeitlichen Ebene verbunden: als Zeit des Bratens,
als Zeit des Genießens und als Zeit des Verdauens. Jeder dieser drei ›Posten‹
geht zulasten der reproduktiven Hausarbeit, also jener Arbeit, die ausschließlich in die Befriedigung der Grundbedürfnisse investiert wird.[31] Und erst wenn
die Grundbedürfnisse keine Ressourcen mehr binden, kann jener temporale
Freiraum entstehen, der auch innerhalb der Hausarbeit mit symbolisch wirksamen Konsumformen besetzt und gestaltet werden kann. Woraus die Frage
erwächst, wie weit sich der Sonntagsbraten von einem bloßen Stück Fleisch
im Sinne eines Nahrungsmittels weg und hin zu einem kulturellen Artefakt
mit einer ganz anderen Funktion und Bedeutung verschoben hat. In jedem
Fall treten zwischen der symbolischen und der rein physiologischen Ebene des
Essens nicht unerhebliche Spannungen auf, deren Spuren sich erneut bis in
die Reichstagsdebatten hinein nachverfolgen lassen:

> Und wenn sich der Herr Landwirtschaftsminister einmal ein Kochbuch zulegen
> wollte, welches in den besseren Familien Anwendung findet, dann würde er
> sehen, was eigentlich an Fleischmengen für eine schmackhafte Speise nötig ist,
> und wenn er sich dann danach richten würde, wieviel Fleisch nötig wäre, wenn
> alle Einwohner im Deutschen Reich nach diesem Kochbuch ihre Mahlzeiten
> einrichten würden, dann müßte er daran zweifeln, daß jemals so viel Fleisch
> zu beschaffen ist, weil dann ja für ein Volk, wie das deutsche, Volk [sic] Mengen
> nötig wären, daß Deutschland alleine das ganze Vieh von Europa in einem Jahr
> verzehren würde.[32]

Worin, anders gefragt, besteht der symbolische Überschuss des familiären
Sonntagsbratens, wenn dieser nicht mehr auf der Ebene eines endogenen,
ökonomisch möglichst klug zu verwertenden Nahrungsmittels verhandelt,
sondern als Ereignis zelebriert wird?

---

31 Vgl. Pierenkemper, 1987a, S. 18–19.
32 Verhandlungen des Reichstags, 1913, S. 2384.

Zugleich scheint ein direkter Rückschluss vom Kochbuch auf latente Kochpraktiken zumindest problematisch, wie ja zuvor bereits am Beispiel der
Puppenküchen und zugehörigen Kochbücher von Henriette Davidis deutlich geworden ist. Immerhin finden wir in der genannten Reichstagsdebatte
einen Hinweis darauf, dass zumindest in Süddeutschland die symbolische
Dimension des Schweinebratens auch auf das Tier zurückwirkt:

> Bei der Viehversorgung in Süddeutschland [...] müssen wir jetzt für denselben
> Konsum dreimal so viel Schweine stellen wie vor 20 Jahren, weil die Leute jetzt
> lauter junge Bratenschweine wollen.[33]

Irgendwo also zwischen den diskursiven Lamenti, dass alles Fleisch dieser
Welt nicht ausreicht, um vernünftige Speisen jenseits des Fleischwolfs zuzubereiten, und dem sich langsam anbahnenden Verlangen nach Gebratenem
entsteht der Sonntagsbraten als kultureller Gegenstand. Gerade die be-
ständige Schwebe zwischen dem Natürlichen und dem Kulturellen spannt
im Bereich der Nahrung jenen weiten Symbolraum auf, der einerseits stabil
und verlässlich, andererseits aber auch fluktuierend und kreativ gefüllt wird.
Eine horizontale Variabilität konnte ich dabei vor allem für den Stadtraum
und das mobilisierte Essen in Zwischenräumen feststellen. Damit aber wird
der Schweinebraten zu einer Art Gegenpol, in dem sich die vertikale Stabilität
kulinarischer Systeme manifestiert, also die kulturaffirmierende Wirkung von
Esstraditionen vor allem innerhalb der (bürgerlichen) Familie. Allerdings ist
diese vertikale Stabilität keinesfalls mit einem rein endogenen kulinarischen
System gleichzusetzen. Vielmehr steht das Sonntagsessen quasi im Zentrum
des kulinarischen Dreiecks. Der sonntägliche Schweinekrustenbraten – genauso wie die Weihnachtsgans, die Lammkeule zu Ostern oder der Roasted Turkey
zu Thanksgiving – besitzt eine kulinarische Ausnahmestellung, die ihn quasi
zum direkten Gegenspieler von Wurst und Konserve macht.

Da ist zunächst die Erkennbarkeit des Tiers im Braten zu nennen. Der
Braten ist nicht irgendein Stück Fleisch, kein vollständig anonymisiertes
Produkt wie das Schnitzel. Vielmehr handelt es sich beim Braten tatsächlich
um ein erkennbares Teil eines Tiers, im Falle des Schweinekrustenbratens aus
der Schulter, Keule oder sogar dem Bauch (Wammerl). Vielleicht ist es deshalb auch kein Zufall, dass Henriette Davidis in ihrem »Kochbuch ›Liebling‹«
von 1914 auf der Seite, die das Rezept für den »Schweinebraten mit Kruste«
vorstellt, auch die einzelnen Fleischteile illustriert. Jedenfalls wird am Stück
gegart, und das Tranchieren erfolgt erst am Familientisch, d. h. das Teilen des

---

33   Verhandlungen des Reichstags, 1913, S. 2389.

IV. Schweinefleisch.

Schweinebraten mit Kruste. Wie bei allen Ofenbraten tut man r gut, ein größeres Stück, mindestens 2—2½ kg zu braten, einen Rest kann man wärmen. Doch schmeckt er kalt als Beilage zum

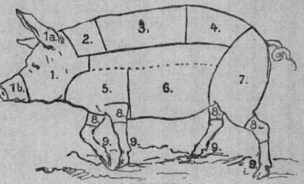

Einteilung des Schweines.

oder als Auf=
och besser. Man
hierzu Rippen=
er Karree, ein
mm oder Keu=
einem jungen
in, weil von
ten die Schwar=
ist und daher
rt bratet. Man
Haut auf dem
und schneidet
bem das Fleisch
gewaschen, mit
spitzen Messer
er den Braten
, schmale Strei
Diese Streifen
neidet man dann
ge des Bratens
och ein paar=
daß die ganze
längliche vier=
streifen geteilt
rauf salzt man
en und legt ihn

1. Kopf. — 1a. Ohren. — 1b. Rüssel oder Schnauze. — 2. Kamm oder Hals (bis zum punktierten Strich darüber fetter Speck oder Rückenfett). — 3. Rippen= stück, Rippespeer oder Karree. — 4. Hinteres Rippen= stück, Karbonaden= oder Kotelettenstück. — Unter 3. und 4. im Innern der Mürbebraten, die Schweins= lende oder das Filet. — 5. Vorderkeule oder Schulter= blatt, auch Vorderschinken oder Schuft. — 6. Bauch oder magerer Speck. — 7. Schinken oder Keule. — 8. Dickbein oder Eisbein. — 9. Spitzbein, Hagen oder Füße. — 8. und 9. Schweinsknöchel.

Pfanne mit kochendem Wasser und zwar zuerst mit der Schwarte nach amit sie weich wird. Nach einiger Zeit wendet man den Braten um, ohne stechen. Hierauf läßt man ihn unter fleißigem Begießen gar braten, ganzen 2—3 Stunden, ist der Braten sehr groß, auch wohl noch mehr rderlich ist. Wenn die Sauce zu sehr einkocht, so gibt man kochendes on der Seite dazu. Der Braten muß langsam braten, weshalb der

Abb. 11.4   Schweinebraten mit Kruste (1914).

Tieres verschiebt sich bis in die Zeremonie des Essens hinein. Insofern deutet sich hier bereits an, dass der Schweinebraten bestimmte Charakteristika des Rohen hat: Das Tier bleibt sichtbar.

Zweitens wird der Braten langsam und mit hohem Zeitaufwand durchgegart: »Hierauf läßt man ihn unter fleißigem Befüllen gar braten, wozu ganze 2–3 Stunden, ist der Braten sehr groß, auch wohl noch mehr Zeit erforderlich ist.«[34] Er ist das Gekochte. Er ist somit Produkt der endogenen, langsamen, wohl kontrollierbaren Küche. Damit ist der Braten aber zugleich sehr demokratisch: Es gibt keine besseren oder schlechteren Stücke, es gibt höchstens ein Mehr oder Weniger im familiären Aufteilungsprozess. Durch das langsame Garen hat sich der Braten in ein Gericht verwandelt, das ähnlich wie die Suppe von allen gleichermaßen gegessen und mithilfe der Schöpfkelle oder dem Messer in gleiche Portionen verteilt wird. Dabei ist das langsame Garen, weil es nicht, oder nicht vollständig mit Wasser vermittelt, sondern im Backhofen geschieht, hoch energieaufwendig. Es ist also, obwohl endogene Küche, trotzdem ein Festereignis.

Unterstrichen wird dies nun aber vor allem durch die Kruste. Ein ordentlicher Braten hat eine Kruste, bei der die fette Haut einer intensiven Maillard-Reaktion unterzogen wird, also die typisch exogenen Röstaromen produziert werden. Der Braten ist das Gebratene, und er ist zugleich, weil erkennbar die Haut geröstet wurde, noch das Rohe in der Erkennbarkeit des Tiers. Er ist endogen-basal, aber zugleich exogen-verspielt, weil er das Gegarte mit dem Gebratenen verbindet: »Während der letzten halben Stunde befüllt man den Braten nur noch von den Seiten, damit er oben recht knusperig wird.«[35] Die Kruste ruft das archaische Feuer auf, die *longue durée* des Fleischessens. Womit sich im Sonntagsbraten die gesamte Komplexität einer Geschichte der industriellen Fleischproduktion wie in einem Brennpunkt verdichtet: maximal kulturelles Artefakt unter der Kruste archaischer Natürlichkeit.

---

34 Davidis, 1914, S. 7, 132–133.
35 Ebd., S. 7, 134–137.

12

Der Abfall

> Und ein Schwein spaltet wohl die Klauen, aber es wiederkäut nicht; darum soll's euch unrein sein. Von dieser Fleisch sollt ihr nicht essen noch ihr Aas anrühren; denn sie sind euch unrein.

(3. Moses, 11/7–8)

Kehren wir nach diesen Ausflügen durch die kulinarischen Räume der Berliner Jahrhundertwende noch einmal zurück zum Schlachthofgelände. Ganz im Nordosten des Geländes befand sich unterhalb der Wasch- und Aufstellgleise, auf denen die Züge für die Rückfahrt in die Zuchtregionen vorbereitet wurden, die Dungverladung sowie ein Seuchenhaus. 1827 beschrieb Johann Krünitz in seiner »Oeconomische Encyclopädie« das Problem des Abfalls mit drastischen Worten:

> Alles alte riechende, oder halb in Fäulniß übergegangene Fleisch ist der Gesundheit höchst nachtheilig, wenn auch nicht für alle, doch für die meisten Menschen; denn es erzeugt ein schlechtes Blut, und daher auch einen schlechten Chylus; die Polizey sollte daher mit besonderer Aufmerksamkeit, besonders in den Staaten, wo die Gewerbefreiheit eingeführt worden, darauf wachen, daß keine kranken Thiere geschlachtet oder das Fleisch des umgefallenen Viehes zu Markte gebracht werde, wie es von nicht gewissenhaften Landleuten geschehen kann; auch daß die Schlächter kein angegangenes, wohl gar grün angelaufenes faules Fleisch zur Brat= oder anderer Wurst nehmen, wie dies häufig an warmen Sommertagen zu geschehen pflegt, wo der Fleischabsatz in großen Städten nur geringe ist.[1]

Im Kreislauf der Fleischversorgung gibt es eine Sollbruchstelle, eine offensichtlich regelmäßig auftretende Störung, deren Kontrolle und Regulierung eine der wesentlichen Funktionen des Zentralvieh- und Schlachthofs sein

---

1 Krünitz, 1773–1858, Bd. 145, S. 10.

© VERLAG FERDINAND SCHÖNINGH, 2021 | DOI:10.30965/9783657704460_013

musste und somit auch im Geländeplan architektonisch sichtbar wird. Denn einerseits ging es darum, den Abfluss zu minimieren, also die Tiere so restlos wie irgend möglich zu verwerten, wie zugleich die Abfälle dem Metabolismus von Energie und Materie außerhalb des Geländes zuzuführen. Andererseits aber erforderte die Regelmäßigkeit und Größe dieser Störung ein eigenes Gleis, über das die Abfälle ins Eisenbahnnetz zurückgelangten.

Den einen Pol dieses metabolischen Kreislaufs bildeten also diejenigen Reste der Tier-Fleischtransformation, die kein direkter Abfall waren, sondern in anderer Form, zum Beispiel als Rasierpinsel, in den Alltag einwanderten. Den anderen Pol machten diejenigen Reste aus, die den Schlachthof unverarbeitet verließen, um eben als Abfall weiterverarbeitet zu werden. Zwischen diesen beiden Polen liegt ein extrem breites Feld, das kulturell sehr unterschiedlich verhandelt wird. Gelten Kutteln in Portugal als Spezialität, landen sie in Deutschland maximal in der Wurst. Und was bei uns in die Wurst kommt, wird beispielsweise dies- und jenseits des Rheins anders gehandhabt. Im »Gesetz betreffend die Schlachtvieh- und Fleischbeschau vom 3. Juni 1900« bildet sich dieses Kontinuum als drei unterschiedliche »*Arten von Fleisch*« ab, nämlich als *taugliches, bedingt taugliches* und *untaugliches* Fleisch.[2] Mit ganzer Wucht zeigt sich in dieser Ordnung, dass kulinarische Systeme als Zeichensysteme einen binären Code des Essbaren voraussetzen.[3] Es darf kein Fleisch geben, von dem ich nicht weiß, ob es genießbar ist oder nicht. Andererseits aber operieren Zeichen mit Distinktionen, die arbiträr und deshalb grundsätzlich verhandelbar sind. Entscheidend also ist, dass der Übergang von einer ›analogen Natürlichkeit‹ in eine ›digitale Kulturalität‹ selbst einen analogen Phasenübergang darstellt, also eine komplexe Gemengelage zwar reguliert, diese aber im nächsten Moment zur Disposition stehen kann, wenn beispielsweise am Ende des 19. Jahrhunderts die Abdecker vor Gericht immer wieder versuchen, ihre Ansprüche gegen den Schlachtzwang geltend zu machen.[4]

Die Gliederung dieses Schlusskapitels kann damit nicht von drei »*Arten von Fleisch*« ausgehen, sondern blickt erneut auf die kulturellen Techniken und Praktiken, aus denen diese buchstäblich letzten Dinge hervorgehen: das Verwursten all dessen, was nicht als Fleisch auf den Teller kommen darf; das Verwandeln vermeindlicher Abfälle in Dinge, denen wir ihre Herkunft nicht mehr ansehen; und das Vernichten des Abfalls. Spätestens mit der Vernichtung wird klar werden, dass sich das Tier niemals restlos beseitigen lässt. Obwohl der Teller leer ist und wir alles Fleisch darauf brav aufgegessen haben, ist das

---

2   Schwarz, 1903, S. 797.
3   Vgl. Goodman, 1976, S. 160 sowie Tolksdorf, 1976.
4   Vgl. Schwarz, 1903, S. 835–841.

Tier in unserem Alltag präsent – als Regeln des Ausschlusses im Symbolischen und als Inklusion der vollständig transformierten Dinge im Realen. Es gibt, anders formuliert, gar keine wirklichen Reste, nichts, was einfach nur übrig bleibt. Ganz im Gegenteil wird beim Abfall der höchste Mechanisierungsgrad des Schlachthofs erreicht, aufgrund der maximalen Kontinuität und Massenhaftigkeit der Prozesse. Und dass sich dies auf der Wissensebene deutlich bemerkbar macht, ist eine weitere Ironie des Kreisschlusses: Nirgends wissen wir so viel über das Schwein, wie in der Verwertung seiner Reste. Kleinste Stoffmengen wachsen zu enormen Ressourcen an, wenn heute beispielsweise 70 % der in Europa verwendeten Gelantine aus Schweineschwarten stammt und damit die Grenze zwischen veganen und nicht veganen Produkten extrem verschwimmt.

Verwursten

Bekanntlich gilt das Schwein in einigen Religionen selbst als Abfall. Es ist unrein, es darf nicht gegessen werden. Die große Frage, die bis heute zu kulturellen Auseinandersetzungen führt, ist dabei, ob diese Setzungen und Regeln im weitesten Sinne kontingent und damit überschreibbar sind, oder ob sie in einer Relation zu kulturellen Praktiken, Erfahrungen oder Erfordernissen stehen, die diese auf Dauer stellen. Im Falle des Schweins lässt sich diese Frage für die große Zäsur des 19. Jahrhunderts schlichtweg nicht beantworten: Wir wissen nicht, ob Trichinen-Erkrankungen mit der Mosaischen Ächtung des Schweinefleischs in Verbindung stehen.[5] Was wir hingegen rekonstruieren konnten, ist das sukzessive Verschwinden des Tiers im Fleisch und besonders in der Wurst. Die symbolische Ordnung der *cuts* wird aufgehoben im Wurstbrät, das der mechanische Fleischwolf ausspuckt. In der Fleischmasse gibt es keine Differenzen mehr, die zu Zeichen werden könnten. Weshalb der wunderbare Kurzfilm »Charcuterie mécanique«, den der Filmpionier Louis Lumière 1896 präsentierte, nur deshalb funktioniert, weil das Schwein in seinen Teilen noch erkennbar ist. Wäre der Zerstückelungsgrad höher, würde das Narrativ des Films in sich zusammenbrechen.

So unterhalten Film und Wurst eine geradezu unheimliche Beziehung. Denn just zur gleichen Zeit, in der die Schweine erstmals mit hoher Frequenz serialisiert im Berliner Schlachthof verarbeitet werden, unterschreitet die opto-mechanische Wiederholung von Bildern das mediale Apriori des Menschen, so dass sich die Einzelbilder im Narrativ des Films auflösen. Möglich werden

---

5   Vgl. Campbell, 1983, S. 3–4.

dadurch beliebige Geschichten, denn die Zeitachsenmanipulation – das wusste zu dieser Zeit niemand besser als die experimentierfreudigen Filmpioniere – kennt keine Grenzen.[6] Und genau so, wie mithilfe des Malteserkreuzes das mediale Apriori der Zeit im Optischen unterschritten wird, um beliebige Operationen im Symbolischen zu ermöglichen, zerstückelt der Cutter die räumliche Ordnung von Fleisch derart weitgehend, dass dadurch ebenfalls beliebige kulinarische Manipulationen möglich werden. Film und Wurst leben gleichermaßen von der Digitalisierung, die im einen Falle eine temporale, im anderen Falle eine spatiale ist.

Lassen wir diese medientheoretisch inspirierte Parallele von Film und Wurst außen vor, bleibt die beschleunigte, serialisierte Zerstückelung des Tiers nicht zu Fleisch, sondern in ein Reales, das die symbolische Trennung von Tier und Fleisch aufhebt. Und damit beliebigen kulinarischen Transformationen unterworfen werden kann, um anschließend als zweite Natur zu einer stabilen Alltagspraxis zu werden. Ich spreche hier also von der Simulation des Fleisches in der Wurst. Jenseits des ›gustatorischen Aprioris‹ kann das Hackfleisch beliebig gewürzt und in beliebige Form gebracht werden, um so zu einem neuen Produkt, zu einem neuen Fleisch zu werden.[7] Ikonisch hierfür steht die Fleischwurst. Denn diese landet nicht als Aufschnitt oder als Aufstrich zwischen zwei Brötchenhälften, sondern als Fleisch – genau wie der Fleischsalat, in dem die Wurst das Fleisch simuliert.

Und selbstverständlich wären kulinarische Systeme nicht annähernd so komplex, gäbe es nicht neben dieser systematischen Unterwanderung des gustatorischen Differenzierungsvermögens durch mechanische und chemische Verkleinerung noch eine zweite, vollkommen andere Lösung für den Abfall in der Wurst: die Andouillette. Es handelt sich hierbei, stellvertretend, um solche Wurstsorten, in denen der Eigengeschmack der Fleischreste nicht durch Gewürze homogenisiert, sondern vielmehr geradezu stilisiert wird. Dabei werden vor allem auch Innereien verwendet, weshalb es sich um ein stark regionales Produkt handelt, das in Frankreich zwar ebenso verbreitet wie kulinarisch fest verankert, in anderen Ländern jedoch, und besonders in Deutschland, kaum anzutreffen ist. Womit es ein kulinarisches Apriori gibt, das in Deutschland bei den Innereien vom Cutter unterschritten wird, in Frankreich jedoch in seiner Zeichenhaftigkeit erhalten bleibt. Wir essen alle das Gleiche, aber eben

---

6 Diesem Argument tut es keinen Abbruch, wenn Friedrich Kittler die »Charcuterie mécanique« fälschlich George Méliès zuschreibt, vgl. Kittler, 1990, S. 185.

7 Einen Überblick über die Fleischersatzstoffen zugrundeliegende Technologie der Extrusion liefern Alam et. al., 2016.

Abb. 12.1   Charcuterie mécanique (1896).

nicht dasselbe, insofern Innereien in Deutschland erst zu Fleisch transformiert werden müssen, um als Wurst verzehrbar zu werden.

Verwandeln

Die niederländische Designerin Christien Meindertsma recherchierte drei Jahre lang, wo sich in unserem Alltag überall Schweine bzw. Reste derselben befinden. Das Ergebnis ist ein Produktkatalog mit insgesamt 416 Seiten.[8] Wir sehen in diesem Buch nicht nur Brotscheiben (ohne Aufstrich), sondern auch Zigarettenfilter, Käsekuchen, Fotopapier, Lakritze, Streichhölzer, Rotwein, Bier und Fruchtsäfte. Der Verwandlungsfähigkeit des Schweins scheinen keine Grenzen gesetzt. Dabei tun die extrem großen Mengen der anfallenden Rohstoffe ihr übriges. Susanne Schindler-Rheinisch nennt, leider ohne Angabe der Jahreszahl, folgende Mengen an sogenannten Nebenprodukten des Berliner Schlachthofs: »ca. 62 600 Liter Blut, 2,9 Tonnen Horn, 12 425 Häute, 306 703 Meter Darm [... und] 1,3 Tonnen Borsten und Haare«.[9] Da diese

8   Vgl. Meindertsma, 2007.
9   Schindler-Reinisch, 1996, S. 115.

Produkte zwangsläufig anfallen, eröffnet sich zwangsläufig ein extrem breites Spektrum an möglichen Transformationen.

Unmittelbar mit dem dominanten Bedarf an energiereicher und mobiler Nahrung verbunden war die Vorbereitung der Därme für die Wurstproduktion, die bis 1900 noch weitestgehend lokal erfolgte.[10] In der Kaldaunenwäsche wurden die Därme zunächst von ihrem Inhalt befreit, dann in der Darmschleimerei weiter gereinigt, entschleimt, gebrüht und gesalzen. Der Darminhalt wurde als Dünger weiterverkauft, wobei es hier immer wieder zu logistischen Problemen kam, weil sich die Landwirtschaft sukzessive von der Stadt wegbewegte.[11] Der Verkauf der Därme an die Wurstfabrikanten erfolgte lokal über Kramhändler. So gab es in Berlin seit der Jahrhundertwende sogar eine eigene »Darm-Zeitung«, das weltweit einzige Spezialhandelsblatt ausschließlich für Därme und Fleischereibedarfsartikel. Neben den Därmen wurden in der Kaldaunenwäsche die Pansen von Wiederkäuern verarbeitet. Diese müssen, bevor sie essbar werden, gründlich gereinigt, von Talg befreit, gewässert und lange in Salzwasser gegart werden. Pansen spielt heute in Italien und Frankreich durchaus noch eine kulinarische Rolle, in Deutschland dagegen nicht. Entsprechend produzierten die Deutschen Peptonfutter-Werke auf dem Schlachthofgelände Viehfutter aus den Pansen, womit sich der Kreislauf an dieser Stelle schloss.

Das seinerzeit aber am stärksten transformierte Abfallmaterial war das Fett. Offensichtlich war das ökonomische Potential hier sehr hoch, wurde mit den Fett- und Talgschmelzen doch eine erhebliche Belastung der Anwohner in Kauf genommen:

> Obwohl die Einrichtung einer Fett- und Talgschmelze wegen des beim Schmelzen entstehenden schlechten Geruches gern von der Schlachthof-Verwaltung vermieden wird, so lässt sich doch in vielen Fällen die Anlage derselben nicht umgehen, und wenn, wie es an einigen Orten geschieht, die beim Schmelzen sich entwickelnden, stinkenden Gase abgesogen und unter der Dampfkesselfeuerung verbrannt werden, so ist dann wohl der grösste Übelstand behoben.[12]

Tatsächlich wird hier, was für das technische Imaginativ des 19. Jahrhunderts untypisch ist, keine Lösung des Problems entworfen, sondern allenfalls eine gewisse Linderung der Belastungen in Aussicht gestellt. Schauen wir uns deshalb etwas genauer an, in welche Alltagsprodukte sich Schweinefett transformieren lässt.

---

10   Vgl. Schwarz, 1903, S. 498.
11   Vgl. ebd., S. 534–534.
12   Ebd., S. 481.

Abb. 12.2   Christien Meindertsma: PIG 05049 (2007).

Da ist zum einen die Herstellung von Margarine zu nennen, die in Berlin durch
die Feintalg-Werke GmbH erfolgte. Margarine geht als industrielles Ersatz-
produkt für Butter auf Napoleon III. zurück, der damit seine Truppen gegen
Deutschland schicken wollte.[13] Das Grundprinzip aller Margarinen besteht
darin, Fette mit Wasser oder Milch zu emulgieren. Ähnlich wie zuvor beim Cutter
und der Wurst, werden den Fetten zunächst Geschmacks- und Farbstoffe ent-
zogen, um sie dann künstlich, sprich reproduzierbar zu aromatisieren und ein-
zufärben. Gelblich ist die Margarine also nur deshalb, um ein wenig wie Butter
auszusehen oder weiß, um an Yoghurt zu erinnern – ganz den Wünschen der
Kunden entsprechend oder diese stimulierend. Beruht die Margarine damit
hauptsächlich auf der Emulsion, also der Verbindung unterschiedlicher Stoffe,
lässt sich Fett auch chemisch zerlegen. Bei der sogenannten Verseifung wird
Fett mit einer Lauge erhitzt, wodurch sich die Fettsäuren vom Glycerin lösen
und dabei zugleich von der Lauge neutralisiert werden, wodurch wasserlös-
liche Salze oder Seifen entstehen. Aus tierischen Fetten also konnte Glycerin
und Seife gewonnen werden. Und während das Glycerin in die Zahnpasta
wanderte, verwandelte sich die Seife in Waschpulver oder Shampoo. Vor allem

---

13   Vgl. Pelzer und Reith, 2001 und Spiekermann, 2018, S. 51–52.

aus Schweineschwarten wurde Gelantine gewonnen, deren Verwendungs-
spektrum vom Gummibärchen und Kaugummi bis zur Medikamentenkapsel
reicht. Der Talg selbst landete in der Schuhwichse oder überall dort, wo geschmiert werden musste bzw. war Ausgangsprodukt für die Herstellung von
Kerzen. Die Kontingenz dieser Transformationsketten spitzt sich geradezu
ironisch zu, wenn der künstliche Darm zur Verpackung für Schuhwichse wird:

Abb. 12.3   Schweineabfälle in Rüdnitz (um 1930).

> Die Verwendung der künstlichen Därme ist eine vielseitigere wie die der natür-
> lichen Därme; sie dienen Stoffen als Emballage, wo früher Niemand an Därme
> dachte. Wir nennen hier die Schuhwichse, welche, weil Holzschachteln schwer
> zu beschaffen sind, neuerdings in Pergamentpapierdarm eingespritzt und in
> Wurstform in den Handel gebracht wird.[14]

---

14   Anonymus, 1874, S. 259.

In Form einer Wurst kehrt der tierische Abfall als Schuhwichse wieder in den Alltag zurück und signalisiert damit, dass es sich um ein natürliches Produkt handelt.

Neben den Häuten und Borsten, die als Lederwaren an den Füßen der Soldaten oder als Rasierpinsel auf dem Waschtisch landeten, wäre nun vor allem noch die Albuminfabrik zu nennen, in der das Blut der Tiere verarbeitet wurde. Anders als beim Fett war das Verhältnis von Umweltbelastung und ökonomischer Gewinnspanne hier jedoch deutlich ungünstiger:

> Da sich jedoch bei der Albuminfabrikation unangenehme Dünste entwickeln, vor allen Dingen aber der Preis des Bluteiweisses ganz erheblich gesunken ist, so gestaltet sich die Fabrikation nicht mehr gewinnbringend, besonders nicht, nachdem sich auf andere Weise eine lohnendere Ausnutzung erzielen lässt.[15]

Tatsächlich erwies sich die Suche nach einer »lohnenderen Ausnutzung« als nicht unproblematisch bzw. wissenshistorisch als sehr produktiv. So druckte beispielsweise das »Polytechnische Journal« über zweihundert Artikel mit dem Stichwort Albumin ab, wobei der Schwerpunkt in den 1860er und 1870er Jahren lag. In Berlin wurde zeitgleich mit der Eröffnung des Schlachthofs von der Hamburger Firma Martin Haffner ein Gebäude nördlich der alten Schweineschlachthöfe angemietet, das aber bereits 1888 erweitert werden musste, weil der Schlachthof schlichtweg zu viel Blut ausspuckte.[16] Ein Aspirationsschornstein sollte dabei die Geruchsbelästigung herabsetzen. In dieser Fabrik

> wird dem Blut das Eiweiß durch Maceration entzogen, um zur Fixierung unechter Farben in den Kattundruckereien verwendet zu werden. Der Rückstand (Fibrin) dient, mit Rübenmelasse gemischt und dann getrocknet und gepulvert, als ein vorzügliches, stickstoffreiches Pferdefutter oder, allein getrocknet und mit phosphorreichem Guano, Knochenmehl, mit Phosphaten gemischt, als Dünger.[17]

Das vergossene Blut der Tiere landete somit, unter nicht erheblichem industriellen Aufwand, erneut im Magen der Tiere.

Es scheint also kaum einen Unterschied zu machen, ob und was wir vom Tier essen, was Fleisch wird und welchen Regeln der Inklusion und Exklusion wir folgen – jedenfalls unter den Bedingungen der Industrialisierung. Am Ende schließt sich die Verwertungskette wieder, wobei in deren *re-entry* eine Vielzahl von Industrien eingebunden ist, die unter erheblicher Wissensproduktion

---

15   Schwarz, 1903, S. 484.
16   Vgl. Schindler-Reinisch, 1996, S. 115–116.
17   Anonymus, 1902, S. 11.

das, was ursprünglich ein Tier gewesen ist, immer stärker diversifizieren und transformieren – bis hin zum Gummibärchen, das verführerisch glänzen soll, und dem Zigarettenfilter, in dem das Hämoglobin die Schadstoffe aus dem Tabak bindet. Woraus die etwas beunruhigende These folgt, dass je stärker sich das Fleisch von der exogenen Küche weg und zu einer durchrationalisierten, endogenen Verwertungskette hin bewegt, der Abfall zum dominanten Bedarf wird. Ob und inwiefern aktuelle Trends wie Nose-to-Tail oder Dry-Aged Fleisch diesen Kreislauf zu durchbrechen vermögen, sei dahingestellt.

Vernichten

Am 20. Juni 1908 besichtigt der Berliner Verein Preußischer Schlachthoftierärzte die Fleischvernichtungs- und Verwertungsanstalt in Rüdnitz bei Bernau. Diese war zu Beginn des Monats in Betrieb gegangen und die weltweit größte Anlage ihrer Art. Zuvor lag die Abdeckerei in der Müllerstraße, doch mit der sukzessiven Verschiebung der Stadtgrenzen wurde die Anlage zu einer massiven Belastung für die Anwohner.[18] Die Rüdnitzer Anlage dagegen befand sich mitten im Wald, durch eine Mauer von ihrer Umwelt abgetrennt und machte auf ihre Besucher »einen sehr gefälligen Eindruck«.[19] Des Nachts wurde sie per Eisenbahn von Berlin aus mit Kadavern und Konfiskaten versorgt, in der ersten Betriebswoche waren dies gut 100 Tonnen »Material«.[20] Die Schlachthoftierärzte beschreiben die Anlage bei ihrem Antrittsbesuch wie folgt:

> Die Kadaver und Kadaverteile gleiten aus den Räumen für die Aufnahme und Zerlegung der Rohmaterialien auf beweglichen Quertüren in die darunter befindlichen *Hartmann*schen Dampfdestruktoren, in denen die Kadaver in Fett, Leim und Kadavermehl geschieden werden.[21]

Wir begegnen also erneut einem Schienensystem, das die Logistik der Versorgung von außen im Inneren fortsetzt. Die Berichtsrhetorik ist vollständig sachzentriert: Die Kadaver sind, wenn sie ankommen, bereits Fett, Leim und Mehl – alles, was in der Fabrik geschieht, wird als Trennung dieser Komponenten mithilfe eines sogenannten Destruktors modelliert. »Abnehmer

---

18   Vgl. Strassmann, 1909, S. 227.

19   Bützler, 1908, S. 327.

20   Strassmann berechnet eine vergleichbare, pro Tag durchschnittlich zu vernichtende
      Menge von knapp 10 Tonnen, vgl. Strassmann, 1909, S. 228.

21   Bützler, 1908, S. 327.

waren die chemische und die pharmazeutische Industrie, die Bauindustrie und die Landwirtschaft.«[22]

Die Destruktion ist eingebettet in ein komplexes Netzwerk von Regeln und Ordnungen, die zum Teil im Symbolischen, zum Teil im Realen operieren. Gemeinsamer Ausgangspunkt war dabei eine scharfe räumliche Trennung zwischen der »reinen« und der »unreinen« Seite.[23] So lag auf dem Zentralviehhof der Seuchenhof in der ganz nordöstlichen Ecke des Geländes, unterhalb der Desinfektionsgleise. Die Eisenbahnwaggons waren vollständig geschlossen, wie auch das gesamte Rüdnitzer Gelände von einer hohen Mauer eingefriedet war. Die Räume selbst waren so angeordnet, dass die seuchengefährdeten Bereiche nicht ohne Desinfizierung betreten oder verlassen werden konnten. Trotz dieser Übersetzung von Hygienepraktiken in Architektur und Technik, ins scheinbar nicht hintergehbare Reale, bedurfte es der Kontrolle, »weil auch die bestgebaute und besteingerichtete Anstalt nur bei gewissenhaftester Handhabung des Betriebes sich bewähren wird.«[24]

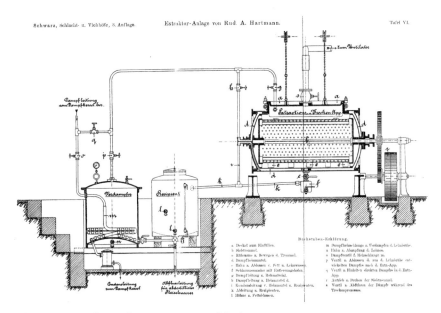

Abb. 12.4   Extraktor-Anlage von Hartmann (1894).

---

22   Schindler-Reinisch, 1996, S. 122.
23   Strassmann, 1909, S. 237.
24   Ebd., S. 239.

Wie funktionierte nun die »Destruktion« der Kadaver? Erstaunlicherweise begegnen wir hier erneut dem Prinzip des vermittelten Kochens und dessen Optimierung durch Verschließen des Topfes entlang der Dampfdruckkurve des Wassers. Gekocht wurden die Kadaver im thermodynamischen Gleichgewicht von Wasser und Dampf, nur eben unter industriellen Bedingungen. Ich nehme als Beispiel den in der »Zeitschrift für Fleisch- und Milchhygiene« von 1907 ausführlich besprochenen Dampfdestruktor nach dem System »Hönnicke«, der analog dem in Berlin verwendeten Apparat der Firma Rud. A. Hartmann arbeitete.[25] Der erste Verarbeitungsschritt bestand darin, das Fett zu entfernen, was genau so geschah, wie in jeder anderen Küche. Der Destruktor wird beschickt, wobei ganze Kadaver vorher zerteilt werden müssen, ansonsten aber vollständig in Behälter A landen, dessen Deckel sodann druckdicht verschraubt wird. Nun wird Dampf eingeleitet, alles drei Stunden gut durchgekocht, um dann 1,5 Stunden zu ruhen. Nun kann, wie auch beim ›normalen‹ Suppenkochen, degraissiert werden:

> Nach Ablauf einer weiteren halben Stunde wird man durch das Schauglas des Fettabnehmers F bemerken, wie sich auf dem während der Dampfperiode gebildeten sogen. Leimwasser das etwa am Beschickungsmaterial vorhandene Fett als klare obere Schicht abhebt. [...] Wird jetzt der Fettablaßhahn am Abnehmer geöffnet, so fließt das Fett über den Absperrschieber durch eben diesen Hahn nach außen.[26]

Im zweiten Arbeitsschritt wird alles erneut gut durchgekocht, wobei ein Rührwerk alle festen Bestandteile zerschlägt, so dass man »nach ca. 3 Stunden einen dünnflüssigen, homogenen Brei« erhält, der stark eiweißhaltig ist und »sämtliche Extraktivstoffe in konzentrierter Form« enthält.[27] Sieht man davon ab, dass es sich um Kadaver handelt, bei denen es zunächst einmal um »die Vernichtung der in dem zu beseitigen Material vorhandenen Krankheitskeime und sonstiger schädlicher Stoffe« geht, erinnert die Beschreibung dieses Verfahrens durchaus an die Apothekerküche Liebigs und die Herstellung von Fleischkonzentrat. Allerdings hat der Fleischbrei die unangenehme Eigenschaft, sich leicht zu zersetzen, weshalb er in einem dritten Arbeitsschritt noch einmal mit Kleie aufgekocht, und das Wasser soweit verdampft wird, dass der Brei eine »trockene und infolgedessen haltbare Form« angenommen hat.[28] Die Kadaver haben sich somit in Futtermittel verwandelt, die erneut in den

---

25   Vgl. Geslar, 1907 und Schwarz, 1903, S. 829–832.
26   Geslar, 1907, S. 130.
27   Ebd., S. 130.
28   Ebd., S. 131.

Kreislauf der Tierproduktion eingespeist werden. Letztlich also essen wir alles, auch das, was nicht gegessen wird.

Zwischen dem kulinarischen Alltag, den ich anhand der exemplarischen Konstellation von Herd, Konserve, Bierquelle und Sonntagsbraten rekonstruiert habe, und dem Fleischbrei aus Rüdnitz liegt auf der Ebene der zugrundliegenden Techniken und Praktiken keine klare Grenze, sondern nicht mehr, aber auch nicht weniger als extrem wirkmächtige kulturelle Differenzen. Insofern stellt sich Rüdnitz als die industrielle Fortsetzung des heimischen Suppenkochens dar, als der zu seinem logischen Ende gedachte Optimierungsgedanke eines Justus Liebig. Entlang der Grenze zwischen endogener und exogener Küche produziert Kulinarik als eine hoch negentropische, kulturelle Praxis notwendigerweise ganz unterschiedliche Formen von Abfall. Der Schnitt durch das Fleisch, der vom Metzger oder Koch als bewusster Akt der Garung gesetzt wird oder der als vollständig durchrationalisierter Auflösungsprozess maschinell implementiert ist, wird so zur zentralen Kulturtechnik unserer eigenen Ernährungsgeschichte. Und Abfall zu vermeiden, ist damit nicht nur im Medium des Breis möglich, nämlich als Versuch, den metabolischen Kreislauf durch Verweigerung zu entgehen. Auch der Sonntagsbraten, die Andouillette und Tripas à Moda vermeiden den Abfall, nämlich indem sie schlichtweg den primären Bedarf einer industriellen Fleischproduktion boykottieren: die Beschleunigung und Mobilisierung des Essens.

Epilog

> Im Unterschied zur *Charcuterie mécanique* [...] dürfen Schweine, diese wunderbare Allegorie des Reellen, nur bis zu dem⁹ Grad zerstückelt werden, wie sie aus den gewonnenen diskreten Werten wieder rekonstruierbar sind.
>
> (Kittler, 1990, S. 195)

Dieses Buch hat das Tier, und genauer das Schwein, systematisch zerlegt, bis nur mehr Abfälle übrig geblieben sind. Es hat die verschiedenen Kulturtechniken bestimmt und entfaltet, die alle zusammen jene riesige, sich bis in die letzten Winkel des Deutschen Reichs erstreckende Maschine bildeten, deren Zweck bis heute die allgegenwärtige Verfügbarkeit von Fleisch ist. Und damit aber ein industrielles Produkt erzeugt, das unser Verhältnis zur Natur radikal verändert hat: Fleischkonsum wurde zur Jahrhundertwende zu einem selbstverständlichen Vollzug, weil Fleisch mit einem Mal in den Auslagen der Metzgereien, Restaurants und Würstchenbuden genauso stabil verfügbar war, wie Brötchen, Zigarren oder Bier. Fleisch immer und überall essen zu können, und das heißt vor allem als Wurst, Aufschnitt oder schlichtweg Geschmacksträger, ist das kulinarische Erbe dieser europäischen Geschichte der Industrialisierung und damit zugleich die Herausforderung, vor der wir heute stehen. Das Schwein aus den verschiedenen Erzählsträngen dieses Buchs für eine mögliche Zukunft der Ernährung wieder zusammenzusetzen, wäre die Herausforderung für ein nächstes Buch.

Sicherlich bestünde diese Herausforderung zunächst darin, die mythische Dimension von Fleisch noch genauer und vor allem mit Blick auf heute zu bestimmen. So war Ende des 19. Jahrhunderts in Japan die Vorstellung weit verbreitet, dass die enorme Stärke des Westens wesentlich auf den dortigen Fleischkonsum zurückzuführen sei, weshalb eine vegetarische Ernährung überhaupt für ein zivilisiertes Volk unwürdig sei.[1] Gleichzeitig wurde in Deutschland der Mythos einer fleischbasierten Ernährung immer wieder explizit aufgerufen, beispielsweise wenn es um die Begründung der hierfür notwendigen Produktionsmittel ging:

---

1 Vgl. Osterhammel, 2013, S. 339.

© VERLAG FERDINAND SCHÖNINGH, 2021 | DOI:10.30965/9783657704460_014

> Die Versorgung einer grossen Stadt mit Vieh ist eine Lebensfrage für ihr Ge-
> deihen, und der wachsende Fleischverbrauch ein Zeichen der zunehmenden
> Wohlhabenheit ihrer Bevölkerung.[2]

Die Frage nach dem Mythos Fleisch kreist damit um eine bezeichnende
Leerstelle, nämlich das Wechselverhältnis zwischen einer Geschichte der
Industrialisierung und Kultur*techniken* eines Konsumobjekts einerseits und
der konkreten Dinghaftigkeit von Fleisch im urbanen Alltag, den *Kultur*-
techniken andererseits. Inwiefern, anders formuliert, wirkt das Reale auf das
Symbolische zurück, speist sich der Mythos Fleisch eben auch aus den vielfältigen kulturellen Praktiken des Fleischkonsums? Neben vielen anderen erinnert Bernard Stiegler immer wieder an diese essentielle Wechselwirkung:

> Die Bedürfnisse werden dem *industriellen technischen Objekt entsprechend
> geformt, das damit die Macht erwirbt, eine Zivilisation zu gestalten.*[3]

Ich glaube, dass ein wesentliches strukturales Element des Fleischmythos'
darin besteht, diese Wechselwirkung aufzuheben, d. h. aus dem Fleisch entweder ein rein technisches – und damit oftmals abzulehnendes – Objekt oder
ein natürliches – und damit zumeist positiv bewertetes – Produkt zu machen.
So akzeptieren wir zumeist unhinterfragt, dass unsere Nachbarn das gleiche
Handy, das gleiche Auto oder die gleiche Küchenmaschine besitzen. Dass
deren Sonntagsbraten aber mit dem unsrigen identisch ist, das ist – obwohl
unabweisbar der Fall – absolut undenkbar. Die in diesem Buch geschilderten
Kulturtechniken haben aus Fleisch eine Ware gemacht. Wir essen eine Ware,
die wie ›Fleisch‹ ist. Und der Mythos Fleisch arbeitet beständig daran, dieses
›wie‹ in ein ›was‹ zu verwandeln.

   Ich hoffe, mit diesem Buch deutlich gemacht zu haben, dass die Faszination
von Fleisch, vielleicht allgemein von Nahrungsmitteln gerade in diesem un-
aufgelösten Spannungsverhältnis besteht: ihrem beständigen Oszillieren
zwischen Objektivation und Individuation, Produkt und Ding, Ware und
Objekt. Wir erkennen hierin ein Kernmoment von Kultur: Wie Dinge, die
längst im industriellen Produktionsprozess ununterscheidbar geworden sind,
die breiteste und facettenreichste Kultur ihrer Verwendung entwickeln. Oder
zu Designobjekten werden. Bis dahin, dass das Rot im Fleisch der Metzgeraus-
lagen oder im Cover dieses Buchs nichts anderes als eine technische Illusion
von Natürlichkeit ist, indem die Farbe des längst zu Abfall geronnenen Bluts
simuliert wird.

---

2 Berlin und seine Eisenbahnen 1846–1896, 1982, Bd. 2, S. 317.
3 Stiegler, 2009, S. 102.

Eine zweite Herausforderung für ein nächstes Buch betrifft die genealogische Perspektive: Worin besteht der dominante Bedarf heute? Vielleicht nirgends besser als bei einem kulturellen Gegenstand wie dem Fleisch, das sich im Prozess seiner Herstellung von jeder tierischen Ursprünglichkeit vollständig abgelöst hat, lässt sich die Arbitrarität von Bedeutungszuweisungen in ihrer ganzen Wirkmächtigkeit erkennen. Sogar zum Fischstäbchen sagen wir Fisch, im Surimi-Schrimps-Imitat erkennen wir eine Garnele, und im Gulasch glauben wir ein Tier zu verspeisen. Für die Fleischwurst auf unserem Teller ist nicht ein Schwein gestorben, sondern tausende. Und das gleiche gilt für das Shampoo, mit dem wir unsere Haare waschen, den Zigarettenfilter, mit dem wir unsere Sucht etwas weniger gesundheitsschädlich gestalten, oder den Apfelsaft, mit dem wir unseren Durst löschen. Was wäre, mit anderen Worten, wenn der heutige dominante Bedarf von Fleisch gar nicht im Fleisch selbst bestünde, sondern in den tausenden Nebenprodukten – allen voran das Glycerin –, die aus der Transformation des Abfalls hervorgehen und unseren Alltag unsichtbar durchsetzen? Und wenn sogar das ›Fleisch‹ selbst immer schon zum Abfall geworden wäre? Grenzen existieren mithin nur im Symbolischen, nicht im Realen.

Schließlich verschmelzen alle Dinge zu einem. Unter den Buchstaben ist das Fleisch, und manchmal liegen die Buchstaben auch darunter. Das Fleisch ist überall, es ist Kultur. Wir werden von Fleisch verfolgt.

Statistiken

Produktion und Konsum von Fleisch 1850–1913

Das Schlachtgewicht beim Schwein beträgt zwischen 70 und 80 % des Lebendgewichts, bei Rindern und Kälbern zwischen 40 und 60 %.[1] Der relative Fleischkonsum ergibt sich aus der Zahl der geschlachteten Tiere, multipliziert mit dem durchschnittlichen Schlachtgewicht und dividiert durch die Anzahl der Bevölkerung.

Tab. 13.1   Deutschland

	1800	1849/50/54	1880/83	1910/13
Einwohnerzahl in Millionen			45,7	65,8
Nominales Einkommen pro Kopf in Mark[2]			377	705
Viehbestand in Millionen Stück[3]				
– Pferde	2,7	2,7	3,5	4,6
– Rindvieh	10,1	13,4	15,8	21,0
– Schweine	3,8	5,3	9,2	25,7
Fleischproduktion in 1.000 t (tatsächlicher Fleischanfall in Schlachtgewicht)[4]				
– Rind	143,9		484,4	931,8
– Kalb	60,7		95,8	200,8
– Schwein	126,7		656,9	2.283,7

---

1   Vgl. Bundesorgan »Allgemeine Viehhandels-Zeitung«, 1914, S. 69. Das Schlachtgewicht ist insofern keine unproblematische Größe, als sich das Gewicht der schlachtreifen und tatsächlich geschlachteten Tiere deutlich vom Durchschnitt über alle Altersklassen unterscheiden kann.
2   Wottawa, 1985, S. 109.
3   Bittermann, 2008.
4   Ebd.

© VERLAG FERDINAND SCHÖNINGH, 2021 | DOI:10.30965/9783657704460_015

Tab. 13.1   Deutschland (*fortges.*)

	1800	1849/50/54	1880/83	1910/13
Fleischproduktion pro Kopf/ Jahr in kg[5]				
– Rind & Kalb	8,5		12,6	16,9
– Schwein	5,3		14,2	34,1
Fleischverzehr pro Kopf/ Jahr in kg[6]				
– Rindfleisch		6,85	11,04	14,62
– Kalbfleisch		2,35	2,11	2,99
– Schweinefleisch		8,24	15,04	24,28
Schlachtgewichte in kg[7]				
– Rindvieh	113	180	202	253
– Kälber	19	22,5	25	43
– Schweine	50	70	75	89
Ausgabenanteil für Nahrungsmittel in %		42,6	38,9	
Abs. Ausgaben für Nahrungsmittel in Millionen Mark (Preisniveau 1913)		5.834	18.528	

Tab. 13.2   Preußen

	1802	1816	1840	1849	1861
Fleischverzehr pro Kopf/Jahr in kg Schweinefleisch[8]	6,8	3,7	5,8	7,9	8,6

---

5 Bittermann, 2008.
6 Teuteberg, 1979.
7 Bittermann, 2008.
8 Vgl. Esslen, 1912, S. 747.

Tab. 13.3   Berlin

	1853	1860	1870	1883	1890	1895
Einwohnerzahl am jeweils 1. Dez.[9]	430.519			1.23 Mio.	1.58 Mio.	1.68 Mio.
Ein-/Ausgang und Verbleib von Schlachtvieh in Stück[10]						
– Rinder, Eingang	35.900		86.500	258.004	338.012	354.348
– davon Ausland				1.039	463	174
– Rinder, Ausgang	17.400		20.100	68.745	63.276	94.678
– Rinder, Verbleib in %	52		77	73	81	74
– Schweine, Eingang	87.000		235.700	770.255	835.812	1.079.428
– davon Ostu. Westpr.				413.437	298.085	433.680
– davon Pommern				139.967	247.196	335.477
– davon Ausland				14.112	13.043	14.462
– Schweine, Ausgang	24.600		47.100	183.442	318.057	416.996
– Verbleib in %	72		80	76	62	61
Jährl. Gesamtumsatz in Millionen Mark					130	137
Gesamter Fleischverbrauch pro Kopf/Jahr in kg	43,9[11]	45,2[12]	57,6[13]	75,8[14]	75,8[15]	73,0[16]

9   Vgl. Berlin und seine Eisenbahnen 1846–1896, 1982, Bd. 2, S. 258.
10   Vgl. ebd., S. 262 f. und 276.
11   Vgl. ebd., S. 336.
12   Vgl. Conrad, 1881, S. 518.
13   Vgl. Berlin und seine Eisenbahnen 1846–1896, 1982, Bd. 2, S. 336.
14   Vgl. Apelt, 1899, S. 50, hier der Wert für 1884/85.
15   Vgl. Berlin und seine Eisenbahnen 1846–1896, 1982, Bd. 2, S. 336.
16   Vgl. Apelt, 1899, S. 50, hier der Wert für 1891–95.

Abbildungsverzeichnis

Literaturverzeichnis

Literatur

Buford, Bill (2010): Hitze. Abenteuer eines Amateurs als Küchensklave, Sous-Chef, Pastamacher und Metzgerlehrling. München: Wilhelm Goldmann Verlag.

Döblin, Alfred (1995): Berlin Alexanderplatz. München: Deutscher Taschenbuch Verlag.

Eyth, Max (1905): Im Strom unserer Zeit. Aus Briefen eines Ingenieurs. Dritter Band: Meisterjahre. Heidelberg: Carl Winter's Universitätsbuchhandlung.

Goethe, Johann Wolfgang v. (1998): Goethes Werke. Hamburger Ausgabe in 14 Bänden. München: Verlag C. H. Beck.

Hessel, Franz (2013): Spazieren in Berlin. Berlin: Verlag für Berlin-Brandenburg.

Kleist, Heinrich v. (1985): Sämtliche Werke und Briefe. Hrsg. von Helmut Sembdner. München: Carl Hanser Verlag.

Mann, Heinrich (21. Juli 1929): Feuerwerk-Schönheitskonkurrenz. Erlebnisse eines Juli-Abends. In: Vossische Zeitung, 340.

Rathenau, Walther (1903): Impressionen. Leipzig: S. Hirzel.

Sinclair, Upton (2005): The Jungle. New York: Barnes & Noble Classics.

Vitruv (1991): Zehn Bücher über Architektur. Darmstadt: Wissenschaftliche Buchgesellschaft.

Filme

Franju, Georges (1949): Le Sang des bêtes. Frankreich: Forces et Voix de France.

Lumière, Louis (1896): Charcuterie mécanique. Frankreich.

Trotz, Adolf (1925): Die Stadt der Millionen. Ein Lebensbild Berlins. Deutschland: Ufa, Kulturabteilung.

Žižek, Slavoj (2006): The Pervert's Guide to Cinema. England, Österreich und Niederlande: P Guide Ltd. ICA Projects.

Patente

Berkel, Wilhelmus A. von (11. Juli 1899): Machine for Slicing German Sausages, &c. US-Pat. 628742.

Linde, Carl von (9. Aug. 1877): Kälteerzeugungsmaschine. Dt. Pat. 1250.

Nahmer, Alexander von der (19. Sept. 1917): Fleischschneidemaschine, bei welcher das Schneidegut durch eine Schnecke einem Messerwerk zugeführt wird. Dt. Pat. 310310.

Waechter, Carl Friedrich Paul (23. Nov. 1879): Neuerungen an Mikroskopen. Pat. 11727.

Primärquellen

Abel, Wilhelm (1937): Wandlungen des Fleischverbrauchs und der Fleischversorgung in Deutschland seit dem ausgehenden Mittelalter. In: Berichte über Landwirtschaft, 22 (3). S. 411–449.

Ahrens, Felix et. al., Hrsg. (1897): Das Buch der Erfindungen, Gewerbe und Industrien. Landwirtschaft und landwirtschaftliche Gewerbe und Industrien. Gesamtdarstellung aller Gebiete der gewerblichen und industriellen Arbeit sowie von Weltverkehr und Weltwirtschaft. Bd. 4. Leipzig: Otto Spamer.

Anonymus (1863): Der Respirationsapparat von Pettenkofer im physiologischen Institut zu München und die damit angestellten Versuche. In: Polytechnisches Journal, 168. S. 395–397.

– (1874): Künstliche Därme aus Pergamentpapier. In: Polytechnisches Journal, 214. S. 259–260.

– (1886): Führer durch den städtischen Central-Vieh- und Schlachthof von Berlin. Berlin: Verlag von Julius Springer.

– (1887): Führer. Erste landwirtschaftliche Ausstellung der Deutschen Landwirtschafts-Gesellschaft. 9. bis 14. Juni 1887 Frankfurt am Main. Frankfurt am Main: C. Adelmann.

– (1902): Führer durch den städtischen Central-Vieh- und Schlachthof von Berlin. Berlin: Verlag von Julius Springer.

Apelt, Kurt (1899): Die Konsumtion der wichtigsten Kulturländer in den letzten Jahrzehnten. Eine statistisch-volkswirtschaftliche Studie. Berlin: Verlag von Puttkammer & Mühlbrecht.

Appert, Nicholas (1810): Die Kunst alle thierische und vegetabilische Nahrungsmittel mehrere Jahre vollkommen genießbar zu halten. Koblenz: Pauli und Compagnie.

Bebel, August (1891): Die Frau und der Sozialismus. Die Frau in der Vergangenheit, Gegenwart und Zukunft. Stuttgart: Verlag von J.H.W. Dietz.

Behmer, Rud. (3. Sept. 1898): Friedrich von Hohmeyer-Ranzin. In: Deutsche Landwirtschaftliche Presse, 25 (71). S. 765–766.

Behrendt, Walther C. (1913): Arbeiten der Architekten Jürgensen & Bachmann, B.D.A Berlin. In: Der Profanbau. Zeitschrift für Architektur und Bauwesen, 9 (12). S. 361–393.

Berlin und seine Eisenbahnen 1846–1896 (1982): Herausgegeben im Auftrage des Königlich Preussischen Ministers der öffentlichen Arbeiten. Zweiter Band. Berlin: Verlag Ästhetik und Kommunikation.

Berthold, G. (1886): Die Wohnverhältnisse in Berlin, insbesondere die der ärmeren Klassen. In: Die Wohnungsnot der ärmeren Klassen in deutschen Großstädten und Vorschläge zu deren Abhülfe, Gutachten und Berichte. Bd. 2. Schriften des Vereins für Socialpolitik 31. Leipzig. S. 199–235.

Bichat, Xavier (1805): Recherches physiologiques sur la vie et la mort. Paris: Brosson und Gabon.

Blankenstein, Hermann und August Lindemann (1885): Der Zentral-Vieh- und Schlachthof zu Berlin. Seine baulichen Anlagen und Betriebs-Einrichtungen. Berlin: Verlag von Julius Springer.

Böckh, Richard, Hrsg. (1884): Statistisches Jahrbuch der Stadt Berlin. Berlin: P. Stankiewicz' Buchdruckerei.

Bolza, Luise (1. Aug. 1901): Ergebnisse der angestellten Erhebungen über das Schlachten des Kleinviehs mittels Schussapparats in öffentlichen Schlachthäusern. In: Deutscher Tierfreund, 5 (8). S. 257–260.

Brillat-Savarin, Jean A. (1865): Physiologie des Geschmacks oder physiologische Anleitung zum Studium der Tafelgenüsse. Uebersetzt und mit Anmerkungen versehen von Carl Vogt. Braunschweig: Friedrich Vieweg und Sohn.

Brockhaus' Kleines Konversations-Lexikon (1911): Leipzig: F.A. Brockhaus.

Brockhaus' Konversations-Lexikon (1892–1896): Brockhaus' Konversations-Lexikon. Leipzig, Berlin und Wien: F.A. Brockhaus.

Bundesorgan »Allgemeine Viehhandels-Zeitung«, Hrsg. (1914): Deutscher Viehhandels-Kalender 1914. Bd. 6. Berlin.

Butz, O. (1922): Schweinehochzuchten. Hrsg. von O. Butz et. al. Bd. 3. Deutsche Hochzuchten. Berlin: Verlagsbuchhandlung Paul Parey.

Bützler (Juli 1908): Versammlungsberichte. VII. Allgemeine Versammlung des Vereins Preußischer Schlachthoftierärzte. In: Zeitschrift für Fleisch- und Milchhygiene, 18 (10). S. 327.

Cleß, Marie und Johanna Huber (1897): Unser täglich Brot. Dreihundert erprobte Original-Rezepte für Sonn- und Werktage. Stuttgart: Levy & Müller.

Commission des Verbandes »Arbeiterwohl«, Hrsg. (1882): Das häusliche Glück. Vollständiger Haushaltungsunterricht nebst Anleitung zum Kochen für Arbeiterfrauen. Zugleich ein nützliches Hülfsbuch für alle Frauen und Mädchen, die »billig und gut« haushalten lernen wollen. M. Gladbach und Leipzig: Verlag von A. Riffarth.

Conrad, Johannes (8. Dez. 1881): Der Konsum an nothwendigen Nahrungsmitteln in Berlin vor hundert Jahren und in der Gegenwart. In: Jahrbücher für Nationalökonomie und Statistik, 3 (6). S. 509–524.

Darwin, Charles (1966): Die Abstammung des Menschen. Wiesbaden: Fourier Verlag.

Davidis, Henriette (1891): Puppenköchin Anna. Praktisches Kochbuch für kleine liebe Mädchen. Leipzig: Verlag der Arbeitsstube Eugen Twietmeyer.

– (1896): Praktisches Kochbuch für die gewöhnliche und feinere Küche. Mit besonderer Berücksichtigung der Anfängerinnen und angehenden Hausfrauen. Hrsg. von Luise Holle. Bielefeld und Leipzig: Verlag von Velhagen & Klasing.

– (1914): Kochbuch »Liebling« für den feineren u. bürgerlichen Haushalt mit Preismarken, Verteilungsplan und Lesezeichen. Karlsruhe in Baden und München: Chr. Bader.

Diderot, Denis und Jean Le Rond D'Alembert (1972): Artikel aus der von Diderot und d'Alembert herausgegebenen Enzyklopädie. Hrsg. von Manfred Naumann. Bd. 90. Leipzig: Verlag Philipp Reclam.

Die Trichinen-Krankheit (1864): Bilder aus dem Familienleben der Schweine. In: Fliegende Blätter, 40 (971–973). S. 56, 64, 72.

Dingler, Johann G., Hrsg. (1820–1931): Polytechnisches Journal. Stuttgart: J. G. Cottaschen Buchhandlung.

Elsner, J.G. (1866): Die Fortschritte der deutschen Landwirthschaft vom letzten Jahrzehnt des vorigen Jahrhunderts an bis auf unsere Zeit. Stuttgart: Verlag der J. G. Cotta'schen Buchhandlung.

Engel, Ernst (22. Nov. 1857): Die vorherrschenden Gewerbszweige in den Gerichtsämtern mit Beziehung auf die Productions- und Consumtionsverhältnisse des Königreichs Sachsen. In: Zeitschrift des statistischen Bureaus des Königlich Sächsischen Ministeriums des Inneren, 3 (8, 9). S. 153–182.

Esslen, Joseph B. (1912): Die Entwicklung von Fleischerzeugung und Fleischverbrauch auf dem Gebiete des heutigen Deutschen Reiches seit dem Anfang des 19. Jahrhunderts und ihr gegenwärtiger Stand. In: Jahrbücher für Nationalökonomie und Statistik, 43. S. 705–763.

Fischer, Alfons (1913): Grundriß der sozialen Hygiene. Für Mediziner, Nationalökonomen, Verwaltungsbeamte und Sozialreformer. Berlin: Verlag von Julius Springer.

Flessa, Richard (1. Mai 1902): Bolzenschußrohr zum Töten des Groß- und Kleinviehes. In: Deutscher Tierfreund, 6 (5). S. 141–142.

Flynn, Elizabeth Gurley (1917): Sabotage. The conscious Withdrawal of The Workers' Industrial Efficiency. Chicago: I.W.W. Publishing Bureau.

Fournier, Paul W. von (1928): Untersuchungen in pommerschen Edelschwein-Hochzuchten. Diss. Landwirtschaftliche Hochschule Berlin.

Fraas, Karl N. (1865): Geschichte der Landbau- und Forstwissenschaft. Seit dem sechzehnten Jahrhundert bis zur Gegenwart. Hrsg. von Historische Commission bei der Königlichen Akademie der Wissenschaften. Geschichte der Wissenschaften in Deutschland. Neuere Zeit. Dritter Band. München: J.G. Cottasche Buchhandlung.

Fuchs (Apr. 1902): Ueber Betäubungs-Apparate zum Schlachten der Thiere. In: Mittheilungen des Vereins badischer Thierärzte, 2 (4). S. 57–73.

Führer durch den städtischen Vieh- und Schlachthof von Berlin (nach amtlichen Quellen) (1902): Mit einem Situationsplan. Berlin: Verlag von Julius Springer.

Geslar (Jan. 1907): Die thermische Konfiskatverarbeitungsanlage auf dem Schlachthofe zu Aachen. System »Hönnicke« (D. R.-R. angem.) In: Zeitschrift für Fleisch- und Milchhygiene, 17 (4). S. 128–132.

Giegher, Mattia (1639): Li tre trattati. Padova: Frambotto.

Gillette, King C. (1976): The Human Drift. Delmar und New York: Scholar's Facsimiles & Reprints.

Göbel, Theodor W.H. (30. Juni 1888): Neuere wissenschaftliche Grundlagen der Volksernährungslehre. In: Zeitschrift des Vereins deutscher Ingenieure, 32 (26). S. 600–603.

Goecke, Theodor (15. Okt. 1890): Das Berliner Arbeiter-Mietshaus. Eine bautechnisch-soziale Studie. In: Deutsche Bauzeitung, 24 (83). S. 501–502, 508–510, 522–523.

Greene, George S. (Sep. 1933): High Striker. In: Popular Science Monthly, 123 (3). S. 59, 78.

Hartmann, Otto (15. Juni 1897): Der Verband der Tierschutz-Vereine des Deutschen Reiches. In: Deutscher Tierfreund, 1 (9). S. 165–167.

Hauptverwaltung der Deutschen Reichsbahn, Hrsg. (1935): Hundert Jahre deutsche Eisenbahnen. Jubiläumsschrift zum hundertjährigen Bestehen der deutschen Eisenbahnen. Verkehrswissenschaftliche Lehrmittelgesellschaft m.b.H.

Hausburg, Otto (1879): Der Vieh- und Fleischhandel von Berlin. Reformvorschläge mit Bezugnahme auf die neuen städtischen Central-Viehmarkt und Schlachthofanlagen. Berlin: Wiegandt, Hempel & Parey.

Heiß, Hugo (1904): Das Betäuben der Schlachttiere mittels blitzartig wirkender Betäubungsapparate. Leipzig und Berlin: Verlag vom Leipziger Tierschutzverein.

Helmholtz, Hermann von (1847): Über die Erhaltung der Kraft, eine physikalische Abhandlung, vorgetragen in der Sitzung der physikalischen Gesellschaft zu Berlin am 23sten Juli 1847. Berlin: Verlag von G. Reimer.

– (1851): Ueber die Methoden, kleinste Zeittheile zu messen, und ihre Anwendung für physiologische Zwecke. In: Königsberger Naturwissenschaftliche Unterhaltungen, 2 (2). S. 169–189.

Hennicke, Julius (1866): Bericht über Schlachthäuser und Vieh-Märkte in Deutschland, Frankreich, Belgien, Italien, England und Schweiz im Auftrage des Magistrats der k. Haupt- und Residenzstadt Berlin. Berlin: Verlag von Ernst & Korn.

Hintze, Kurt (1934): Geographie und Geschichte der Ernährung. Leipzig: Georg Thieme Verlag.

Hobrecht, James (1890): Die modernen Aufgaben des großstädtischen Straßenbaus mit Rücksicht auf die Unterbringung der Versorgungssysteme. In: Centralblatt der Bauverwaltung, 10 (35–37). S. 353–356, 375–376, 386–388.

Jäger, Anna (1898): Haustöchterchens Kochschule für Spiel und Leben. Ein Kochbuch mit Wage und Maßgeräten im Puppenmaß. Ravensburg: Otto Maier.

Journal des Etats Généraux (1. Dez. 1789): Convoqués par Louis XVI, le 27 avril 1789, aujourd'hui Assemblée Nationale Permanente, ou Journal logographique, Bd. 10–12. L. M. Cellot. S. 225–256.

Kahn, Fritz (1926): Das Leben des Menschen. Bd. 3. Stuttgart: Franckh'sche Verlagshandlung.

Kaiserliches Gesundheitsamt, Hrsg. (1910): Denkschrift über den Einfluß der Fleischversorgung auf die Volksernährung.

Kehrer, F. A. (1899): Über die Frage der humansten Schlachtmethode. In: Jahresbericht des Heidelberger Tierschutz-Vereins für das Jahr 1898/99. Heidelberg: Adolph Emmerling & Sohn. S. 26–39.

Kirchhof, Friedrich (1835): Das Ganze der Landwirthschaft theoretisch und praktisch dargestellt von einem ökonomischen Vereine. Dritter Band, zweite Abteilung, dreizehntes und vierzehntes Heft enthaltend. Leipzig und Torgau: Wienbrack'sche Buchhandlung.

Kißkalt, Karl (1908): Untersuchungen über das Mittagessen in verschiedenen Wirtschaften Berlins. In: Archiv für Hygiene, 66. S. 244–272. issn: 0365-2955.

Klaußmann, Oscar A. (29. Mai 1886): Die berliner Markthallen. In: Illustrirte Zeitung, 86 (2239). S. 537.

Kobert, Rudolf (1902): Lehrbuch der Intoxikationen. Stuttgart: Ferdinand Enke.

Königlich Preußisches Ministerium der öffentlichen Arbeiten, Hrsg. (Mai 1883): Statistik der Güterbewegung auf deutschen Eisenbahnen nach Verkehrsbezirken geordnet. Berlin: Carl Heynmanns Verlag.

Krause, Friedrich, Hrsg. (1913): Der Osthafen zu Berlin. Berlin: Verlag von Ernst Wasmuth.

Krünitz, Johann Georg (1773–1858): Oekonomische Encyklopädie, oder allgemeines System der Staats- Stadt- Haus- u. Landwirthschaft, in alphabetischer Ordnung. Berlin: Pauli.

Latini, Antonio (1694): Lo scalco alla moderna, overo l'arte di ben disporre i conviti, con le regole piu scelte di scalcheria. Napoli: Domenico Antonio Parrino e Michele Luigi Muzzi.

Lemmens (Nov. 1907): Ein neuer Betäubungsapparat für Schlachttiere. In: Zeitschrift für Fleisch- und Milchhygiene, 18 (2). S. 60.

Liebig, Justus von (1842a): Die Ernährung, Blut- und Fettbildung im Thierkörper. In: Annalen der Chemie und Pharmacie, 41 (3). S. 241–285.

–   (1842b): Die organische Chemie in ihrer Anwendung auf Physiologie und Pathologie. Braunschweig: Vieweg.

–   (1847): Ueber die Bestandtheile der Flüssigkeiten des Fleisches. In: Annalen der Chemie und Pharmacie, 62 (3). S. 257–369.

- (1874a): Reden und Abhandlungen. Leipzig und Heidelberg: C.F. Winter'sche Verlagshandlung.
- (1874b): Ueber den Ernährungswerth der Speisen. In: Reden und Abhandlungen. Hrsg. von M. Carriere und Georg von Liebig. Leipzig und Heidelberg: C.F. Winter'sche Verlagshandlung. S. 115–147.
- (1878): Chemische Briefe. Leipzig und Heidelberg: C.F. Winter'sche Verlagshandlung.

Linde, Carl von (1870): Ueber die Wärmeentziehung bei niedrigen Temperaturen durch mechanische Mittel. In: Bayerisches Industrie- und Gewerbe-Blatt, 2. S. 205–210, 321–326, 363–367.

Lindemann, August (1896): Berlin und seine Bauten. II. und III. Der Hochbau. In: Hrsg. Architekten-Verein zu Berlin und Vereinigung Berliner Architekten. Berlin: Wilhelm Ernst & Sohn. Kap. XXIX. Der städtische Central-Vieh- und Schlachthof. S. 563–577.

Lipschütz, Alexander (1909): Eine Reform unserer Ernährung? In: Die Neue Zeit, 27/1 (25). S. 909–917.

Ludwig, Carl (1870): Leid und Freude in der Naturforschung. Vortrag gehalten im Saale der Buchhändlerbörse zu Leipzig. In: Die Gartenlaube, 22/23. S. 340–344, 358–360.

Maillard, Louis C. (8. Jan. 1912): Action des acides aminés sur les sucres; formation des mélanoïdines par voie méthodique. In: Comptes rendus hebdomadaires des séances de l'Académie des sciences, 154 (2). S. 66–68.

Mandel (27. Apr. 1895): Das rituelle Schächten der Israeliten. In: Deutsche Thieraerztliche Wochenschrift, 3 (17). S. 143–146.

Martin, Rudolf (Nov. 1895): Der Fleischverbrauch im Mittelalter und in der Gegenwart. In: Preußische Jahrbücher, 82 (2). S. 308–342.

Menon (1742): La nouvelle cuisine, avec nouveaux menus pour chaque Saison de l'anné. Bd. 3. Nouveau traité de la Cuisine. Paris: Joseph Saugrain.

Messner, Hans (Febr. 1903): Der Schradersche Schussbolzenapparat. In: Zeitschrift für Fleisch- und Milchhygiene, 13 (5). S. 145–146.

Meyer, Rudolf (1934): Das deutsche Weideschwein. Seine Zucht und sein Aufbau. Alfeld (Leine): Buchdruckerei F. Stegen.

Meyer, Werner (Aug. 1908): Beitrag zur Frage der Betäubung auf Schlachthöfen. In: Zeitschrift für Fleisch- und Milchhygiene, 18 (11). S. 350–354.

Mittermaier, Karl (1902): Das Schlachten geschildert und erläutert auf Grund zahlreicher neuerer Gutachten. Heidelberg: Carl Winter's Universitätsbuchhandlung.

Moleschott, Jakob (1858): Lehre der Nahrungsmittel. Für das Volk. Erlangen: Verlag von Ferdinand Enke.

Morgenstern, Lina (1868): Die Berliner Volksküchen. Eine cultur-historische, statistische Untersuchung nebst Organisationsplan. Berlin: Selbstverlag.

Muthesius, Hermann (1902): Stilarchitektur und Baukunst. Wandlungen der Architektur im XIX. Jahrhundert und ihr heutiger Standpunkt. Mühlheim-Ruhr: Verlag von K. Schimmelpfeng.

Nollet, Jean-Antoine (1748): Recherches sur les causes du Bouillonnement des Liquides. In: Histoire de L'Académie Royale des Sciences. Mémoires de Mathématique & Physique, S. 57–104.

Nörner, C. (1907): Schlachtvieh- und Fleischkunde für Landwirte. Neudamm: J. Neumann.

Nußbaum, Arthur (1917): Tatsachen und Begriffe im deutschen Kommissionsrecht. Bd. 1. Beiträge zur Kenntnis des Rechtslebens. Berlin: Verlag von Julius Springer.

Olmsted, Frederick Law (1857): A Journey Through Texas; or, a Saddle-Trip on the Southwestern Frontier; with a Statistical Appendix. New York: Dix, Edwards & Co.

Ottenfeld, Arthur (Sept. 1903): Der verbesserte Schradersche Schussbolzenapparat. In: Zeitschrift für Fleisch- und Milchhygiene, 13 (12). S. 390–391.

Owen, Richard (24. Febr. 1935): Description of a Microscopic Entozoon infesting the Muscels of the Human Body. In: Transactions of the Zoological Society of London, 1 (35). S. 315–324.

Pawlow, Iwan P. (1898): Die Arbeit der Verdauungsdrüsen. Vorlesungen. Wiesbaden: Verlag von J.F. Bergmann.

Peiffhoven, Carl (1901): Der neue Schlacht- und Viehhof in Düsseldorf. In: Zeitschrift für Bauwesen, 51. S. 381–398, 545–562.

Proust, Joseph Louis (1821): Extrait d'un mémoire sur les Tablettes à bouillon, faisant suite à celui qui traite du frommage, imprimé dans ce Journal. In: Annales de chimie et de physique, 18. S. 170–178.

Rabe, Max (1. Juni 1902a): Betäubungsapparate für Kleinvieh. In: Deutscher Tierfreund, 6 (6, 7). S. 166–168, 195–196.

– (1. Apr. 1902b): Ergebnisse des Bolzaschen Preisausschreibens. In: Deutscher Tierfreund, 6 (4). S. 116–117.

– (1903): Betäubungsapparate für Kleinvieh. Ergebnisse des Bolzaschen Preisausschreibens zur Prüfung und Prämiirung von Betäubungsapparaten für Kleinvieh. Leipzig: Tageblatt.

Richardsen, August (1931): Borstenvieh mit wenig Speck. Neudamm: Verlag J. Neumann.

Risch, Theodor (1866): Bericht über Schlachthäuser und Viehmärkte in Deutschland, Frankreich, Belgien, Italien, England und der Schweiz. Berlin: Wolf Peiser Verlag.

Rubner, Max (15. Mai 1908): Volksernährungsfragen. Leipzig: Akademische Verlagsgemeinschaft m.b.H.

Rubner, Max und Dar-es-Salam Schulze (16. Aug. 1913): Das »belegte Brot« und seine Bedeutung für die Volksernährung. In: Archiv für Hygiene, 81. S. 260–271.

Sandeberg, M. (Aug. 1908): Apparat zum Festhalten der Schweine bei der Betäubung. In: Zeitschrift für Fleisch- und Milchhygiene, 18 (11). S. 354–355.

Scappi, Bartolomeo (1570): Opera. Cvoco secreto di Papa Pio V. Venetia: Appresso Michele Tramezzino.

Schlipf, Johann A. (1885): Populäres Handbuch der Landwirtschaft. Gekrönte Preis-schrift. Berlin: Verlag von Paul Parey.

Schmidt, Otto, Hrsg. (1. Mai 1902): Kursbuch für den Viehverkehr enthaltend die Fahrpläne der Vieh-, Eilgüter- und gemischten Züge, der für den Viehfernverkehr in Betracht kommenden Güterzüge und der zur Viehbeförderung freigegebenen Personenzüge im Deutschen Reiche. Berlin: Ernst Siegfried Mittler und Sohn.

Schmoller, Gustav (1871): Die historische Entwicklung des Fleischconsums, sowie der Vieh- und Fleischpreise in Deutschland. In: Zeitschrift für die gesamte Staats-wissenschaft, 27 (2). S. 284–362.

Schultze, W. (1900): Deutschlands Binnenhandel mit Vieh. Atlas zu Heft 52 der Arbeiten der Deutschen Landwirtschafts-Gesellschaft. Berlin.

Schwartz (1. Apr. 1899): Tierschutz und öffentliche Schlacht- und Viehhöfe. In: Deutscher Thierfreund, 3 (4, 5). S. 101–107, 137–142.

Schwarz, Oscar (1903): Bau, Einrichtung und Betrieb öffentlicher Schlacht- und Vieh-höfe. Ein Handbuch für Sanitäts- und Verwaltungsbeamte. Berlin: Verlag von Julius Springer.

Schweder, M. (1895): Die Kleinbahnen im Dienste der Landwirtschaft, ihre Konstruktion und wirtschaftliche Bedeutung. Auf Veranlassung des Bundes der Landwirte. Berlin: Paul Parey.

Settegast, Hermann (1868): Die Thierzucht. Breslau: Verlag von Wilh. Gottl. Korn.

Sombart, Werner (1913): Die deutsche Volkswirtschaft im neunzehnten Jahrhundert. Berlin: Georg Bondi.

Strassmann (Apr. 1909): Der Neubau der Fleischvernichtungs- und Verwertungsanstalt in Rüdnitz bei Bernau in der Mark. In: Zentralblatt der Bauverwaltung, 29 (33, 35). S. 226–228, 237–242.

Straßmann (9. Sept. 1931): Neubauten auf dem Berliner Schlachthof. In: Zentralblatt der Bauverwaltung, 51 (37). S. 525–529.

Struck, Max (1959): Lehrbuch für Trichinenschauer. Berlin: Verlag Paul Parey.

Sullivan, Louis (März 1896): The Tall Office Building Artistically Considered. In: Lippincott's Magazine, 57. S. 403–409.

Verhandlungen des Reichstags (1913): 13. Legislaturperiode. 1. Session. Berlin: Nord-deutsche Buchdruckerei und Verlagsanstalt.

Virchow, Rudolf (1849): Mittheilungen über die in Oberschlesien herrschende Typhus-Epidemie. In: Archiv für pathologische Anatomie und Physiologie und für klinische Medicin, 2. S. 143–322.

– (7. Nov. 1859): Recherches sur le développement du Trichina spiralis. In: Comptes rendus hebdomaires des séances de l'Académie des Sciences, 49. S. 660–662.

– (1860): Helminthologische Notizen. 3. Ueber Trichina spiralis. In: Archiv für patho-logische Anatomie und Physiologie und für klinische Medicin, 18. S. 330–346.

– (1866): Die Lehre von den Trichinen, mit Rücksicht auf die dadurch gebotenen Vorsichtsmaaßregeln für Laien und Aerzte dargestellt. Berlin: Georg Reimer.

Virchow, Rudolf und Albert Guttstadt, Hrsg. (1886): Die Anstalten der Stadt Berlin für die öffentliche Gesundheitspflege und den naturwissenschaftlichen Unterricht. Berlin: Stuhrsche Buchhandlung.

Voigt (1880): Kochküchen- und Waschküchen-Einrichtungen. In: Deutsches Bauhandbuch. Eine systematische Zusammenstellung der Resultate der Bauwissenschaften mit allen Hilfswissenschaften in ihrer Anwendung auf das Entwerfen und die Ausführung von Bauten. Veranstaltet von den Herausgebern der Deutschen Bauzeitung und des Deutschen Baukalenders. Bd. II. Baukunde des Architekten. Berlin: Kommissions-Verlag von Ernst Toeche. S. 505–541.

Voigt, Friedrich Siegmund (1835): Lehrbuch der Zoologie. Erster Band. Allgemeine Zoologie. Spezielle Zoologie – Säugethiere. Stuttgart: E. Schweizerbart'sche Verlagsbuchhandlung.

Wallace, Alfred Russell (1. März 1864): The Origin of Human Races and the Antiquity of Man deduced from the theory of enquoteNatural Selection. In: Anthropological Review, 2. S. 158–187.

Wolf, Julius (1903): Studien zur Fleischteuerung 1902/03. In: Jahrbücher für Nationalökonomie und Statistik, 80 (2). S. 193–231.

Wolff, Emil von (1899): Rationelle Fütterung der landwirtschaftlichen Nutztiere auf der Grundlage der neueren tierphysiologischen Forschungen. Gemeinverständlicher Leitfaden der Fütterungslehre. Hrsg. von Curt Lehmann. Berlin: Verlagsbuchhandlung Paul Parey.

Zenker, Friedrich (15. März 1860): Ueber die Trichinen-Krankheit des Menschen. In: Archiv für pathologische Anatomie und Physiologie und für klinische Medicin, 18. S. 561–572.

Zobelitz, Fedor von (1922): Chronik der Gesellschaft unter dem letzten Kaiserreich 1894–1914. Zweiter Band 1902–1914. Hamburg: Alster-Verlag.

Zobelitz, Hanns von (Sept. 1901): Hinter den Coulissen eines Riesenrestaurants. (Aus dem Zoologischen Garten in Berlin.) In: Velhagen & Klasings Monatshefte, 16 (1). S. 81–96.

Sekundärquellen

Achilles, Walter (1993): Deutsche Agrargeschichte im Zeitalter der Reformen und der Industrialisierung. Stuttgart: Verlag Eugen Ulmer.

Alam, M. S. et. al. (2016): Extrusion and Extruded Products: Changes in Quality Attributes as Affected by Extrusion Process Parameters: A Review. In: Critical Reviews in Food Science and Nutrition, 56 (3). S. 445–473. eprint: https://doi.org/10.1080/10408398.2013.779568.

Alexander, Jennifer Karns (2008): The Mantra of Efficiency. From Waterwheel to Social Control. Baltimore: Johns Hopkins University Press.

Allen, Keith R. (2002): Hungrige Metropole. Essen, Wohlfahrt und Kommerz in Berlin. Hamburg: Ergebnisse Verlag.

André, Jacques (1998): Essen und Trinken im alten Rom. Stuttgart: Reclam.

Andree, Christian (2002): Rudolf Virchow: Leben und Ethos eines großen Arztes. München: Langen Müller.

Anonymus (Jan. 1912): Die neuen Restaurations- und Saalbauten im Zoologischen Garten zu Berlin. In: Deutsche Bauzeitung, 46 (1/3). S. 1–7, 11–12, 31–38.

Arasse, Daniel (1988): Die Guillotine. Die Macht der Maschine und das Schauspiel der Gerechtigkeit. Reinbek bei Hamburg: rororo.

Asendorf, Christoph (1989): Ströme und Strahlen. Das langsame Verschwinden der Materie um 1900. Bd. 18. Werkbund-Archiv. Gießen: Anabas-Verlag.

Bärthel, Hilmar (1997): Die Geschichte der Gasversorgung in Berlin. Eine Chronik. Berlin: Nicolaische Verlagsbuchhandlung.

Barthes, Roland (2010): Mythen des Alltags. Aus dem Französischen von Horst Brühmann. Berlin: Suhrkamp Verlag.

– (2015): Das Reich der Zeichen. Bd. edition suhrkamp. 1077. Frankfurt am Main: Suhrkamp Verlag.

Becker, Tobias und Johanna Niedbalski (2011): Die Metropole der tausend Freuden. Stadt und Vergnügungskultur um 1900. In: Die tausend Freuden der Metropole. Vergnügungskultur um 1900. Hrsg. von Tobias Becker et. al. Bielefeld: transcript Verlag. S. 7–20.

Behrends, Helmut et. al. (1989): Güterwagen deutscher Eisenbahnen. Länderbahnen und Deutsche Reichsbahn-Gesellschaft. Düsseldorf: alba.

Benthien, Claudia (2001): Haut. Literaturgeschichte – Körperbilder – Grenzdiskurse. rowohlts enzyklopädie. Reinbek bei Hamburg: Rowohlt Taschenbuch Verlag.

Berger, Peter L. und Thomas Luckmann (1991): The Social Construction of Reality. A Treatise in the Sociology of Knowledge. London u. a.: Penguin Books.

Bittermann, Eberhard (Juni 2008): Die landwirtschaftliche Produktion in Deutschland, 1800 bis 1950. GESIS Datenarchiv, Köln. histat. ZA8310.

Blancou, J. (2001): History of trichinellosis surveillance. In: Parasite, 8. S. 16–19.

Boberg, Jochen et. al., Hrsg. (1984): Exerzierfeld der Moderne. Industriekultur in Berlin im 19. Jahrhundert. München: Verlag C.H. Beck.

Bornemann, Gundula (1953): 50 Jahre deutsche Edelschweinzucht. Radebeul und Berlin: Neumann Verlag.

Brantz, Dorothee (2008): Animal Bodies, Human Health, and the Reform of Slaughterhouses in Nineteenth-Century Berlin. In: Meat, Modernity, and the Rise of Modern Slaughterhouse. Hrsg. von Paula Young Lee. Hanover und London: University Press of New England. S. 71–85.

Braudel, Fernand (1985): Sozialgeschichte des 15.–18. Jahrhunderts. Der Alltag. München: Kindler Verlag.

Briese, Andreas (1996): Studie zum Verhalten von Schlachtschweinen nach einer Elektrobetäubung (Reaktionsprüfungen am Auge sowie an Rüsselscheibe und Nasenscheidewand) mit besonderer Berücksichtigung der Elektrodenposition, Stun-Stick-Time und der verwendeten Stromformen. Inaugural-Dissertation. Berlin: Freie Universität Berlin.

Burkert, Walter (Sept. 1987): Anthropologie des religiösen Opfers. Die Sakralisierung der Gewalt. München: Carl Friedrich von Siemens Stiftung.

Bussemer, Herrad U. et. al. (1987): Zur technischen Entwicklung von Haushalts-geräten und deren Auswirkungen auf die Familie. In: Haushalt und Verbrauch in historischer Perspektive. Zum Wandel des privaten Verbrauchs in Deutschland im 19. und 20. Jahrhundert. Hrsg. von Toni Pierenkemper. St. Katharinen: Scripta Mercaturae Verlag. S. 307–312.

Campbell, William C. (1983): Historical Introduction. In: Trichinella and Trichinosis. New York und London: Plenum Press. S. 1–30.

Caruso, Marcelo und Christian Kassung, Hrsg. (2015): Maschinen. Bd. 20. Jahrbuch für Historische Bildungsforschung. Bad Heilbrunn: Verlag Julius Klinkhardt.

Cubasch, Alwin (2019): Space Food: Food in Mobile Technological Environments of Late High-Modernity. In: Nomadic Food – Anthropological and Historical Studies around the World. Hrsg. von Jean-Pierre Williot und Isabelle Bianquis. Lanham MD: Rowman & Littlefield. S. 77–92.

Derrida, Jacques (2016): Das Tier, das ich also bin. Wien: Passagen Verlag.

Detienne, Marcel und Jean-Pierre Vernant, Hrsg. (1979): La cuisine du sacrifice en pays grec. Paris: Éditions Gallimard.

Döring, Sebastian und Jason Papadimas (2015): Am Grund der Dinge: Bau- und Konstruktionskästen als technische Bildungsmedien. In: Maschinen und Mechanisierung in der Bildungsgeschichte: Prozess, Metapher, Gegenständlichkeit. Jahrbuch für Historische Bildungsforschung 2014. Maschinen. Hrsg. von Marcelo Caruso und Christian Kassung. Bd. 20. Bad Heilbrunn: Verlag Julius Klinkhardt. S. 77–97.

Elias, Norbert (2014): Über die Zeit. Bd. 756. suhrkamp taschenbuch wissenschaft. Frankfurt am Main: Suhrkamp Taschenbuch Verlag.

Epple, Angelika (2009): The »Automat«. A History of Technological Transfer and the Process of Global Standardization in Modern Fast Food around 1900. In: Food & History, 7 (2). S. 97–118.

Falkenberg, H. und H. Hammer (2007): Zur Geschichte und Kultur der Schweinezucht und -haltung. 3. Mitt.: Schweinezucht und -haltung in Deutschland von 1650 bis 1900. In: Züchtungskunde, 79 (2). S. 92–110.

Foucault, Michel (1993): Die Ordnung der Dinge. Eine Archäologie der Humanwissenschaften. Frankfurt am Main: Suhrkamp Verlag.

– (1998): Andere Räume. In: Aisthesis. Wahrnehmung heute oder Perspektiven einer anderen Ästhetik. Essais. Hrsg. von Karlheinz Barck et. al. Leipzig: Reclam Verlag. S. 34–46.

– (2010): Überwachen und Strafen. Die Geburt des Gefängnisses. Bd. 2271. Suhrkamp-Taschenbuch. Frankfurt am Main: Suhrkamp Verlag.

Fremdling, Rainer et. al., Hrsg. (1995): Statistik der Eisenbahnen in Deutschland 1835–1989. Bd. 17. Quellen und Forschungen zur historischen Statistik von Deutschland. St. Katharinen: Scripta Mercaturae Verlag.

Funke, Hermann (1974): Zur Geschichte des Mietshauses in Hamburg. Hamburg: Hans Christian Verlag.

Galison, Peter (2003): Einsteins Uhren, Poincarés Karten. Die Arbeit an der Ordnung der Zeit. Frankfurt am Main: S. Fischer Verlag.

Geist, Johann Friedrich und Klaus Kürvers (1984): Das Berliner Mietshaus. 1862–1945. Bd. 2. München: Prestel-Verlag.

Giedion, Siegfried (1970): Mechanization Takes Command. A Contribution to Anonymous History. New York: Oxford University Press.

Gießmann, Sebastian (2014): Die Verbundenheit der Dinge. Eine Kulturgeschichte der Netze und Netzwerke. Berlin: Kulturverlag Kadmos.

Glaser, Karl-Heinz (2004): Aschingers »Bierquellen« erobern Berlin. Aus dem Weinort Oberderdingen in die aufstrebende Weltstadt. Heidelberg, Ubstadt-Weiher und Basel: verlag regionalkultur.

Goodman, Nelson (1976): Languages of Art. An Approach to a History of Symbols. Bd. 2. Indianapolis, New York und Kansas City: Bobbs-Merrill Company.

Gould, Sylvester E., Hrsg. (1973): Trichinosis in Man and Animals. Springfield, Ill.: Charles C. Thomas.

Guhr, Daniela (1996): Rundgang durch ein Jahrhundert. In: Berlin-Central-Viehhof. Hrsg. von Susanne Schindler-Reinisch. Berlin: Aufbau-Verlag. S. 7–72.

Habel, Robert (2009): Alfred Messels Wertheimbauten in Berlin. Der Beginn der modernen Architektur in Deutschland. Bd. 32. Die Bauwerke und Kunstdenkmäler von Berlin. Berlin: Gebr. Mann Verlag.

Hargrove, James L. (2006): History of the Calorie in Nutrition. In: The Journal of Nutrition, 136 (12). S. 2957–2961.

– (17. Dez. 2007): Does the history of food energy units suggest a solution to »Calorie confusion«? In: Nutrition Journal, 6 (44).

Hecht, Heinrich (18. Aug. 1979): Schweinezucht in Pommern und der Verband pommerscher Schweinezüchter. In: Die Pommersche Zeitung, 29 (33). S. 12–13.

Helling, Getrud (1. Apr. 1965): Berechnung eines Index der Agrarproduktion in Deutschland im 19. Jahrhundert. In: Jahrbuch für Wirtschaftsgeschichte, 6 (4). S. 125–143.

Holmes, Frederic L. (1988): The Formation of the Munich School of Metabolism. In: Experimental Physiology in Nineteenth-Century Medicine. Hrsg. von William Coleman und Frederic L. Holmes. Berkely, Los Angeles und London: University of California Press. S. 179–210.

Iomaire, Máirtín Mac Con und Pádraic Óg Gallagher (11. März 2011): Irish Corned Beef. A Culinary History. In: Journal of Culinary Science & Technology, 9 (1). S. 27–43.

Kalm, Ernst (1996): Schweinezucht in Pommern – vom Fett zum Fleischschwein. In: Tierzucht in Pommern. Katalog zur Ausstellung 9. Juni bis 1. September 1996. Hrsg. von Stiftung Pommern. Kiel. S. 71–93.

Kashiwagi, Kikuko (2012): Aschinger ernährt die Großstadt Berlin. Poetologie des Massenkonsums in Alfred Döblins Berlin Alexanderplatz. In: Zeitschrift für Kulturwissenschaften, 1. S. 73–81.

Kassung, Christian (Febr. 2001): Entropiegeschichten. Robert Musils »Der Mann ohne Eigenschaften« im Diskurs der modernen Physik. Bd. 28. Musil-Studien. München: Wilhelm Fink Verlag.

– (Dez. 2011): Elektrische Störungen. Überlegungen zu einer Medien- und Wissensgeschichte technischer Störfälle. In: Störfälle. Hrsg. von Lars Koch et. al. Bd. 2/2011. Zeitschrift für Kulturwissenschaften. Bielefeld: transcript. S. 13–26.

– (2019): Technisches: Zeit als Ding. In: Abecedarium. Erzählte Dinge im Mittelalter. Hrsg. von Peter Glasner et. al. Schwabe Verlag. S. 297–303.

Kassung, Christian und Thomas Macho (2013a): Einleitung. In: Kulturtechniken der Synchronisation. Hrsg. von Christian Kassung und Thomas Macho. München: Wilhelm Fink Verlag. S. 9–21.

– Hrsg. (März 2013b): Kulturtechniken der Synchronisation. München: Wilhelm Fink Verlag.

Kassung, Christian und Susanne Muth (Aug. 2019): (Re-)Konstruktion als Experiment. Sehen und Hören in antiker Architektur. In: Experimentieren. Einblicke in Praktiken und Versuchsaufbauten zwischen Wissenschaft und Gestaltung. Hrsg. von Séverine Marguin et. al. Bielefeld: transcript. S. 189–204.

Kaube, Jürgen (2019): Die Anfänge von allem. Berlin: Rowohlt Taschenbuch Verlag.

Khurana, Thomas (2016): Die Kunst der zweiten Natur. Zu einem modernen Kulturbegriff nach Kant, Schiller und Hegel. In: West-End – Neue Zeitschrift für Sozialforschung, 13 (1). S. 35–55.

Kittler, Friedrich (1990): Real Time Analysis. Time Axis Manipulation. In: Zeit-Zeichen. Aufschübe und Interferenzen zwischen Endzeit und Echtzeit. Hrsg. von Georg Christoph Tholen und Michael O. Scholl. Acta humaniora. Weinheim: VCH Verlagsges. mbH. S. 363–377.

– (1993): Es gibt keine Software. In: Draculas Vermächtnis. Technische Schriften. Reclam-Bibliothek 1476. uni: Reclam Verlag. S. 225–242.

Klee, Wolfgang (1982): Preußische Eisenbahngeschichte. Stuttgart: Verlag W. Kohlhammer.

König, Wolfgang (1997): Geschichte als Geschehen und als Tat. Projektion und Realität am Beispiel der frühen Eisenbahngeschichte. In: Geschichte der Zukunft des Verkehrs. Verkehrskonzepte von der Frühen Neuzeit bis zum 21. Jahrhundert. Hrsg. von Hans-Liudger Dienel und Helmuth Trischler. Frankfurt am Main und New York: Campus Verlag. S. 129–145.

– (2000): Geschichte der Konsumgesellschaft. Bd. 154. Vierteljahresschrift für Sozial- und Wirtschaftsgeschichte: Beihefte. Stuttgart: Franz Steiner Verlag.

– (2006): Vom Staatsdiener zum Industrieangestellten: Die Ingenieure in Frankreich und Deutschland 1750–1945. In: Geschichte des Ingenieurs. Ein Beruf in sechs Jahrtausenden. Hrsg. von Walter Kaiser und Wolfgang König. München: Carl Hanser Verlag. S. 179–231.

König, Wolfgang (2009): Technikgeschichte. Eine Einführung in ihre Konzepte und Forschungsergebnisse. Bd. 7. Grundzüge der modernen Wirtschaftsgeschichte. Stuttgart: Franz Steiner Verlag.

Krajewski, Markus (2006): Restlosigkeit. Weltprojekte um 1900. Frankfurt am Main: Fischer Taschenbuch Verlag.

Kurlansky, Mark (1999): Kabeljau. Der Fisch, der die Welt veränderte. München: Claassen Verlag.

Laer, Hermann von (1987): Die Haushaltsführung von Maschinenbauarbeiter- und Textilarbeiterfamilien in der Zeit bis zum Ersten Weltkrieg. In: Haushalt und Verbrauch in historischer Perspektive. Zum Wandel des privaten Verbrauchs in Deutschland im 19. und 20. Jahrhundert. Hrsg. von Toni Pierenkemper. St. Katharinen: Scripta Mercaturae Verlag. S. 152–184.

Langner, Christoph (20. Mai 2009): Die Geschichte der Tierzucht in Vorpommern unter besonderer Berücksichtigung der Rinder- und Schweinezucht von ihren Anfängen bis 1990. Diss. Freie Universität Berlin.

Latour, Bruno (1996): Der Berliner Schlüssel. Erkundungen eines Liebhabers der Wissenschaften. Berlin: Akademie Verlag.

– (Juni 1998): Wir sind nie modern gewesen. Versuch einer symmetrischen Anthropologie. Frankfurt am Main: Fischer Taschenbuch Verlag.

– (2000): Die Hoffnung der Pandora. Untersuchungen zur Wirklichkeit der Wissenschaft. Frankfurt am Main: Suhrkamp.

Lévi-Strauss, Claude (2016): Mythologica III. Der Ursprung der Tischsitten. Aus dem Französischen von Eva Moldenhauer. Bd. 169. suhrkamp taschenbuch wissenschaft. Frankfurt am Main: Suhrkamp Verlag.

Loenhoff, Jens (2012): Einleitung. In: Implizites Wissen. Epistemologische und handlungstheoretische Perspektiven. Hrsg. von Jens Loenhoff. Weilerswist: Velbrück Wissenschaft. S. 7–27.

Lummel, Peter (2004): Berlins nimmersatter »Riesenbauch«. Ausbau der Lebens-
    mittelversorgung einer werdenden Millionenmetropole. In: Die Revolution am
    Esstisch. Neue Studien zur Nahrungskultur im 19./20. Jahrhundert. Hrsg. von
    Hans J. Teuteberg. Stuttgart: Franz Steiner Verlag. S. 84–100.

Lydtin, August (8. Juni 1883): Gutachten über die Anlage eines städtischen
    Schlacht- und Viehhofs zu Karlsruhe. In: Amtsbuch 3/B 20. Karlsruhe: Braunsche
    Hofbuchdruckerei.

Machetanz, Hella (1978): Trichinen und die Duell-Forderung Bismarcks an Virchow im
    Jahre 1865. In: Medizinhistorisches Journal, 13 (3/4). S. 297–306.

Macho, Thomas (2001): Lust auf Fleisch? Kulturhistorische Überlegungen zu einem
    ambivalenten Genuss. In: Mythos Neanderthal. Ursprung und Zeitenwende. Hrsg.
    von Dirk Matejovski et. al. Frankfurt am Main und New York: Campus Verlag.
    S. 145–162.

Macho, Thomas, Hrsg. (2006): Arme Schweine. Eine Kulturgeschichte. Berlin: Nicolai.

Macho, Thomas und Kristin Marek (2007): Die neue Sichtbarkeit des Todes. München:
    Wilhelm Fink Verlag.

McPherron, Shannon P. et. al. (12. Aug. 2010): Evidence for stone-tool-assisted
    consumption of animal tissues before 3.39 million years ago at Dikika, Ethiopia. In:
    Nature, 466. S. 857–860.

Meindertsma, Christien (2007): PIG 05049. Bilthoven: Flocks.

Meurer, Alfred (2014): Industrie- und Technikallegorien der Kaiserzeit. Ikonographie
    und Typologie. Weimar: Verlag und Datenbank für Geisteswissenschaften.

Mintz, Sidney W. (1986): Sweetness and Power. The Place of Sugar in Modern History.
    New York: Penguin Books.

Morat, Daniel (2016): Einleitung. In: Weltstadtvergnügen. Berlin 1880–1930. Hrsg. von
    Daniel and others Morat. Göttingen: Vandenhoeck & Ruprecht. S. 9–23.

Müller-Krumbach, Renate (1992): Kleine heile Welt. Eine Kulturgeschichte der Puppen-
    stube. Leipzig: Edition Leipzig.

Nahrstedt, Wolfgang (1972): Die Entstehung der Freizeit. Dargestellt am Beispiel
    Hamburgs. Ein Beitrag zur Strukturgeschichte und zur strukturgeschichtlichen
    Grundlegung der Freizeitpädagogik. Göttingen: Vandenhoeck und Ruprecht.

Nakamura, Eiichi (2011): One Hundred Years since the Discovery of the »Umami« Taste
    from Seaweed Broth by Kikunae Ikeda, who Transcended his Time. In: Chemistry.
    An Asian Journal, 6. S. 1659–1663.

Niedbalski, Johanna (2016): Vergnügungsparks. In: Weltstadtvergnügen. Berlin 1880–
    1930. Hrsg. von Daniel Morat et. al. Göttingen: Vandenhoeck & Ruprecht. S. 153–192.

O'Connell, James F. et. al. (2002): Male strategies and Plio-Pleistocene archaeology. In:
    Journal of Human Evolution, 43 (6). S. 831–872.

Oertzen-Strehlow, Heinrich U. von und Kurt Hering (1969): Tierzucht in Pommern. 19.
    und 20. Jahrhundert. Bd. 44. Ostdeutsche Beiträge aus dem Göttinger Arbeitskreis.
    Würzburg: Holzner-Verlag.

Orland, Barbara (1990): Haushaltsträume. Ein Jahrhundert Technisierung und Rationalisierung im Haushalt. Königstein im Taunus: Hans Köster.

Osborne, Catherine (1995): Ancient Vegetarianism. In: Food in Antiquity. Hrsg. von John Wilkins et. al. Exeter: University of Exeter Press. S. 214–224.

Osietzki, Maria (1998): Körpermaschinen und Dampfmaschinen. Vom Wandel der Physiologie und des Körpers unter dem Einfluß von Industrialisierung und Thermodynamik. In: Physiologie und industrielle Gesellschaft. Studien zur Verwissenschaftlichung des Körpers im 19. und 20. Jahrhundert. Hrsg. von Philipp Sarasin und Jakob Tanner. Bd. 1343. suhrkamp taschenbuch wissenschaft. Frankfurt am Main: Suhrkamp Verlag. S. 313–346.

Osterhammel, Jürgen (2013): Die Verwandlung der Welt. Eine Geschichte des 19. Jahrhunderts. München: C.H. Beck.

Paech, Joachim, Hrsg. (1978): Film- und Fernsehsprache. Texte zur Entwicklung, Struktur und Analyse der Film- und Fernsehsprache. Frankfurt am Main: Verlag Moritz Diesterweg.

Pelzer, Birgit und Reinhold Reith (2001): Margarine. Die Karriere der Kunstbutter. Berlin: Klaus Wagenbach Verlag.

Peschken, Goerd (1968): Technologische Ästhetik in Schinkels Architektur. In: Zeitschrift des deutschen Vereins für Kunstwissenschaft, 22. S. 45–81.

Peters, Günter (1995): Kleine Berliner Baugeschichte. Von der Stadtgründung bis zur Bundeshauptstadt. Berlin: Stapp Verlag.

Pierenkemper, Toni (1987a): Haushalt und Verbrauch in historischer Perspektive. Ein Forschungsüberblick. In: Haushalt und Verbrauch in historischer Perspektive. Zum Wandel des privaten Verbrauchs in Deutschland im 19. und 20. Jahrhundert. Hrsg. von Toni Pierenkemper. St. Katharinen: Scripta Mercaturae Verlag. S. 1–24.

– (1987b): Haushalt und Verbrauch in historischer Perspektive. Zum Wandel des privaten Verbrauchs in Deutschland im 19. und 20. Jahrhundert. St. Katharinen: Scripta Mercaturae Verlag.

Planka, Sabine (2015): Vom Puppenkochbuch als Erziehungsschrift zum Kinderkochbuch als Hybridmedium zwischen Fakten und Fiktion. In: Narrative Delikatessen. Kulturelle Dimensionen von Ernährung. Hrsg. von Sabine Hollerweger und Anna Stemmann. Siegen: universi. S. 45–65.

Potthoff, Ossip D. (1927): Illustrierte Geschichte des Deutschen Fleischer-Handwerks vom 12. Jahrhundert bis zur Gegenwart. Berlin: Askanischer Verlag.

Rabinbach, Anson (2001): Motor Mensch. Kraft, Ermüdung und die Ursprünge der Moderne. Aus dem Amerikanischen von Erik M. Vogt. Hrsg. von W. Maderthaner und L. Musner. Bd. 1. Wiener Schriften zur historischen Kulturwissenschaft. Wien: Verlag Turia + Kant.

Rauck, Michael (1983): Karl Freiherr Drais von Sauerbronn. Erfinder und Unternehmer (1785–1851). Wiesbaden: Franz Steiner Verlag.

Rebora, Giovanni (2001): Culture of the Fork. A Brief History of Food in Europe. New York: Columbia University Press.

Roncaglia, Sara (2013): Feeding the City. Work and Food Culture of the Mumbai Dabbawalas. Cambridge/UK: Open Book Publishers.

Sander, Gabriele (1998): Alfred Döblin. Berlin Alexanderplatz. Stuttgart: Reclam Verlag.

Schindler-Reinisch, Susanne (1996): Strukturen und Instrumente. In: Berlin-Central-Viehhof. Hrsg. von Susanne Schindler-Reinisch. Berlin: Aufbau-Verlag. S. 73–124.

Schindler-Reinisch, Susanne und Antje Witte (1996): Das Leben in der Fleischerstadt. In: Berlin-Central-Viehhof. Hrsg. von Susanne Schindler-Reinisch. Berlin: Aufbau-Verlag. S. 125–160.

Schivelbusch, Wolfgang (Aug. 2000): Geschichte der Eisenbahnreise. Zur Industrialisierung von Raum und Zeit im 19. Jahrhundert. Frankfurt am Main: Fischer Taschenbuch Verlag.

– (2004): Lichtblicke. Zur Geschichte der künstlichen Helligkeit im 19. Jahrhundert. Frankfurt am Main: Fischer Taschenbuch Verlag.

Schütz, Ronja et. al., Hrsg. (2016): Neuroenhancement. Interdisziplinäre Perspektiven auf eine Kontroverse. Bielefeld: transcript.

Sensch, Jürgen (Aug. 2004): Ausgewählte Zeitreihen aus Studien zur Entwicklung der Löhne/Gehälter und des Einkommens aus unselbständiger Arbeit in Deutschland, 1844–1990. GESIS Datenarchiv, Köln. histat. ZA8177.

Serres, Michel (1987): Der Parasit. Frankfurt am Main: Suhrkamp Verlag.

Siegert, Bernhard (1993): Relais. Geschicke der Literatur als Epoche der Post. 1751–1913. Berlin: Brinkmann & Bose.

– (2010): Kulturtechnik. In: Einführung in die Kulturwissenschaft. Hrsg. von Harun Maye und Leander Scholz. München: UTB. S. 95–118.

– (2015): Waldmenschen, Wolfskinder, Cat People und andere »Tiermenschen«. Kehrbilder der anthropologischen Differenz. In: Mediale Anthropologie. Hrsg. von Christiane Voss und Lorenz Engell. Bd. 23. Schriften des Internationalen Kollegs für Kulturtechnikforschung und Medienphilosophie. Paderborn: Wilhelm Fink. S. 183–200.

Smith, Homer W. (1. Mai 1960): A knowledge of the laws of solutions ... In: Circulation, 21 (5). S. 808–817.

Spiekermann, Uwe (2006): Warenwelten. Die Normierung der Nahrung in Deutschland 1850–1930. In: Essen und Trinken in der Moderne. Hrsg. von Ruth-E. Mohrmann. Münster u. a.: Waxmann. S. 99–124.

– (2010): Dangerous Meat? German-American Quarrels over Pork and Beef, 1870–1900. In: Bulletin of the German Historical Institute, 46. S. 93–110.

– (2018): Künstliche Kost. Ernährung in Deutschland, 1840 bis heute. Göttingen: Vandenhoeck & Ruprecht.

Spree, Reinhard (1987): Klassen- und Schichtbildung im Spiegel des Konsumverhaltens individueller Haushalte in Deutschland zu Beginn des 20. Jahrhunderts. In: Haushalt und Verbrauch in historischer Perspektive. Zum Wandel des privaten Verbrauchs in Deutschland im 19. und 20. Jahrhundert. Hrsg. von Toni Pierenkemper. St. Katharinen: Scripta Mercaturae Verlag. S. 56–89.

Statistisches Bundesamt, Hrsg. (2018): Statistisches Jahrbuch. Deutschland und Internationales.

Stiegler, Bernard (2009): Technik und Zeit. 1. Der Fehler des Epimetheus. Zürich und Berlin: diaphanes.

Stresemann, Gustav (1900): Die Entwicklung des Berliner Flaschenbiergeschäfts. Berlin: R. F. Funke.

Szabo, Sacha-Roger (2006): Rausch und Rummel. Attraktionen auf Jahrmärkten und in Vergnügungsparks. Eine soziologische Kulturgeschichte. Bielefeld: transcript.

Tanner, Jakob (1999): Fabrikmahlzeit. Ernährungswissenschaft, Industriearbeit und Volksernährung in der Schweiz 1890–1950. Zürich: Chronos.

Teuteberg, Hans J. (1979): Der Verzehr von Nahrungsmitteln in Deutschland pro Kopf und Jahr seit Beginn der Industrialisierung (1850–1975). In: Archiv für Sozialgeschichte, 19. S. 331–388.

– (1989): Kleine Geschichte der Fleischbrühe. Die Rolle von Fleischextrakt, Bouillonwürfeln und Speisewürze für die Ausbildung der Ernährungswissenschaft und Lebensmittelindustrie. Münster: Selbstverlag.

– (2005): Studien zur Volksernährung unter sozial- und wirtschaftsgeschichtlichen Aspekten. In: Nahrungsgewohnheiten in der Industrialisierung des 19. Jahrhunderts. Hrsg. von Hans J. Teuteberg und Günter Wiegelmann. Bd. 2. Grundlagen der Europäischen Ethnologie. Münster: Lit Verlag. S. 21–221.

Teuteberg, Hans J. und Clemens Wischermann (1985): Wohnalltag in Deutschland 1850–1914. Bilder – Daten – Dokumente. Münster: F. Coppenrath Verlag.

Tholl, Stefan (1995): Preußens blutige Mauern. Der Schlachthof als öffentliche Bauaufgabe im 19. Jahrhundert. Walsheim: Europäische Food Edition.

Tolksdorf, Ulrich (1976): Strukturalistische Nahrungsforschung. Versuch eines generellen Ansatzes. In: Ethnologia Europaea, 8. S. 64–85.

Uekötter, Frank (2010): Die Wahrheit ist auf dem Feld. Eine Wissensgeschichte der deutschen Landwirtschaft. Göttingen: Vandenhoeck & Ruprecht.

Ullrich, Wolfgang und Juliane Vogel (2008): Weiß. Frankfurt am Main: Fischer Taschenbuch Verlag.

Vilgis, Thomas (2005): Die Molekül-Küche. Physik und Chemie des feinen Geschmacks. Stuttgart: Hirzel Verlag.

Vollack, Manfred, Hrsg. (1989): Der Kreis Schlawe. Ein pommersches Heimatbuch. 2. Band – Die Städte und Landgemeinden. Husum: Husum Druck- und Verlagsgesellschaft.

Wierling, Dorothee (1987): Der bürgerliche Haushalt der Jahrhundertwende aus der Perspektive der Dienstmädchen. In: Haushalt und Verbrauch in historischer Perspektive. Zum Wandel des privaten Verbrauchs in Deutschland im 19. und 20. Jahrhundert. Hrsg. von Toni Pierenkemper. St. Katharinen: Scripta Mercaturae Verlag. S. 282–303.

Wilson, Bee (2013): Consider the fork. A history of invention in the kitchen. London: Penguin Books.

Wottawa, Dietmar (1985): Protektionismus im Außenhandel Deutschlands mit Vieh und Fleisch zwischen Reichsgründung und Beginn des Zweiten Weltkrieges. Bd. 254. Europäische Hochschulschriften, Reihe 3, Geschichte und ihre Hilfswissenschaften. Frankfurt am Main u. a.: Peter Lang.

Wrangham, Richard (2009): Feuer fangen. Wie uns das Kochen zum Menschen machte – eine neue Theorie der menschlichen Evolution. München: Deutsche Verlags-Anstalt.

Young Lee, Paula (2008): Introduction: Housing Slaughter. In: Meat, Modernity, and the Rise of Modern Slaughterhouse. Hrsg. von Paula Young Lee. Hanover und London: University Press of New England. S. 1–9.

Ziegler, Dieter (1996): Eisenbahnen und Staat im Zeitalter der Industrialisierung. Die Eisenbahnpolitik der deutschen Staaten im Vergleich. Bd. 127. Vierteljahresschrift für Sozial- und Wirtschaftsgeschichte. Beihefte. Stuttgart: Franz Steiner Verlag.

Personenregister